Florian Freistetter

Helmut Jungwirth

# Eine Geschichte der Welt in 100 Mikroorganismen

Carl Hanser Verlag

3. Auflage 2023

ISBN 978-3-446-27096-1

Umschlag: Anzinger und Rasp, München
Motiv: Freepik
Satz: Greiner & Reichel, Köln
Druck und Bindung: Friedrich Pustet, Regensburg
Printed in Germany

FSC
www.fsc.org
MIX
Papier aus verantwortungsvollen Quellen
FSC® C014889

# Eine Geschichte der Welt in 100 Mikroorganismen

 Schönen guten Tag, ich bin Florian Freistetter, Astronom.

 *Und ich bin Helmut Jungwirth, Biologe. Warum ich den Menschen von der wunderbaren Welt der Mikroorganismen erzählen will, bedarf eigentlich keiner Rechtfertigung. Aber ein Astronom hat dort eigentlich nichts zu suchen; der gehört hinaus ins Weltall!*

 Das hättest du wahrscheinlich gern. Aber Astronomie ist nun mal die Wissenschaft, die das gesamte Universum zum Forschungsgegenstand hat. Wir sind also für ALLES zuständig. Aber es stimmt, normalerweise beschränken wir uns bei der Arbeit auf Planeten, Sterne oder Galaxien. Und überlassen den ganzen Rest den, zugegebenermaßen, nützlichen Hilfswissenschaften, wie der Biologie.

 *Hilfswissenschaften! Es ist ja schön und gut, dass es auch Menschen gibt, die den Kosmos erforschen. Aber das echte Leben findet nicht am Himmel statt, sondern hier unten auf der Erde. Und ohne die Biologie wären Astronominnen und Astronomen wie du genauso aufgeschmissen wie der Rest der Menschheit.*

 Ein Vorschlag zur Güte: Einigen wir uns doch darauf, dass man die Welt nur dann vernünftig verstehen kann, wenn man sowohl das Große als auch das Kleine betrachtet. Und dass auch die Astronomie ein Interesse daran hat, die Mikroorganismen

zu verstehen. Das Universum ist ja bekanntlich groß. Sehr groß. Die Dinge im Universum sind verdammt weit weg, und zwischen ihnen ist enorm viel Platz. Deswegen verwenden Astronominnen und Astronomen ja auch Teleskope, um möglichst viel des unvorstellbar großen Kosmos zu erforschen und zu verstehen. Deswegen beobachten sie die Sterne, die mit ihrem Licht in der Lage sind, durch das gewaltige Nichts zu strahlen und uns Informationen über das zu liefern, was dort draußen passiert. Deswegen habe ich, als Astronom, vor ein paar Jahren ein Buch mit dem Titel *Eine Geschichte des Universums in 100 Sternen* geschrieben. Jeder der unzähligen Sterne, die da draußen im Kosmos leuchten, erzählt seine ganz eigene Geschichte, und zusammen ergibt das eine Geschichte des Universums.

*Aber es war eben nur EINE Geschichte und nicht DIE Geschichte der Welt. Eine ganz andere Geschichte finden wir in der unsichtbaren Mikrowelt der Biologie. Der Blick durch ein Mikroskop macht Welten sichtbar, von deren Existenz wir lange Zeit nichts gewusst haben, die wir uns nicht einmal vorstellen konnten, bevor wir sie das erste Mal gesehen haben.*

Absolut richtig. Die Sterne am Himmel können uns eine Geschichte der Welt erzählen. Die Mikroorganismen eine ganz andere! Und Mikroorganismen haben die Erde erst zu dem Planeten gemacht, der sie heute ist. Die Erde als Planet fällt definitiv in die Zuständigkeit von uns Astronominnen und Astronomen. Genauso wie Asteroiden, Kometen, Monde, fremde Planeten und so weiter: Wir wissen zwar noch nicht, ob dort draußen auch irgendwo Leben existiert. Aber wir suchen danach. Und diese Suche beginnt mit der Erforschung der Mikroorganismen.

*Es ist auch kein Wunder, dass Mikroorganismen uns einiges zu erzählen haben. Allein die Anzahl der Bakterien in und auf einem einzigen menschlichen Körper beträgt bis zu 100 Billionen. Das entspricht dem 500-Fachen der Anzahl der Sterne in unserer Milchstraße. Insgesamt übersteigt die Zahl der Bakterien auf der Erde die der Sterne im beobachtbaren Universum bei Weitem. Sie sind klein, aber sie sind überall! Will man die Welt verstehen, dann darf man die kleinen Lebewesen nicht ignorieren.*

Unsere Geschichte als Menschheit, unser ganz persönlicher Alltag, unser Körper und körperliches Wohlbefinden, unsere Umwelt, unser Planet und die gesamte Grundlage unseres Daseins: All das wird von Lebewesen beeinflusst, deren Existenz uns lange Zeit ebenso unbekannt war wie die von schwarzen Löchern, fremden Galaxien, extrasolaren Planeten oder dunkler Materie. Es gibt kaum einen Bereich auf dieser Welt, der nicht von Mikroorganismen beeinflusst wird. Bakterien, Viren und Co. sind weit mehr als nur »böse« Krankheitserreger, vor denen man sich schützen muss.

*Und darum werden wir in unserem Buch auch so gut wie gar nicht von Krankheiten, Seuchen und ähnlichen unerfreulichen Themen sprechen. Sondern von den vielen anderen spannenden Dingen, die Mikroorganismen tun.*

Zum Beispiel, dass wir ihnen den Feiertag Fronleichnam verdanken!

*Oder davon, wie sie die Architektur, die Kunst und die Religion verändert haben.*

Mikroorganismen beeinflussen das Klima der Erde und können uns beim Klimaschutz helfen.

*Ohne sie gäbe es keine Schokolade, kein Bier, kein Brot, keinen Käse …*

Die Existenz der Nobelpreise, Wintertourismus, radioaktiver Müll, amerikanische Politik, die Kleidung, die wir tragen: Alles hat mit Mikroorganismen zu tun. Genauso wie die Raumfahrt. Wenn wir zum Beispiel zum Mars reisen wollen, werden wir das vermutlich nur in Kooperation mit den richtigen Mikroorganismen tun können. Wir werden sie brauchen, wenn wir Rohstoffe im All abbauen oder in einer Raumstation leben möchten.

*Hab ich Bier und Schokolade schon erwähnt?*

Kann man gar nicht oft genug tun!

*Die Vielfalt der Mikroorganismen und ihr großer Einfluss auf die Welt sind auf jeden Fall höchst erstaunlich. Es ist schlicht unmöglich, einen auch nur annähernd vollständigen Überblick zu geben.*

Weswegen wir am besten einfach darauf verzichten, es auch nur zu versuchen!

*Also werden wir einfach 100 Mikroorganismen auswählen, die die spannendsten, lustigsten, skurrilsten, ungewöhnlichsten, eindrucksvollsten Geschichten über die Welt erzählen. Eine Geschichte der Welt in 100 Mikroorganismen. Ein Blick in eine frem-*

*de Welt, die zwar unsichtbar ist, aber dennoch jeden Aspekt unseres Lebens beeinflusst.*

Anhand von Mikroorganismen können wir den Anfang und das Ende des Lebens verstehen. Mit ihrer Hilfe können wir von mutigen Selbstversuchen im Namen der wissenschaftlichen Erkenntnis ebenso erzählen wie von unmenschlichen Verbrechen. Vom Alltag im Supermarkt, von Nationalstolz und Politik, von den Vorgängen im Inneren der Erde, im fernen Weltraum und all dem, was dazwischen passiert. Sie zeigen uns, wie der menschliche Körper funktioniert, warum wir wurden, was wir sind, und wie wir verhindern können, uns selbst auszulöschen. Die Mikroben waren lange vor uns da, und es wird sie noch geben, wenn wir schon längst verschwunden sind. Es hat gedauert, bis wir unsere treuen Begleiter auf diesem Planeten entdeckt haben, und noch schwieriger war es, sie dazu zu bringen, uns ihre Geschichten zu erzählen. Ihre Existenz wurde angezweifelt, geleugnet, akzeptiert und ignoriert. Wir haben entdeckt, wie sehr die winzigen Lebewesen von uns profitieren, und haben sie im Gegenzug in unseren eigenen Dienst gestellt. Brot und Bier, Himmel und Erde, Vergangenheit und Zukunft, Leben und Tod: Die Mikroorganismen sind überall. Ihre Geschichte ist unsere Geschichte.

*Hui. Nach so einer pathetischen Ankündigung brauch ich erst mal ein Bier.*

Prost! Und jetzt geht es los!

1

# Schizomycet

*Die schwierige Klassifikation des Lebens*

Wörtlich übersetzt bedeutet *Schizomycet* so viel wie »Spaltpilz«. Im übertragenen Sinn meinen wir damit heute etwas, das die Spaltung einer Gruppe verursachen kann. Ursprünglich hat man damit aber ganz konkrete Lebewesen bezeichnet – die allerdings definitiv keine Pilze sind. Dafür demonstrieren sie jedoch sehr anschaulich, wie schwierig es ist, die enorme Vielfalt des Lebens auf der Erde halbwegs vernünftig zu klassifizieren. Im Lehrbuch *Physiologische Chemie der Pflanzen* aus dem Jahr 1882 kann man lesen: »Die Spaltpilze oder *Schizomyceten*, zu welchen die Bakterien gehören, sind die kleinsten und niedrigsten Organismen, die man bis jetzt kennt.« Damals kannte man die Bakterien also schon und wusste auch, dass sie sich durch »Spaltung« fortpflanzen – sich also einfach teilen und vermehren können. Aber ein systematischer Überblick über die mikroskopischen Lebewesen fehlte; die Bakterien wurden als Spaltpilze den Hefepilzen, Schimmelpilzen und anderen winzigen Organismen zugeordnet.

Und auch heute kann man noch leicht die Übersicht verlieren. In unserem Buch geht es um Mikroorganismen – dabei sind sie gar keine offizielle und klar abgegrenzte Gruppe. Eines der wichtigsten Lehrbücher zum Thema – *Brock Mikrobiologie* – definiert Mikroorganismen folgendermaßen: »Mikroorganismen sind alle mikroskopisch kleinen, einzelligen Organismen, zu denen auch die Viren zählen, die zwar mikroskopisch klein sind, aber keine Zellen haben.« Mikroorganismen sind somit mit bloßem Auge nicht sichtbar (bis auf ein paar, die es doch sind), sie sind Einzeller (bis auf ein paar, die aus mehr als einer Zelle bestehen), und sie sind Lebewesen (bis auf die Viren, bei denen man das nicht so genau sagen kann). Mit Sicherheit kann man nur sagen, dass Mikroorganismen der Forschungsgegenstand der Mikrobiologie sind – was allerdings auch nicht sonderlich hilfreich ist.

An der Einteilung des Lebens auf der Erde versuchen sich die Menschen schon seit Jahrtausenden. Aristoteles hat sie nach dem Grad ihrer »Perfektion« sortiert und setzte – wenig überraschend – den Menschen ganz an die Spitze seiner »Stufenleiter der Natur«. In der Neuzeit versuchte man statt solcher subjektiven Systeme eine wissenschaftlichere Klassifikation zu finden. Als der schwedische Naturforscher Carl von Linné im 18. Jahrhundert seine Einteilung des Lebens schuf, war alles noch recht übersichtlich. Es gab Pflanzen, und es gab Tiere. Also zwei sogenannte »Reiche«, die damals höchste Stufe der Klassifikation, auf die Untergruppen wie »Klasse«, »Familie« oder »Gattung« folgten (genau genommen führte Linné auch noch »Steine« als drittes Reich der Natur, zu den Lebewesen zählen sie aber definitiv nicht). Wir Menschen etwa sind die Art *Homo sapiens*, gehören zum Reich der Tiere, darin zur Klasse der *Mammalia* (Säugetiere), darin zur Familie der *Hominidae* (Menschenaffen) und darin schließlich zur Gattung *Homo*.

Aber die simple Teilung von Lebewesen in Tiere und Pflanzen reichte bald nicht mehr aus. Vor allem die immer größer werdende Zahl der mikroskopisch kleinen Organismen und die Evolutionstheorie von Charles Darwin machten neue Klassifikationssysteme nötig. Zuerst fügte man Tieren und Pflanzen als weiteres Reich das der »Protisten« hinzu, in das die diversen Einzeller einsortiert wurden. Im 20. Jahrhundert löste man die Pilze aus dem Reich der Pflanzen und trennte die Protisten in »Eukaryoten« (Lebewesen mit Zellkern) und »Prokaryoten« (Lebewesen ohne Zellkern). Neue Forschungsergebnisse ab den 1970er-Jahren machten eine weitere, diesmal ziemlich dramatische Umstellung nötig. Der amerikanische Mikrobiologe Carl Woese sah sich die – zu der Zeit noch im Reich der Prokaryoten angesiedelten – Bakterien genauer an. Und stellte fest, dass man sie in zwei sehr unterschiedliche Gruppen einteilen kann, ja sogar einteilen muss: Denn auch wenn sie auf den ersten Blick sehr ähnlich aussehen, zeigt eine genetische Analyse, dass sie alles andere als eng miteinander verwandt sind (siehe Kapitel 20). Woese setzte eine neue Struktur über die Ebene der Reiche und teilte das Leben auf der Erde nun in drei »Domänen« ein: Eukaryoten, Bakterien und – ab jetzt neu – die »Archaeen«.

Der Unterschied zwischen Bakterien und Archaeen ist schwer zu fassen, wenn man sich nicht intensiv mit der Mikrobiologe beschäftigt. Betrachtet man ein Bakterium und ein Archaeon unter dem Mikroskop, dann erkennt man auf den ersten Blick kaum einen Unterschied. Ganz anders als etwa der Vergleich zwischen einem Menschen, einer Giraffe und einem Blauwal ausfallen würde. In der Systematik der Biologie kommt es aber nicht auf Äußerlichkeiten an. Wir Menschen sind Eukaryoten, so wie die restlichen Tiere. Wir haben alle die gleiche grundlegende Struktur an Körperzellen, die auch zeigt, wie nah wir alle miteinander verwandt sind. Eine entsprechende genetische

Untersuchung an Bakterien und Archaeen zeigt aber enorme Unterschiede. Menschen, Tiere und Pflanzen (alles Eukaryoten) sind vermutlich sogar viel enger mit den Archaeen verwandt als mit den Bakterien.

Die Frage nach der Einteilung der Lebewesen ist noch nicht abschließend geklärt. Immer wieder gibt es neue Vorschläge, wie man die Klassifikation verbessern könnte, und ganze Gruppen an Organismen werden aus einer Schublade geholt und in eine andere gesteckt. Und dabei ist noch gar nicht berücksichtigt, was man mit den Viren anstellen soll, die mit Sicherheit auch Mikroorganismen sind, aber nicht alle Bedingungen erfüllen, die an echte Lebewesen gestellt werden. Der Wunsch der Wissenschaft nach Ordnung ist verständlich. Die echte Welt hält sich leider nur nicht immer daran.

2

## Micrococcus

*Die Zahnhygiene des Herrn*
*Antoni van Leeuwenhoek*

Winzige Tierchen, die so klein sind, dass man sie mit bloßem Auge nicht sehen kann, und die Krankheiten verursachen: Über diese Ungeheuerlichkeit spekulierte der römische Universalgelehrte Marcus Terentius Varro schon vor mehr als 2000 Jahren. Mehr als reine Vermutungen konnte er zur Existenz dieser »wee animalcules«, wie sie der niederländische Naturforscher Antoni van Leeuwenhoek später liebevoll nannte, aber nicht anstellen. Der jedoch wusste bereits, wovon er sprach, denn er war der erste Mensch, der diese Lebewesen im Jahre 1676 tatsächlich mit eigenen Augen sah. Eine Entdeckung, die er auch seiner Obsession für saubere Zähne zu verdanken hatte.

Van Leeuwenhoek begann seine berufliche Karriere als Stoffhändler und wurde wegen seiner Zuverlässigkeit in seiner Heimatstadt Delft zum Eichmeister für alkoholische Getränke ernannt; er war also zuständig dafür, dass Wein, Bier und Schnaps in korrekten Mengen abgefüllt und verkauft wurden. Außerdem war er wohlhabend genug, um in seiner Freizeit einem kostspieligen Hobby nachzugehen: Van Leeuwenhoek war fasziniert von Mikroskopen und der Welt, die er damit erforschen konnte. Er lernte, wie man Linsen schleift, und baute sich seine eigenen Geräte. Die waren deutlich besser als das, was anderswo verfügbar war, und dazu in der Lage, Objekte um bis zu 270-mal zu vergrößern.

Van Leeuwenhoek legte alles unter sein Mikroskop, was ihm in die Finger kam (inklusive seiner Finger). Eine Zeit lang interessierte er sich ganz besonders für die Art und Weise, wie der Geschmackssinn funktioniert. In einem Brief vom 19. Oktober 1674 berichtet er von einer Erkrankung, die einen Belag auf seiner Zunge verursacht hatte. Darauf führte er den während seiner Krankheit reduzierten Geschmackssinn zurück. Um diese Hypothese zu überprüfen, besorgte er sich die Zunge eines Ochsen, anhand derer er ganz genau beschreiben und beobachten wollte, wie die Geschmacksknospen durch den krankheitsbedingten Belag beeinflusst werden. Dieses Unterfangen regte ihn dazu an, sich allgemein damit zu beschäftigen, warum Dinge schmecken, wie sie schmecken. Hering zum Beispiel, der entweder gekocht oder roh gegessen wurde, aber immer in Salz eingelegt war. Die Temperatur hatte Einfluss auf die Bildung und Form der Salzkristalle, wie van Leeuwenhoek unter dem Mikroskop feststellte. Bei gekochtem Hering bilden sich spitze Kristalle, während der rohe Hering eher quadratische Salzkristalle aufweist, die, so van Leeuwenhoeks Vermutung, die Geschmacksknospen der Zunge auch entsprechend weniger stark irritieren.

Und warum schmeckt Pfeffer eigentlich so pfeffrig? Um diese Frage zu klären, weichte van Leeuwenhoek ein paar Pfefferkörner einige Tage lang in Wasser ein, damit sie weich genug für eine genaue Untersuchung wurden. Aber auch die pfeffrige Wasserlösung selbst wurde zum Objekt seiner mikroskopischen Analyse – und genau dort beobachtete er am 24. April 1676 mit »großer Verwunderung«, wie er schrieb, einige extrem winzige Lebewesen von der Art, die wir heute »Bakterien« nennen. Im Oktober des gleichen Jahres schrieb van Leeuwenhoek dann seinen heute berühmten Brief an die britische Royal Society. Darin berichtet er von seiner Entdeckung kleiner, im Wasser lebender einzelliger »Tiere«. Und klein bedeutete wirklich klein: 100 der neu entdeckten Winzlinge, so van Leeuwenhoek, entsprachen hintereinander aufgereiht noch nicht einmal der Länge eines Sandkorns.

Als eindeutiger Beleg für die Entdeckung von Bakterien gilt allerdings ein anderer Brief van Leeuwenhoeks, der auch Zeichnungen der kuriosen Lebewesen enthielt. Er schickte ihn am 17. September 1683 an die Royal Society und erzählte darin von seiner persönlichen Hygiene: Van Leeuwenhoek war sehr stolz darauf, wie er sich um seine Zähne kümmerte. Zuerst schrubbte er sie jeden Morgen mit Salz ab und spülte den Mund mit Wasser aus. Nach jeder Mahlzeit benutzte er Zahnstocher, um die Zahnzwischenräume zu säubern, bevor er sein Gebiss mit einem Tuch ordentlich polierte. Und trotzdem fand er zwischen seinen

Backenzähnen einen weißen Belag, den er natürlich sofort einer mikroskopischen Untersuchung unterzog. Er entdeckte dabei »viele sehr kleine lebende Tierchen, die sich sehr schön bewegen«, wie er in seinem Brief notierte. Seine Zeichnungen von Form und Größe der Bakterien waren dabei so präzise, dass man sich heute einigermaßen sicher ist, dass er damals Bakterien der Gattung *Micrococcus* beobachtet hat. Das bedeutet auf Deutsch »kleines Körnchen«, denn genau so sehen diese kugelförmigen Bakterien auch aus. Sie besiedeln nicht nur den menschlichen Körper, sondern sind auch im Erdboden, im Abwasser und in der Luft verbreitet.

Antoni van Leeuwenhoek war der Erste, der die Existenz dieser winzigen Lebewesen nachweisen konnte. Er war der Erste, der ein Bakterium mit eigenen Augen beobachtet hatte. Und darüber hinaus demonstrierte er, wie wichtig es ist, sich regelmäßig die Zähne zu putzen.

## 3

## Streptomyces griseus

*Der Stolz von New Jersey*

Österreich hat in seinem offiziellen Wappen einen »freischwebenden, einköpfigen, schwarzen, golden gewaffneten und rot bezungten Adler, dessen Brust mit einem roten, von einem silbernen Querbalken durchzogenen Schild belegt ist«, wie es in Artikel 8a des Bundesverfassungsgesetzes sehr ausführlich erklärt wird. Der Adler, der das deutsche Wappen ziert, kann sich dagegen in seinen Äußerlichkeiten nicht auf Verfassungsrang berufen, sondern wird in einer Bekanntmachung des Bundespräsidenten Theodor Heuss aus dem Jahr 1950 spezifiziert (ein »einköpfige[r] schwarze[r] Adler [...], den Kopf nach rechts gewendet, die Flügel offen, aber mit geschlossenem Gefieder, Schnabel, Zunge und Fänge von roter Farbe). Die Schweiz verzichtet bei ihrem Wappen ganz auf Tiere, hat aber immerhin den Schweizer Franken offiziell zum Staatssymbol erhoben. Von jenseits des Atlantiks wird man aber vermutlich eher mitleidig auf Adler und Co. blicken. Denn in den USA hat nicht nur jeder einzelne Bundesstaat einen offiziellen »Staatsvogel«. Es gibt Staatsamphibien, Staatsschmetterlinge, Staatskrebstiere, Staatsreptilien, Staatsbäume, Staatsfrüchte und jede Menge andere hochoffizielle Staatsflora und -fauna. Inklusive Staatsmikroben.

Am 10. Mai 2019 unterschrieb Phil Murphy, der Gouverneur von New Jersey, das Gesetz, das *Streptomyces griseus* zur offiziellen Mikrobe des viertkleinsten Bundesstaates der USA machte. Es war eine passende Wahl: *Streptomyces griseus* wurde zwar schon 1914 von Alexander Krainsky im Boden Russlands entdeckt. Aber 1943 fand man das Bakterium dann auch in amerikanischer Erde, und zwar in New Jersey – und hat es dort an der Rutgers-Universität auch höchst erfolgreich erforscht. So erfolgreich sogar, dass der Nobelpreis für Medizin oder Physiologie des Jahres 1952 an den Mikrobiologen Selman Waksman verliehen wurde, genauer gesagt »für die Entdeckung des Streptomycins, des ersten Antibiotikums gegen die Tuberkulose«. Abgesehen davon, dass das ein wenig ungerecht war, da neben Waksman auch Albert Schatz und Elizabeth Bugie an der Entdeckung des Streptomycins beteiligt waren, ohne dafür einen Preis zu bekommen, war das ein wichtiger Erfolg für die Medizin. Damals war nur ein einziges Antibiotikum in Verwendung, nämlich Penicillin, und das half nicht gegen Tuberkulose. Das aus *Streptomyces griseus* gewonnene Medikament schloss diese medizinische Lücke. Bis heute hat man aus verwandten Arten von New Jerseys Staatsmikrobe viele weitere Antibiotika isoliert. Mit ihrer Hilfe war es auch möglich, Techniken zur Massenproduktion von Antibiotika zu entwickeln, was die medizinische Landschaft dramatisch verändert hat.

Man mag darüber lächeln, dass sich die patriotischen Bundesstaaten der USA mit so vielen Staatssymbolen schmücken und nun sogar Mikroben für die offizielle PR rekrutieren. Aber wenn man sein Land in der Öffentlichkeit schon gut dastehen lassen will, dann ist *Streptomyces griseus* vermutlich ein würdigeres Symbol als all die Vögel, Pflanzen, Wappen und Hymnen, denen man sonst begegnet.

Antibiotika sind heute in der Medizin unentbehrlich und haben Millionen von Menschenleben gerettet. Daher ist es fast überraschend, dass nicht mehr Staaten die Kleinstlebewesen aufs Podest heben, so wie das New Jersey getan hat. In den USA gibt es nur noch den Bundesstaat Oregon, der sich seit 2013 eine offizielle Mikrobe leistet (*Saccharomyces cerevisiae*, die Back- oder Bierhefe – um die in diesem Staat wichtige Bierproduktion zu würdigen). Und als Symbol auf Staatswappen findet man Bakterien auch nirgendwo. Was man unserer Meinung nach dringend ändern sollte. In Österreich wird es zwar schwierig, den Adler durch ein Bakterium zu ersetzen, denn dazu müsste man erst die Verfassung ändern. Aber zumindest in Deutschland spräche nichts dagegen, die Sache einfach durch eine Bekanntmachung des amtierenden Staatsoberhaupts zu regeln, wie damals durch Theodor Heuss. Anstelle des Bundesadlers könnte man dann eine Bundesbakterie auf der Flagge zeigen. Wie wäre es zum Beispiel mit *Aetokthonos hydrillicola*, einem Cyanobakterium, das vor allem Adler befällt? Der Name bedeutet übersetzt »Adler-Killer« …

4

## Halobacterium noricense

*Wächter des Atommülls*

Das *Halobacterium noricense* hat das »Bakterium« zwar im Namen, ist aber trotzdem keines. Der Name wurde nämlich vergeben, bevor man aufgrund von genetischen Untersuchungen die Halobakterien nicht mehr den Bakterien, sondern der Gruppe der Archaeen (siehe Kapitel 20) zugeordnet hat. Das Interessante im Namen ist aber sowieso das »Halo«. Dahinter verbirgt sich keine falsch geschriebene Begrüßung. »Halo« stammt vom griechischen Wort für Salz ab. Extrem salzliebende Archaeen, wie eben *Halobacterium noricense*, werden oft als »*Haloarchaea*« bezeichnet und haben absolut kein Problem damit, in Umgebungen zu überleben, die extrem versalzen sind.

Das *Halobacterium noricense* hat man im Salzbergwerk von Altaussee entdeckt, der größten Salzabbaustätte Österreichs, als man ein paar Hundert Meter tief bohrte, in eine Salzschicht, die sich vor mehr als 250 Millionen Jahren gebildet hat. Im Material dieser Bohrkerne fanden Helga Stan-Lotter von der Universität Salzburg und ihre Kolleginnen und Kollegen im Jahr 2004 eine noch nicht beschriebene Art Salz liebender Archaeen, die sie in Bezug auf die frühere römische Provinz Noricum, zu der auch Altaussee gehörte, *Halobacterium noricense* nannten.

Mindestens ebenso interessant wie diese Entdeckung ist das, was Miriam Bader vom Helmholtz-Zentrum Dresden-Rossendorf mit ihren Kolleginnen und Kollegen im Jahr 2018 bei der genauen Untersuchung des Halobakteriums herausgefunden hat. Sie haben sich dem Mikroorganismus aus einer völlig anderen Richtung genähert, die mit der unangenehmsten Art von Müll zu tun hat, den wir Menschen produzieren. Seit wir nach dem Zweiten Weltkrieg damit begonnen haben, unseren Energiebedarf durch den Einsatz von Kernkraftwerken zu stillen, haben wir auch jede Menge hochradioaktiven Abfall hinterlassen. Der verschwindet leider nicht von selbst und bleibt für extrem lange Zeiten äußerst gefährlich. Bis jetzt ist uns nichts Klügeres eingefallen, als ihn irgendwo tief unter der Erde zu vergraben und zu hoffen, dass ihn dort niemand findet.

Da der Müll dort aber unter Umständen einige Hunderttausend bis Millionen Jahre bleiben muss, bevor die Radioaktivität nachgelassen hat, muss er an Orten untergebracht werden, wo keine großen geologischen Aktivitäten zu erwarten sind und wo vor allem auch kein Wasser eintreten kann, das den Müll wieder an die Oberfläche spült. Als eine Möglichkeit für solche »Endlager« gelten Salzstöcke, also unterirdische Schichten aus Steinsalz, die seit Millionen von Jahren stabil sind und sogar mehrere Eiszeiten unbeschadet überstanden haben. Absolute Sicherheit bietet jedoch auch das nicht, und deswegen haben Bader & Co. ein Worst-Case-Szenario erdacht und erforscht: Was geschieht, wenn Wasser in den Salzstock eindringt und radioaktive Substanzen gelöst werden? Sollten sich die gefährlichen Materialien ungehindert ausbreiten, hätte das fatale Folgen. Aber überraschenderweise kommt uns hier das *Halobacterium noricense* zu Hilfe. Denn es findet im salzigen Gestein nicht nur einen hervorragenden Lebensraum; es stoppt auch die Ausbreitung des Abfalls. Wenn es mit den radioaktiven Teilchen in Kontakt kommt, setzt es Phosphat frei. Dieses bindet die radioaktiven Atome, und in nur wenigen Minuten entsteht ein Mineral, das nicht mehr wasserlöslich ist. Der Müll ist zwar immer noch da und immer noch gefährlich – aber kann zumindest nicht mehr vom Wasser weiterverbreitet werden.

Die Halobakterien machen das aber nicht, um uns eine Freude zu bereiten, sondern aus reinem Eigennutz. Denn auch für sie sind die radioaktiven Metalle gefährlich, und die Phosphat-Freisetzung ist ein Mechanismus, mit dem sie sich selbst schützen können. Diese Entdeckung kann in Zukunft vielleicht dabei helfen, die Sicherheit von Endlagerstätten besser einzuschätzen. Es ist zwar gut zu wissen, dass es solche natürlichen Wächter gibt, die auf unseren Müll aufpassen. Aber besser wäre es für alle Beteiligten, wenn wir den radioaktiven Abfall gar nicht erst produzieren würden.

5

## Sphingomonas desiccabilis

*Mini-Bergarbeiter im Weltall*

Der Asteroid Psyche hat einen Wert von zehn Trillionen Dollar. Diese erstaunliche Tatsache konnte man 2017 in vielen Medien lesen, und sie ist ebenso überraschend wie unsinnig. Anlass dafür war der damalige Beschluss der NASA, im Jahr 2022 eine Raumsonde zu diesem 226 Kilometer großen Objekt im All zu schicken. Man ist unter anderem deswegen an Psyche interessiert, weil es sich um den seltenen Fall eines Asteroiden handelt, der fast komplett aus Metall besteht. Hauptsächlich Eisen und Nickel, aber auch alles andere, was man brauchen könnte. Wirtschaftlich bedeutsame Metalle wie die »Seltenen Erden« ebenso wie Gold, Silber oder Platin. Die Masse des Asteroiden liegt bei circa 30 Billiarden Tonnen, und wenn man diese Menge an Metall mit den auf der Erde üblichen Preisen vergleicht, dann kommt man auf die absurd hohe Zahl von zehn Trillionen Dollar.

Sieht man einmal davon ab, dass es auf der ganzen Welt niemanden gibt, der das aufbringen kann, würde auch der Metallpreis dramatisch sinken, brächte man den ganzen Asteroiden auf die Erde. Was technisch derzeit sowieso völlig unmöglich ist. Bei der NASA-Mission geht es dementsprechend auch ausschließlich um die wissenschaftliche Erforschung dieses Himmelskörpers. Prinzipiell aber ist es durchaus sinnvoll, sich über sogenannten Asteroidenbergbau Gedanken zu machen. Nicht, um die abgebauten Metalle hier unten auf der Erde zu verwenden. Sondern, um daraus Dinge direkt im Weltall bauen und darauf verzichten zu können, Material mit Raketen in den Kosmos schießen zu müssen.

Noch sind entsprechende Konzepte mehr Science-Fiction als Realität. Aber wenn sie einmal real werden, dann werden die Bergleute im All höchstwahrscheinlich keine Menschen sein, sondern Mikroorganismen. Die Idee des »Biomining« oder »Bioleaching« wird schon seit Jahrzehnten bei der Gewinnung von Metallen hier auf der Erde eingesetzt. Bestimmte Mikroorganismen sind in der Lage, Metalle wie Eisen für ihren Stoffwechsel einzusetzen und so bestimmte chemische Reaktionen in Gang zu setzen. Schmeißt man – sehr vereinfacht gesagt – jede

Menge zerkleinertes Erz und die passenden Mikroben zusammen mit etwas Wasser auf einen Haufen, dann vermehren sich die Mikroorganismen auf dem Gestein. Mit ihrem Stoffwechsel sorgen sie dafür, dass sich die benötigten Metalle aus dem Erz lösen und ins Wasser gelangen. Das fließt unten aus dem Haufen heraus und kann oben wieder dazugegeben werden, so lange, bis das Metall darin ausreichend stark konzentriert ist, um es nutzen zu können.

Diese Technik, die zum Beispiel beim Abbau von Kupfer oder Uran benutzt wird, könnte auch im Weltall helfen, an die Ressourcen in den Asteroiden zu gelangen. Oder wertvolle Metalle aus dem Gestein auf Mond oder Mars zu gewinnen. Wie gut das funktioniert, hat die Europäische Raumfahrtagentur im Jahr 2019 mit dem »BioRock«-Experiment auf der Internationalen Raumstation (ISS) ausprobiert. Dabei wurde Basalt-Gestein, das dem Material auf Mond und Mars ähnlich ist, zusammen mit diversen Mikroorganismen ins All transportiert. Die Organismen befanden sich in einem abgeschlossenen Gefäß, das für die nötigen Umweltbedingungen für ein Wachstum sorgte und das außerdem in einer Zentrifuge die Schwerkraft auf Mars und Mond simulieren konnte. Zwei der drei Bakterien zeigten keine ausgeprägteren Biomining-Fähigkeiten als auf der Erde, egal ob mit Mond-, Mars- oder gar keiner Schwerkraft. Das dritte aber überraschte die Forscherinnen und Forscher: *Sphingomonas desiccabilis* war im All wesentlich effektiver als auf der Erde. Die fehlende Schwerkraft scheint das Bakterium nicht weiter zu stören.

In weiteren Experimenten soll nun auch getestet werden, wie die Mikroorganismen mit Asteroidenmaterial klarkommen. Es ist noch ein weiter Weg, bis wir große Raumstationen im All bauen oder dauerhafte Siedlungen auf dem Mond oder dem

Mars errichten können. Aber wenn es einmal so weit ist, dann werden die Mikroorganismen am Bau ebenso beteiligt gewesen sein wie wir.

6

## Humanes T-lymphotropes Virus 1

*Das Ende des Eierlegens*

Das Humane T-lymphotrope Virus 1 (HTLV-1) ist ein Retrovirus. Was nicht heißt, dass es mit Vokuhila, Jeansjacke und Walkman daherkommt und 80er-Jahre-Popmusik hört. Das »Retro« bezieht sich auf die Art und Weise, wie es seinen Wirt befällt. Viren können sich ohne Hilfe eines Wirts nicht vervielfältigen. Sie bestehen im Wesentlichen nur aus ihrer Erbinformation, die geschützt von Proteinen manchmal von einer Virenhülle umgeben ist, manchmal aber auch nicht. Will das Virus eine Kopie von sich herstellen, muss es in eine lebende Zelle, also den Wirt, eindringen und deren Werkzeuge zur Vervielfältigung der Erbinformation benutzen. Das macht jedes Virus, aber nicht alle am gleichen Ort und nicht alle nach demselben Muster. Manche Viren lassen die Erbinformation der Wirtszelle unangetastet. Manche dringen aber auch direkt in das Genom ein und werden dort integriert. Genau dazu sind Retroviren imstande.

Die Erbinformation, die zum Beispiel in jedem Kern einer menschlichen Körperzelle zu finden ist, wird DNA genannt, die Abkürzung für den englischen Begriff *deoxyribonucleic acid* (die deutsche Abkürzung »DNS« für Desoxyribonukleinsäure wird nur noch selten verwendet). Das ist die bekannte »Doppelhelix« aus Nukleinsäuren, die in allen Lebewesen die grundlegenden biologischen Informationen trägt. Auch viele Viren haben ihre Erbinformation als DNA vorliegen.

Und normalerweise läuft es dann so: Die in der DNA gespeicherte genetische Information wird in eine RNA umgeschrieben, die zu den Ribosomen wandert. Sie trägt die Information mit sich, mit der dort festgelegt wird, wie und welches Protein zusammengebaut werden soll. Eine sehr fundamentale Aufgabe, denn es sind ja die Proteine, die einen Organismus letztlich am Laufen halten. Aber nicht immer liegt die Erbinformation als DNA vor. Bei den Retroviren findet man sie gleich in Form einer RNA. Diese »Ribonukleinsäure« besteht nicht aus zwei, sondern nur aus einem Strang an Nukleinsäuren. Und dann läuft der Prozess umgekehrt. Retroviren können ihre eigene RNA in eine DNA zurückübersetzen (daher kommt auch ihr Name), und sie tun das mithilfe eines Enzyms, das »reverse Transkriptase« genannt wird. Diese DNA wird dann in die DNA der Wirtszelle integriert.

Das ist ein guter Trick, denn jetzt wird die Erbinformation des Virus vom Wirt wie seine eigene Erbinformation behandelt. Er übernimmt die Vervielfältigung, und das Virus muss sich nicht mehr darum kümmern.

Das erste Retrovirus, das bei einem Menschen gefunden wurde – Anfang der 1980er-Jahre vom amerikanischen Virologen Robert Gallo –, war HTLV-1. Ist man einmal damit infiziert, dann lässt sich das Virus kaum mehr aus dem Körper entfernen und kann unter anderem zu Leukämie führen. HTLV-1 ist zwar wenig bekannt (im Gegensatz zum Retrovirus HIV, das die Krankheit AIDS auslöst), weltweit gibt es aber mehrere Millionen Infizierte.

Ein Retrovirus muss aber gar nicht immer negative Folgen für den Wirt haben. Manches Virus schafft es, sich nicht einfach nur in irgendeinen Zellkern einzubauen, sondern in eine Keimzelle. Nun nimmt es an der Fortpflanzung des Wirts teil, denn Keimzellen sind die Zellen, deren Information an die Nachfahren eines Organismus weitergegeben wird. Und mit ihnen auch die Virus-DNA. So etwas nennt man ein »endogenes Retrovirus«, und wir Menschen haben im Laufe der Zeit jede Menge von ihnen eingesammelt. Acht Prozent unserer DNA stammen von endogenen Retroviren. Sie sind nicht mehr gefährlich für uns, da die ursprüngliche Viren-DNA im Laufe der Zeit durch diverse Mutationen keine krankheitserregenden Viruspartikel mehr bilden kann.

Was aber nicht bedeutet, dass die Viren keinen Einfluss auf uns ausgeübt hätten. Wir haben die Eindringlinge quasi gezähmt und uns ihre Eigenschaften zunutze gemacht. Ein Virus muss zum Beispiel in der Lage sein, seine äußere Schicht mit der Wand einer Zelle zu verschmelzen, um sich an seinen Wirt anheften zu können. Es schadet auch nicht, wenn es dessen Immunsystem ein wenig unterdrücken kann. Beides ist gut für die Fortpflanzung des Virus – aber auch für die Fortpflanzung des Menschen. Ohne die Hilfe der Retroviren müssten wir möglicherweise immer noch Eier legen, so wie es etwa das Schnabeltier tut. Die frühen Säugetiere waren nicht in der Lage, ihre Nachkommen in sich selbst heranwachsen zu lassen. Wenn sie keine Eier legten, dann trugen sie die Embryos in Beuteln mit sich herum, wie es heute noch die Kängurus tun. Dass wir Menschen – und andere Tiere – heute in der Lage sind, unsere Kinder in einer Gebärmutter im Inneren des Körpers auszutragen, verdanken wir auch den Retroviren. Irgendwann vor 50 bis 100

Millionen Jahren muss sich so ein Virus in die Keimzellen unserer Vorfahren eingebaut haben. Seine Fähigkeit zur Verschmelzung von Zellen und der Unterdrückung des Immunsystems waren genau das, was wir brauchten, um im Zuge unserer weiteren Evolution die Plazenta zu entwickeln. Also genau das komplexe Gewebe, mit dem ein Embryo mit dem Blutkreislauf der Mutter in Verbindung steht und das sich an der Wand des Uterus entwickelt. Dabei wächst Gewebe des Embryos in die Schleimhaut der Gebärmutter ein, und die Gene, die wir von den Retroviren übernommen haben, unterbinden die Reaktion des Immunsystems, die ansonsten zu einer Abstoßung des Embryos führen würde.

Viren machen uns krank, und das ist zugegebenermaßen unerfreulich. Aber sie haben uns im Laufe unserer Geschichte auch immer wieder geholfen. Eine Schwangerschaft ist nicht einfach. Aber wer weiß, wo wir wären, wenn wir unsere Kinder als zerbrechliche Eier in einem Nest ausbrüten müssten …

7

## Methanobrevibacter ruminantium

*Klimakrise auf der Alm*

Eine Herde friedlich grasender Kühe, die auf einer malerischen Almwiese vor beeindruckender Bergkulisse steht. Solche idyllischen Bilder findet man auf Ansichtskarten und in der Tourismuswerbung. In der Realität hat die Szene aber durchaus apokalyptisches Potenzial, denn sowohl Kühe als auch die Landschaft heizen die Klimakrise an. Verantwortlich dafür sind aber weder die Tiere noch die Almwiese selbst – sondern das, was sich Kuh und Gras als Lebensraum ausgesucht hat.

*Methanobrevibacter ruminantium* ist ein Archaeon, ein einzelliger Mikroorganismus, der wie viele seiner Verwandten in der Lage ist, Methan zu produzieren (siehe Kapitel 63). Sie sind die derzeit einzigen bekannten Lebewesen, die das können; das restliche Methan in der Atmosphäre stammt aus geologischen Prozessen, wie etwa dem Vulkanismus. Solche »Methanbildner« leben am liebsten dort, wo es keinen Sauerstoff gibt – und das Innere einer Kuh ist für sie daher ein optimaler Lebensraum. Das Methan, das sie dort produzieren, kann aber nicht in der Kuh bleiben. Es entweicht an beiden Enden, sodass rülpsende und furzende Kühe auf der ganzen Welt jede Menge Methan in die Atmosphäre entlassen. Olfaktorisch wäre das kein Problem, denn das, was riecht, sind andere Gase; für das Klima ist der Methanausstoß aber alles andere als hilfreich. Denn Methan ist nicht nur ein Treibhausgas; seine Wirkung ist über 20-mal stärker als die von Kohlendioxid. Der Anteil von Methan – gemessen an allen Treibhausgasen, die in die Atmosphäre gelangen – liegt bei 20 Prozent. Die Tierhaltung hat einen großen Anteil daran: Über 35 Prozent des weltweit freigesetzten Methans stammen aus der Viehzucht.

Für das Klima wäre es am besten, die massenhafte Produktion tierischer Produkte ganz zu vermeiden und damit auch die Zahl der Rinder zu reduzieren. Nicht ganz so effektiv ist es, die Archaeen in den Kühen an der Methanproduktion zu hindern. Dass das zumindest theoretisch möglich ist, haben Forscherinnen und Forscher im Jahr 2013 herausgefunden. Sie entdeckten, dass eine bestimmte Gruppe von Archaeen in den Eingeweiden der Kühe ihre Energie (und damit auch ihr Methan) durch die chemische

Umwandlung von Stoffen produziert, die vor allem in Zuckerrüben zu finden sind. Die werden oft als Viehfutter verwendet. Mischt man aber kleine Mengen an Rapsöl darunter, hemmt es das Wachstum dieser Archaeen. Das Öl scheint die Prozesse zu stören, bei denen im Rindermagen Wasserstoff freigesetzt wird. Den aber brauchen die Archaeen als Nahrung. Man hat auch noch andere Möglichkeiten gefunden, das Wachstum der Archaeen im Inneren der Rinder zu reduzieren. Aber die waren schlecht für die Verdauung der Tiere und führten dazu, dass sie weniger Energie aus ihrer Nahrung gewinnen konnten. So oder so, die Abgaswerte der Kühe mit wissenschaftlichen Methoden zu verbessern, gestaltet sich in der Praxis schwieriger als erhofft.

Am Ende ist es ja auch nicht die Schuld der Kuh, dass sie unsere Atmosphäre aufheizt. Wer würde ihr vorwerfen wollen, dass sie ihre Fladen auf die Almwiesen setzt? Dennoch verursachen gerade die das nächste Klimaproblem. In der Natur wird Methan nicht nur freigesetzt, sondern auch wieder aus der Atmosphäre entfernt. Es kann vom Boden aufgenommen werden. Waldböden sind beispielsweise recht gut darin, die Luft von Methan zu reinigen. Ob und wie gut ein Boden als Methan-Filter wirken kann, hängt aber auch davon ab, welche Mikroorganismen darin leben. Forscherinnen und Forscher von der Universität Innsbruck haben 2018 untersucht, wie es sich in diesem Punkt mit den Almen und Weideflächen der Kühe verhält. Das Ergebnis: eher schlecht. Die Rinder fressen die Pflanzendecke ab, die Erde heizt sich auf und kann das Methan schlechter aufnehmen. Dazu kommen die bereits erwähnten Kuhfladen. Sie können Archaeen enthalten, die nun im Boden anstatt im Rind leben – und am Ende produziert nicht nur die Kuh Methan, sondern auch die Alm, auf der sie steht.

Daraus folgt nun aber nicht zwingend, dass man alle Almen aufforsten sollte. Der Klimawandel ist ein kompliziertes und vernetztes Phänomen. Die Erwärmung der Erde sorgt auch für mehr Trockenheit. Wenn aufgelassene Almen von Wäldern überwuchert würden, würden die Bäume mehr Wasser verbrauchen und die Trockenheit verstärken. Es braucht Wald und Wiese, es braucht die richtigen Mikroben am richtigen Ort. Vor allem aber braucht es weniger Treibhausgase in der Atmosphäre. Da können wir uns nicht auf Kühe oder Archaeen herausreden; dieses Problem müssen wir selbst lösen.

## 8

## Pterocanium trilobum

*Kunstformen der Natur*

Wer im Jahr 1900 die Pariser Weltausstellung durch die »Porte Monumentale« des französischen Architekten René Binet betrat, befand sich mitten in einem gewaltigen Mikroorganismus. Denn die Inspiration für das beeindruckende Bauwerk hat sich Binet aus dem Buch *Kunstformen der Natur* des deutschen Zoologen Ernst Haeckel geholt. Auf der Bildtafel Nummer 31 findet sich dort eine Zusammenstellung sogenannter Strahlentierchen, und das in der mittleren Reihe ganz rechts abgebildete Lebewesen trägt den Namen *Pterocanium trilobum* und diente Binet als Vorbild für sein Bauwerk. Wie bei den anderen Vertretern seiner Gruppe handelt es sich hier um einen einzelligen Meeresbewohner, der sich in ein Außenskelett aus Opal gehüllt hat. Wer diese Mikroorganismen unter einem Mikroskop betrachtet, kann kaum anders, als von der Ästhetik und Vielfalt der Formen beeindruckt zu sein.

Das gilt noch viel mehr für die Bilder, die Ernst Haeckel zwischen 1899 und 1904 in seinem Buch veröffentlicht hat. Im Vorwort schreibt er dazu: »Die Natur erzeugt in ihrem Schoße eine unerschöpfliche Fülle von wunderbaren Gestalten, durch deren Schönheit und Mannigfaltigkeit alle vom Menschen geschaffenen Kunstformen weitaus übertroffen werden.« Und im Nachwort stellt er noch einmal klar: »Der Hauptzweck meiner *Kunstformen der Natur* war ein ästhetischer: ich wollte weiteren Kreisen Zugang zu den wunderbaren Schätzen der Schönheit öffnen, die in den Tiefen des Meeres verborgen oder wegen ihrer geringen Größe nur durch das Mikroskop erkennbar sind. Damit verknüpfe ich aber auch einen wissenschaftlichen Zweck, den Einblick in den Wunderbau der eigentümlichen Organisationen dieser Formen zu erschließen.«

Den ästhetischen Anspruch kann man nicht leugnen; wer durch die Bildtafeln seines Werkes blättert, sieht keine wissenschaftlichen Diagramme, sondern die Kunst der Natur in all ihrer Formen- und Farbenpracht. Es ist also kein Wunder, dass sich zu Beginn des 20. Jahrhunderts auch die Kunst von diesem Werk beeinflussen ließ. In einem Brief an Haeckel schrieb René Binet: »Aufgrund Ihrer Entdeckungen möchte ich auf die wundervollen Prinzipien von Ordnung und Balance aufmerksam machen, die sich in der unendlichen Vielfalt der mikroskopischen Tiere finden, die Sie ans Licht gebracht haben. Ich dachte, dort, wo Naturforscher ein Objekt des Staunens gefunden haben, müssen sich auch die Künstler auf die Suche nach den Ursachen dieser besonderen Schönheit machen.«

Das Ergebnis seiner Suche präsentierte Binet in den *Esquis-*

*ses décoratives.* Sie sind voll mit Skizzen, die direkt aus Haeckels Werk stammen könnten. Nur dass hier keine Quallen, Einzeller, Schwämme oder andere Lebewesen zu sehen sind, sondern Lampen, Luster, Lichtschalter, Fliesenmuster und ähnliche dekorative Kunst. Auch andere Künstlerinnen und Künstler übernahmen die Ornamentik der Natur in ihre Arbeiten.

Ernst Haeckels eindrucksvolle ästhetische Präsentation der Natur wurde zu einer Quelle und Inspiration des aufkommenden Jugendstils. Haeckel selbst wollte aber nicht nur die ästhetische Seite der Natur aufzeigen, sondern mit seiner Arbeit auch die Evolutionstheorie von Darwin belegen. Als dessen revolutionäres Buch *Über die Entstehung der Arten* 1859 erschien, war Haeckel gerade mit der Forschung an Strahlentierchen beschäftigt. Nach seinem Medizinstudium wollte er in die Wissenschaft wechseln, was ihm mit der Erforschung der Mikroorganismen gelang. 1861 trat er eine Stelle als Professor an der Universität Jena an und begann gleich damit, Vorlesungen über Darwins Evolutionstheorie zu halten. Er setzte sich massiv dafür ein, die Erkenntnisse seines englischen Kollegen in die Öffentlichkeit zu tragen. Die Vielfalt der Lebewesen, die er in seinen *Kunstformen der Natur* darstellte, schien ihm besonders gut geeignet, um auf die Realität und Bedeutung der Evolution hinzuweisen. Weniger vorbildhaft aus heutiger Sicht ist allerdings Haeckels Einsatz für Eugenik und »Rassenhygiene«.

Die das Skelett eines Strahlentierchens kopierende »Porte Monumentale« in Paris existiert leider nicht mehr. Die Symbiose von Kunst und Kultur kann man sich heute aber immer noch in Jena ansehen. Zum Beispiel in der »Villa Medusa«, dem ehemaligen Wohnhaus Haeckels, das heute ein kleines Museum zum Leben und Werk des Biologen beherbergt. Und vor allem im »Phyletischen Museum«, das Haeckel 1907 gegründet hat. Das Innere des Jugendstilgebäudes ist mit zahlreichen Ornamenten dekoriert, die direkten Bezug auf die *Kunstformen der Natur* nehmen. Neben echten Quallen in einem Aquarium kann man etwa die von ihnen inspirierten Deckengemälde bestaunen. Wissenschaft und Kunst sind dort so eng verbunden, wie sie es eigentlich überall sein sollten.

9

## Serratia marcescens

*Feiertag dank Wunderbakterien*

Am Donnerstag nach dem ersten Sonntag nach Pfingsten feiert die katholische Kirche Fronleichnam. Diesen freien Tag nehmen wir (zumindest dort, wo er ein gesetzlicher Feiertag ist) gerne mit, um daraus ein langes Wochenende zu basteln – auch wenn die meisten vermutlich gar nicht so genau wissen, was da eigentlich gefeiert wird. Aber selbst die, die sich mit der kirchlichen Liturgie auskennen, werden selten wissen, dass wir den freien Donnerstag einem Bakterium zu verdanken haben.

Im Jahr 1263 machte sich der böhmische Priester Peter von Prag auf den Weg nach Rom. Während seiner Pilgerfahrt quälten ihn Zweifel an der »Transsubstantiation«, also der Wandlung von Brot und Wein in den realen Leib und das Blut von Jesus Christus während der katholischen Messe. Kein Wunder, immerhin hatte Papst Innozenz III. dieses doch eher erstaunliche Phänomen erst wenige Jahrzehnte zuvor, beim vierten Laterankonzil im Jahr 1215, als offizielles Dogma der Kirche verkündet.

Der zweifelnde Peter wurde jedoch bei einem Zwischenstopp in der italienischen Kleinstadt Bolsena bekehrt: Als er dort während der Messe das Brot auseinanderbrach, fand er darin Blutstropfen! Dieses »Blutwunder von Bolsena« hat Papst Urban IV. als echtes Wunder anerkannt und ein Jahr später das »Fest des allerheiligsten Leibes und Blutes Christi« für die ganze Kirche als offiziellen Festtag eingeführt. Wir sagen heute dazu »Fronleichnam«, was ein wenig nach Totenkult klingt, in gewissem Sinne auch ein Totenkult ist, aber vom mittelhochdeutschen Wort »lîcham« für Leib abstammt.

Ähnliche »Blutwunder« gab es auch davor und danach immer wieder. Sie waren auch nicht auf das Christentum beschränkt. Erstmals dokumentiert wurde es im Jahr 332 v. Chr, als im Heer von Alexander dem Großen, das gerade die Stadt Tyros belagerte, blutendes Brot auftauchte. Was dahintersteckt, wusste man damals natürlich noch nicht, das hat ein italienischer Pharmazeut erst im Jahr 1819 entdeckt. Und zwar in einer Portion verdorbener Polenta: Bartolomeo Bizio aus Padua warf den Brei aus Mais aber nicht einfach weg, sondern untersuchte dessen seltsame rötliche Färbung unter dem Mikroskop. Dort fand er jede Menge kleine rötliche Kügelchen, und weil diese Keime nach nichts aussahen, was man damals kannte, gab er ihnen einen Namen: *Serratia marcescens*, nach seinem Physiklehrer Serafino Serrati und dem lateinischen Wort *marcescere,* was so viel wie »erschlaffen« bedeutet. Nicht weil der Physiker so ein schlaffer Schwächling war, sondern weil die rötliche Masse schnell matschig wurde.

Heute wissen wir, dass es sich bei *Serratia marcescens* um ein Bakterium handelt, das so gut wie überall vorkommt: im Boden, im Wasser, auf Tieren und Pflanzen. Es lebt davon, all die organischen Substanzen abzubauen, die so in der Gegend herumliegen. Dabei kann es eine Reihe von rötlichen Farbpigmenten bilden, sogenannte Prodigiosine, vom lateinischen Wort *prodigium* für »Wunderzeichen«. Auf Brot kann das Bakterium unter den richtigen Umständen sehr gut wachsen, ganz besonders gut auf dem ungesäuerten Brot, das für die kirchlichen Zeremonien verwendet wird. Es ist also gar kein Wunder, dass man unter den unhygienischen Bedingungen des Mittelalters immer wieder »blutendes« Wunderbrot entdeckte.

Sieht man einmal davon ab, dass uns das Wunderbakterium einen netten Feiertag im Frühsommer beschert hat, ist sein restlicher Einfluss auf die Geschichte eher unschön. Es spielte eine tragische Rolle bei diversen mittelalterlichen Pogromen, während denen Juden vorgeworfen wurde, Hostien gestohlen, »gequält« und somit den Leib Christi zum Bluten gebracht zu haben.

Einige Jahrhunderte später, als man die »Blutstropfen« als Bakterium identifiziert hatte, hielt man es für ein harmloses Ding, das uns Menschen nichts anhaben kann, sich aufgrund seiner guten Nachweisbarkeit aber hervorragend zu Forschungszwecken eignet. Deswegen infizierte man Menschen gezielt damit, um die Ausbreitungswege von Infektionskrankheiten zu untersuchen. Im September 1950 war das Wunderbakterium Teil von geheimen und höchst unethischen militärischen Experimenten: Große Mengen des Mikroorganismus wurden von der US Navy vor der Bucht von San Francisco verteilt. Es ging um biologische Kriegführung, und man wollte wissen, wie effektiv sich eine Großstadt im Falle des Falles mit Bakterien kontaminieren ließe. Sehr effektiv, wie sich zeigte: Die sich verbreitenden Keime reichten aus, um die ganze Stadt zu infizieren, und in den Wochen nach dem Experiment tauchten in den Krankenhäusern von San Francisco immer wieder Menschen mit seltsamen Harnwegsinfekten auf. Denn *Serratia marcescens* ist nicht so harmlos, wie man dachte, sondern ein Krankheitserreger. Das Wunderbakterium führt unter anderem zu Lungen- und Hirnhautentzündungen, Harnwegsinfekten und einer Reihe von Wundinfektionen. Ein Feiertag als ausgleichende Gerechtigkeit ist dafür eigentlich viel zu wenig.

10

## Orthopoxvirus variolae

*Pockengötter und Dämonen*

Das Virus Orthopoxvirus variolae hat man erst im 20. Jahrhundert entdeckt. Die von ihm verursachte Krankheit plagt die Menschen aber schon seit Jahrtausenden: Die Pocken sind eine der gefährlichsten Infektionskrankheiten, die uns je heimgesucht haben, und es ist kein Wunder, dass wir uns in unserer Unwissenheit über ihre Ursache an die Götter gewandt haben.

Bei den von Orthopoxvirus variolae verursachten »echten Pocken« kann die Sterblichkeit bis zu 90 Prozent betragen. Wer nicht stirbt, muss mit Narben von den für die Krankheit typischen Pusteln ebenso rechnen wie mit Hirnschäden, Lähmungen, Taubheit oder Erblindung. An der Mumie des altägyptischen Königs Ramses V., der vor mehr als 3000 Jahren lebte, konnten Pockennarben gefunden werden, und es wird vermutet, dass er auch an dieser Virusinfektion starb. Man findet Hinweise auf die Krankheit im 2. Jahrtausend vor Christus in Indien ebenso wie in China. Man schätzt, dass allein im 20. Jahrhundert weltweit ungefähr 300 Millionen Menschen an den Pocken gestorben sind.

Die Pocken sind eine schreckliche Krankheit, ganz besonders dann, wenn man keine Ahnung von der Ursache hat und nicht weiß, wie man sich davor schützen kann. Die vielen dramatischen Pockenausbrüche in Indien haben dazu geführt, dass sich in der hinduistischen Religion die Göttin Shitala als Verkörperung der Krankheit etabliert hat. Ihr Begleiter ist der Dämon des Fiebers, und je nach Verhalten kann sie vor den Pocken schützen oder sie unter den Menschen verteilen. Mit entsprechenden Ritualen und Opfergaben wird dafür gebetet, von der Krankheit verschont zu bleiben.

Shitala ist nicht das einzige übersinnliche Pockenwesen. In China übernimmt T'ou-Shen Niang-Niang die Rolle der Pockengöttin, und die Pusteln der Krankheit wurden als »himmlische Blumen« bezeichnet, um die Göttin nicht zu verärgern. Bei den westafrikanischen Yoruba gibt es den Pockengott Sopona. Und in Japan müssen sich die Menschen vor den *hōsōgami* in Acht nehmen. So wie Shitala können sie einerseits die Pocken selbst darstellen, andererseits aber auch davor schützen. In den Jahren von 735 bis 737 litt das Land unter einer dramatischen Pockenepidemie, bei der ein Drittel der Bevölkerung starb. Noch heute kann man dort überall »Daruma« kaufen, rote Glücksbringer, die den buddhistischen Mönch Bodhidharma zeigen. Die rote Farbe soll einerseits die Gefahr durch die Pocken darstellen und die Pockendämonen andererseits abwehren. Das Glück bringende Stehaufmännchen wurde vor allem erkrankten Kindern als Spielzeug gegeben, um sie wieder gesund zu machen.

Die Vergötterung der Pocken mag wichtige psychologische Auswirkungen auf die von der Krankheit terrorisierten Menschen gehabt haben. Ein echter medizinischer Schutz war sie aber definitiv nicht. Als Erster, der einen Impfstoff gegen die Pocken entwickelt hat, gilt der englische Arzt Edward Jenner. Am 14. Mai 1796 impfte er ein Kind mit Kuhpocken, einer verwandten Krankheit, die Kühe, aber auch Menschen befallen kann. Jenner vermutete, dass eine Erkrankung an dieser für Menschen ungefährlichen Art der Pocken einen Schutz vor den echten Pocken bieten kann, was sich als korrekt herausstellte. Schon zuvor – vermutlich schon vor mehr als tausend Jahren – wurde das Prinzip der »Variolation« verwendet. Dabei entnahm man Material aus den Pockenpusteln von Infizierten und brachte es durch die Zufügung kleiner Wunden in Arm oder Bein gesunden Menschen ein. Durch diese abgeschwächten Viren verlief die Krankheit weniger schwer, und die so variolierten Menschen waren danach immun gegen die Pocken. Allerdings lag auch hier die Todesrate bei 2 bis 3 Prozent – aber angesichts des viel größeren Risikos, an den echten Pocken zu sterben, erschien die Variolation vielen als die bessere Variante.

Jenners Methode war dagegen bereits viel sicherer und wurde von anderen weiterentwickelt. Schon zu Beginn des 19. Jahrhunderts gab es in vielen Ländern eine Impfpflicht gegen Pocken. In der Schweiz wurde sie erst 1972 eingestellt, in West-Deutschland wurde 1976 zum letzten Mal geimpft, in der DDR erst 1982, und Österreich hörte im Jahr 1981 mit der verpflichtenden Pockenimpfung auf. Da war der letzte von den Pocken verursachte Todesfall schon drei Jahre her: Die britische Fotografin Jane Parker starb am 11. September 1978. Sie hatte sich bei ihrer Arbeit an der medizinischen Fakultät der Universität Birmingham infiziert.

Dort wurden in einem Labor die Pocken erforscht, und das nicht mit den nötigen Sicherheitsvorkehrungen. Durch das Lüftungssystem gelangten Pockenviren an den Arbeitsplatz von Parker. Am 8. Mai 1980 erklärte die Weltgesundheitsorganisation WHO die Pockengefahr offiziell für beendet. Das erste Mal war es der Menschheit gelungen, ein Virus aktiv auszurotten.

Heute gibt es Pockenviren nur noch in den Forschungszentren der amerikanischen und russischen Seuchenschutzbehörden. Zumindest offiziell, denn ob anderswo in wissenschaftlichen oder militärischen Labors noch Pockenviren aufbewahrt werden, ist unbekannt. Deswegen scheut man auch davor zurück, die beiden restlichen Virenbestände zu vernichten. Denn wenn – durch einen Unfall oder absichtlich als Biowaffe – doch noch einmal Pocken freigesetzt werden sollten, dann wären sie die einzige Möglichkeit, die Wirksamkeit von Impfstoffen zu prüfen. Ganz fertig sind die Pockengötter dann vielleicht doch noch nicht mit der Menschheit …

## 11

## Methanobrevibacter oralis

*Unsere Freunde, die Archaeen*

Die Welt der Mikroorganismen ist nicht arm an seltsamen, rätselhaften und zu einem großen Teil noch unverstandenen Lebewesen. Die Archaeen gehören aber definitiv zu denen, die uns am meisten Rätsel aufgeben. Lange Zeit wurden sie für Bakterien gehalten; wir haben sie erst vor wenigen Jahrzehnten als eigenständige Lebensform erkannt. So wie Delfine und Haie sich äußerlich ähnlich sind und sich ähnlich verhalten, evolutionär aber als Fisch und Säugetier völlig verschieden sind, gilt das auch für Bakterien und Archaeen. Dort ist der Unterschied sogar noch viel größer: Die Archaeen sind vermutlich sowohl mit Fischen als auch mit Säugetieren enger verwandt als mit den Bakterien, denen sie auf den ersten Blick so ähnlich sehen.

Anfangs haben wir die Archaeen vor allem in sehr extremen Lebensräumen gefunden, überall dort, wo andere Lebewesen längst aufgegeben haben. Aber mittlerweile wissen wir, dass sie nicht nur in kochend heißen Quellen, der stockdunklen Tiefsee oder trockenen Salzseen vorkommen, sondern zum Beispiel auch in unserem Körper. Dort sind sie zwar nicht so zahlreich vertreten wie Bakterien oder Viren (siehe Kapitel 90). Trotzdem nehmen sie aber auch hier eine Sonderstellung ein.

Uns ist bekannt, dass so gut wie jede Gruppe an Mikroorganismen Exemplare enthält, die uns krank machen. Es gibt Bakterien und Viren, die uns infizieren können, Krankheiten können durch Pilze oder Algen ebenso hervorgerufen werden wie von Einzellern und mikroskopisch kleinen Tieren. Nur die Archaeen scheinen keinerlei Interesse daran zu haben, uns zu schaden.

*Methanobrevibacter oralis* zum Beispiel lebt unter anderem in unserer Mundhöhle. Man hat es besonders häufig bei Menschen entdeckt, die unter Parodontitis leiden, einer bakteriellen Entzündung des Zahnfleisches. Dass das Archaeon dabei auch eine Rolle spielt, ist aber zumindest möglich. Sein Stoffwechsel könnte das übliche Gleichgewicht der harmlosen Bakterien in unserem Mund durcheinanderbringen, sodass sich die krankheitserregenden Arten stärker ausbreiten können.

Warum also kennen wir keine krankheitsverursachenden Archaeen? Es gibt eigentlich nur zwei Möglichkeiten: Entweder es gibt tatsächlich keine. Oder wir haben sie noch nicht gefunden.

Hypothesen gibt es einige: Bakterien etwa entwickeln sich oft durch Einfluss von Viren zu einer krankheitserregenden Form. Ein Virus kann Erbinformationen direkt von einem Bakterium in ein anderes transferieren (siehe Kapitel 69) und so die Entstehung neuer Stämme und Arten beschleunigen. Auch Archaeen werden von Viren befallen – aber es handelt sich um andere Viren, die mit jenen, die Bakterien befallen, nichts gemein haben. Vielleicht hat sich zwischen den Archaeen und ihren Viren schlicht keine entsprechende Beziehung entwickelt, die zur Bildung krankheitserregender Archaeen führt. Warum das aber so sein sollte, ist unbekannt und verlagert die Frage eigentlich nur auf eine andere Ebene.

Vielleicht sind die Archaeen aber auch die Auslöser von Krankheiten, deren Ursache wir bis jetzt noch nicht verstanden haben. Oder es gibt tatsächlich keine fiesen Archaeen. Das wäre zwar angesichts all dessen, was wir über die Natur und die Beziehung zwischen ihren Lebewesen wissen, sehr überraschend. Aber es wäre auch tröstlich zu wissen, dass da draußen zumindest eine komplette Domäne des Lebens existiert, die uns freundlich gesinnt ist.

## 12

# Bifidobacterium bifidum

*Gesund Essen dank Bakterienbefall?*

Bakterien zum Essen? Das klingt nicht sehr einladend. Aber die Mikroben sind nicht nur ohnehin überall und damit auch auf unserer Nahrung. Manchen Lebensmitteln werden sie absichtlich hinzugefügt. Ein bekannter Joghurt-Produzent wirbt etwa mit »4 Milliarden natürlichen Bifidus-Kulturen«, die dem Produkt extra beigegeben würden. Dabei enthält so ein Joghurt sowieso schon ausreichend Bakterien; immerhin besteht er aus Milch, die durch Milchsäurebakterien verdickt und gesäuert wird. Zudem müssten wir uns die »Bifidus-Kulturen« aus der Werbung eigentlich auch nicht extra zuführen. Sie wohnen schon längst in uns, fast von Geburt an.

Die Bifidobakterien, inklusive dem *Bifidobacterium bifidum*, das man den Milchprodukten beigibt, gehören zu jenen Mikroben, die wir als »gut« bezeichnen. Streng genommen stimmt das aus mikrobiologischer Sicht natürlich nicht, denn mit moralischen Werten haben Mikroorganismen allgemein wenig am Hut. *Bifidobacterium bifidum* gehört aber zu jenen, die unseren Magen-Darm-Trakt bewohnen und dort auch wohnen sollen. Wenn Bifidobakterien (es gibt verschiedene Spezies) auf Milchzucker treffen, wird der sofort abgebaut und unter anderem in Milchsäure umgewandelt. Die macht den Brei aus verdauter Nahrung in unserem Darm und auch den daraus entstehenden Kot sauer, was anderen Bakterien, die uns vielleicht krank machen könnten, nicht so gut gefällt. Sie werden abgetötet, und das ist besonders für Säuglinge wichtig, deren eigenes Immunsystem noch nicht ausreichend stark entwickelt ist – weswegen sie auch (Mutter-) Milch benötigen, mit der die Bifidusbakterien von der Mutter auf das Kind übertragen werden; ein Teil kommt auch direkt bei der Geburt aus dem Geburtskanal der Mutter. Am Beginn unseres Lebens steht also eine erfolgreiche Bakterieninfektion!

Wozu jetzt aber der Bifidus-Joghurt? Weil der, glaubt man den Versprechungen der Werbung, die Verdauung und die Darmflora verbessert. Je mehr von den vermeintlich »guten« Bakterien wir löffeln, desto mehr von ihnen besiedeln unser Inneres und desto besser für uns, oder? Klingt logisch, ist aber ein klein wenig komplizierter, als es die PR-Abteilungen der Joghurt-Hersteller andeuten. Wenn sich unsere körpereigenen Bakterien so einfach durch Neuankömmlinge ersetzen lassen würden, dann wäre das für uns eher unangenehm. Bakterien sind überall, und nicht alle sind uns so gewogen wie die aus dem Joghurt. Wir wollen nicht, dass sich jede dahergelöffelte Bakterienkultur einfach so dauerhaft in unserem Darm ansiedeln kann. Und das tun die Mikroben aus dem Joghurt auch nicht, wie eine Studie aus dem Jahr 2011 gezeigt hat. Sie sind nur zu Besuch – aber so wie mancher Besuch im echten Leben können sie Spuren hinterlassen. Wie die Studie zeigte, erhöht sich durch den Konsum des Joghurts die Aktivität derjenigen Gene der bakteriellen Dauerbewohner in unserem Darm, die für die Verdauung von Kohlenhydraten zuständig sind. Warum sie das tun und wie die Gastbakterien das zustande bringen, ist noch nicht ganz klar. Es scheint aber, als seien die Versprechungen der Werbung nicht ganz aus der Luft gegriffen. Allerdings wurde die Studie unter anderem von einem Lebensmittelkonzern finanziert, der genau solche »probiotischen« Joghurts verkauft, was einen zumindest ein klein wenig skeptisch werden lassen sollte.

Dass man durch den Verzehr lebendiger Bakterienkulturen bestimmte Darmerkrankungen lindern kann, ist allerdings auch in unabhängigen wissenschaftlichen Untersuchungen bestätigt worden. Und da die Bifidobakterien im Joghurt für uns nicht schädlich sind, spricht nichts gegen den Konsum dieser Produkte. Zumindest aus mikrobiologischer Sicht – ernährungstechnisch sieht die Sache wieder anders aus. Zu viel Joghurt ist schlecht für die Figur – denn auch wenn die Bakterien kalorienmäßig kaum ins Gewicht fallen, tut das der reichlich enthaltene Zucker sehr wohl.

13

## Pfiesteria piscicida

*Die Zelle aus der Hölle*

Man darf davon ausgehen, dass Stephen Smith nicht sonderlich begeistert war, als Ende der 1980er-Jahre alle seine Fische plötzlich starben. Es waren zwar keine geliebten Haustiere, deren Ableben im heimischen Aquarium er betrauern musste. Es handelte sich aber um Fische, die er im Rahmen seiner Doktorarbeit in den Labors der North Carolina State University untersuchte. Es waren auch nicht nur bestimmte Arten betroffen; egal was in seinen Forschungsbecken schwamm, es blieb nicht lange lebendig. Das ohnehin stressige Doktorandendasein wurde auf diese Weise nicht gerade entspannter …

Eine Kollegin von Smith, die Botanikerin JoAnn Burkholder, fand schließlich heraus, wer für das Massensterben im Labor verantwortlich war: ein Dinoflagellat. Anders als der Name vermuten lassen könnte, hat das nichts mit Dinosauriern zu tun. Dinoflagellaten sind (fast ausschließlich) winzige einzellige Lebewesen. Und ihr Name stammt nicht etwa vom griechischen Wort *deinós* für »furchtbar« ab wie bei den ausgestorbenen Riesenechsen, sondern von *dini* für »Wirbel«. Zusammen mit dem lateinischen Wort *flagellum* für »Peitsche« wird daraus ein »Wirbelpeitscher«, was wiederum durchaus furchtbar klingt – und tatsächlich kann so ein Dinoflagellat auf seine Weise so unangenehm sein wie ein Tyrannosaurus Rex.

Offiziell werden die Dinoflagellaten (leider) nicht als Wirbelpeitscher bezeichnet, sondern der Kategorie der sogenannten »Geißeltierchen« zugeordnet. Um echte Tiere handelt es sich dabei nicht, sondern um einzellige Vertreter der Gruppe der »Protisten« (siehe Kapitel 26), die sich mit ihren peitschenförmigen Anhängseln wirbelnd durchs Wasser bewegen können. Der von JoAnn Burkholder entdeckte Einzeller bekam den Namen *Pfiesteria piscicida*. Einerseits benannt nach der Forscherin Lois Ann Pfiester, die Spezialistin für diese Art der Lebewesen war. Andererseits nach dem, was das Geißeltierchen in den Aquarien der Uni tat, nämlich Fische töten (von Lateinisch *piscis* für »Fisch« und *caedere* für »töten« – was Burkholder zu »piscicida«, also »Fischtöter« kombinierte).

Der Mikroorganismus hat es aber nicht nur auf Laborfische abgesehen. Auch große Fischsterben im Meer vor der Küste von North Carolina wurden mit *Pfiesteria piscicida* in Verbindung gebracht. Selbst Menschen schienen unter dem Kontakt mit den Geißeltierchen zu leiden; die berichteten Symptome reichten von Schmerzen und Ausschlag über Durchfall, Erbrechen und Sehstörungen bis hin zu Gedächtnisverlust. Amerikanische Medien bezeichneten den Organismus daraufhin als »Cell from

Hell«. Wie genau diese »Zelle aus der Hölle« Fische und Menschen angriff, blieb jedoch rätselhaft und umstritten. Burkholder meinte, einen sehr komplexen Lebenszyklus identifiziert zu haben, bei dem der Einzeller im Laufe der Zeit 24 unterschiedliche Stadien durchmacht – und nur in manchen sein offenbar sehr effektives Gift produziert. Auch dieses Gift stellte die Forschung vor große Probleme: Es war ausgenommen schwer zu isolieren, und viele Experimente blieben ohne Ergebnis. Erst 2007 konnte es eindeutig nachgewiesen werden, und man fand heraus, dass es sehr stark von den Umweltbedingungen abhängt, ob und wie lange es seine Wirkung im Wasser behält.

Spätere Forschungen konnten den vermeintlich komplexen Lebenszyklus von *Pfiesteria* allerdings nicht bestätigen; ihnen zufolge schien es sich wie ein normaler Vertreter seiner Art zu verhalten, auch was die Giftigkeit anging. Rätselhaft blieb aber, warum das Gift nur in bestimmten Situationen abgesondert wurde. Mit der Zeit stellte sich heraus: Ernst wird es erst, wenn *Pfiesteria* die Anwesenheit eines großen Fischschwarms bemerkt. Fische geben Kot oder andere Stoffwechselprodukte ins Wasser ab, und das kann die Produktion des *Pfiesteria*-Gifts auslösen. Die Fische werden gelähmt, das Gift kann die Haut aufbrechen, und es entstehen große blutende Wunden, an denen die Tiere sterben können. So schaffen sich die Dinoflagellaten eine Nahrungsquelle – und wir Menschen helfen ihnen dabei. Abwässer aus Flüssen sorgen für eine Überdüngung von Küstengewässern und regen das Wachstum von *Pfiesteria* an. Und als würde das noch nicht reichen, bieten wir den Mikroorganismen auch wunderbare Lebensräume: Im Jahr 2019 fanden Forscherinnen und Forscher um Marie Therese Kettner vom Leibniz-Institut für Gewässerökologie und Binnenfischerei heraus, dass

*Pfiesteria* ganz besonders auf Mikroplastik steht. Die winzigen Kunststoffpartikel, die dank uns in großen Mengen ins Wasser gelangen, eignen sich wunderbar als Siedlungsgebiet für Kleinstlebewesen aller Art. Auf den untersuchten Partikeln war die *Pfiesteria*-Dichte bis zu 50-mal höher als im Wasser der Umgebung und immer noch bis zu dreimal höher als auf vergleichbar großen Holzteilchen.

Mikroplastik ist aus vielen Gründen schädlich. Die Besiedelung durch potenziell auch für Menschen giftige Mikroorganismen ist nur ein weiterer Grund, unser Verhalten nachhaltig zu überdenken. Ansonsten züchten wir uns vielleicht wirklich noch eine echte »Cell from Hell« heran.

14

## Helicobacter pylori

*Nobelpreis für ein Magengeschwür*

Wir wissen nicht, was die ersten Menschen sich so gedacht haben, als sie vor mehr als 50 000 Jahren die lange Wanderung begannen, im Zuge derer sie von Afrika aus den ganzen Planeten besiedelten. Aber wir wissen, dass einige von ihnen unter Magengeschwüren litten. Denn nicht nur die junge Menschheit hat sich auf Wanderschaft begeben. Mit dabei war auch *Helicobacter pylori*, ein kleines spiralförmiges Bakterium, das sich unsere Mägen als Lebensraum ausgesucht hat.

*Helicobacter pylori* ist allerdings nicht immer ein netter Untermieter, sondern kann auch für Entzündungen, Magengeschwüre, chronische Gastritis und Magenkrebs sorgen. Davon wussten die Menschen natürlich noch nichts, als sie sich über die Erde verteilten. Heute dagegen kennen wir *Helicobacter pylori* ganz genau und haben den kompletten genetischen Code des Bakteriums entschlüsselt. Daher wissen wir auch, dass es mehr als 350 genetisch unterschiedliche Varianten gibt. Welche Art man möglicherweise im eigenen Magen mit sich herumträgt, hängt auch von der Gegend ab, in der man lebt. Das Bakterium wird vorrangig innerhalb der eigenen Familie weitergegeben, die Ansteckung erfolgt meist im Kindesalter, und jede Bevölkerungsgruppe hat ihre eigenen charakteristischen *Helicobacter*-Stämme. Verfolgt man die genetische Entwicklung der Bakterien zurück, kann man anhand der Verwandtschaftsverhältnisse der Stämme auch die Wanderungen der zugehörigen Mägen rekonstruieren. Die heute in Europa am weitesten verbreiteten Arten von *Helicobacter pylori* sind zum Beispiel eine Fusion aus Bakterienstämmen, die aus Zentralasien und dem Nahen Osten stammen. Was nichts anderes heißt, als dass vor Jahrtausenden Menschen aus diesen Regionen nach Europa eingewandert sein und so den Kontakt zwischen den *Helicobacter*-Stämmen hergestellt haben müssen.

Das Bakterium ist aber nicht nur ein gutes Instrument, um die Besiedelung der Erde durch die Menschheit zu erforschen. Man kann damit auch den Nobelpreis gewinnen, wie der australische Mediziner Barry Marshall das getan hat – und zwar auf eine sehr unkonventionelle Weise. Er hatte das Bakterium 1983 gemeinsam mit John Robin Warren entdeckt und bald die Hypothese aufgestellt, dass es die Ursache für Magengeschwüre sein könnte. Das widersprach dem, was die Medizin damals dachte, die eine von schlechter Ernährung ausgelöste »Übersäuerung« des Magens und psychische Faktoren wie Stress als

Auslöser annahm. Bakterien im Magen würden, so glaubte man, von der Magensäure sowieso getötet. An den üblichen Labormäusen ließ sich *Helicobacter* aber nur schwer untersuchen; also griff Marshall auf ein kooperativeres Versuchstier zurück: sich selbst.

Er hatte schon vorher festgestellt, dass man Patientinnen und Patienten, die unter Geschwüren litten, erfolgreich mit Antibiotika behandeln konnte. Deswegen war er zuversichtlich, den Selbstversuch zu überleben. Die später veröffentlichte Arbeit über seine Forschung beginnt recht nüchtern mit dem Satz: »A volunteer with histologically normal gastric mucosa received pyloric campylobacter by mouth.« Tatsächlich entnahm Marshall Bakterien aus dem Magen eines seiner Patienten, mischte sie in einen Becher voll Suppe und trank diesen *Helicobacter*-Cocktail aus. Das Experiment war höchst erfolgreich – zumindest dann, wenn man tägliches Erbrechen und eine Magenschleimhautentzündung als Erfolg definiert. Schon nach wenigen Tagen entwickelte Marshall all die typischen Symptome einer Gastritis und konnte in seinem Magen jede Menge *Helicobacter*-Bakterien nachweisen. Knapp zwei Wochen lang erforschte Marshall die selbst ausgelöste Krankheit, bevor er sich mithilfe eines Antibiotikums wieder davon heilte.

Durch diesen mittlerweile berühmten Selbstversuch erfüllte Marshall die »Kochschen Postulate«, benannt nach Robert Koch, einem Pionier der Mikrobiologie. Diese nach ihm benannten Bedingungen sind nötig, um eine Ursache-Wirkung-Beziehung zwischen einem Erreger und einer Krankheit nachzuweisen: Der potenzielle Erreger muss im Körper von erkrankten Lebewesen nachweisbar sein und darf in gesunden Organismen nicht auftreten. Der Erreger muss aus einem erkrankten Körper isoliert und im Labor in einer Reinkultur gezüchtet werden können. Und der aus dieser Reinkultur isolierte Erreger muss bei einem gesunden Lebewesen wieder die entsprechende Krankheit auslösen.

Nun war klar, dass *Helicobacter pylori* nicht nur im Magen überleben, sondern dort auch Unheil anrichten kann. Es nistet sich direkt in der Barriere ein, die die Magenschleimhaut vor der Magensäure schützt. Dadurch kann es nicht nur sich selbst vor der Säure in Sicherheit bringen, sondern dort auch entzündliche Reaktionen und Krankheiten auslösen.

Ungefähr die Hälfte aller Menschen trägt dieses Bakterium in sich. Wer das für sich selbst prüfen möchte, muss nur ein wenig leicht radioaktiven Harnstoff trinken (was gefährlicher klingt, als es ist). Sitzt *Helicobacter* im Magen, wird der Harnstoff von ihm aufgespalten, und übrig bleiben nur ein paar – immer noch leicht radioaktive – Kohlenstoffatome. Die atmet man einfach aus, was man messen und womit man das Bakterium nachweisen kann.

Einen dauerhaft wirksamen Impfstoff gegen *Helicobacter pylori* hat man übrigens noch nicht gefunden. Das Bakterium wird uns Menschen also auch weiterhin auf unseren Wanderungen begleiten.

15

## Pithovirus sibericum

*Langer Schlaf im ewigen Eis*

Im Horror-Science-Fiction-Film *Frozen – Etwas hat überlebt* aus dem Jahr 2009 macht sich Val Kilmer in der Rolle des Biologen David Kruipen in der Arktis an die Erforschung der Auswirkungen des Klimawandels. Dabei entdeckt er im tauenden Eis ein eingefrorenes Mammut. Ebenfalls tiefgefroren im Inneren des Mammuts warten parasitäre Insekten schon darauf, nach der langen Zeit im Tiefkühler endlich wieder Menschen befallen zu können. Was sie dann auch tun, mit all den katastrophalen Wendungen, die ein solcher Horrorstreifen braucht.

Was Matthieu Legendre von der Universität Aix-Marseille und sein Team erlebt haben, klingt nicht ganz so dramatisch, ist dafür aber – im Gegensatz zum Kinofilm – real. Im Jahr 2014 untersuchten sie Proben, die in 30 Meter Tiefe aus dem sibirischen Permafrostboden genommen worden waren. Das Material war 30 000 Jahre alt, stammt also aus einer Zeit, in der tatsächlich noch Mammuts auf der Erde lebten. Riesige Säugetiere entdeckten Legendre und sein Team bei ihrer Forschung zwar nicht, dafür aber ein riesiges Virus. Es hatte eine Länge von 1,5 millionstel Metern, was für ein Virus tatsächlich gewaltig ist, denn diese Ausmaße erreichen normalerweise nur Bakterien. Die meisten anderen Viren sind um bis zu 100-mal kleiner. Man kannte vorher schon ein paar Vertreter solcher Riesenviren, das im tiefgefrorenen Boden Sibiriens entdeckte Exemplar war aber bis dahin völlig unbekannt. Es bekam den Namen Pithovirus sibericum, der sich vom griechischen Wort *píthos* für »Vorratsgefäß« ableitet. Damit wird die Form des Virus beschrieben, das tatsächlich ein wenig wie eine antike Amphore aussieht.

Die Entdeckung eines bisher unbekannten Riesenvirus wäre schon interessant genug. In diesem Fall gelang es aber auch noch, das Virus zu aktivieren. Als Legendre und sein Team Amöben mit den aufgetauten Viren infizierten, waren diese in der Lage, sich dort zu reproduzieren. Ein Mikroorganismus aus der fernen Vergangenheit, der Amöben krank machen kann, ist vielleicht nicht dramatisch genug, um als Handlung für einen Hollywoodfilm zu dienen, sollte uns aber trotzdem zumindest ein klein wenig zu denken geben.

Denn viel zahlreicher als all die Viren und Bakterien, die wir kennen, sind die, die wir noch nicht entdeckt haben. Unter dem Eis der Polarregionen und Gletscher und im tiefgefrorenen Permafrost gibt es mit Sicherheit noch mehr unentdeckte Mikroorganismen. Im Jahr 2020 veröffentlichten amerikanische Forscherinnen und Forscher zum Beispiel die Ergebnisse ihrer Untersuchung von 15 000 Jahre alten Eisproben, die sie einem tibetischen Gletscher entnommen hatten. Darin fanden sie gleich 28 bis dahin unbekannte Virusarten.

In Zukunft werden wir die noch gefrorenen Regionen der Erde nicht einmal mehr aktiv anbohren müssen. Dank der von uns verursachten Erwärmung der Erde tauen Gletscher, Polkappen und Permafrost ganz von selbst auf. Und dort, wo nichts taut, graben wir uns auf der Suche nach Bodenschätzen und Öl immer tiefer in die Erde. Wie groß die Gefahr tatsächlich ist, dass dabei Viren und Bakterien an die Oberfläche kommen, die auch uns Menschen gefährlich werden, ist umstritten. Aber wir sollten vorbereitet sein auf das, was kommen könnte. Wer bisher noch nicht genügend gute Gründe, die Erderwärmung aufzuhalten, auf seiner Liste hat, sollte vielleicht das plötzliche Auftauen potenziell gefährlicher Viren aus der Vergangenheit hinzufügen.

16

## Halobacterium salinarum

*Leben auf der lila Erde*

Die Erde wird zwar mitunter als »blauer Planet« bezeichnet; wenn man aber von den Ozeanen absieht, die ihr vom Weltall aus betrachtet diese Farbe verleihen, dann ist sie eigentlich eher ein grüner Himmelskörper. Das liegt an der Art und Weise, wie Pflanzen, Algen und andere zur Photosynthese fähigen Lebewesen ihre Energie erzeugen. Sie nutzen das Licht der Sonne, um Wasser in Sauerstoff und Wasserstoff zu spalten, und können aus dieser chemischen Reaktion Energie für ihren Stoffwechsel beziehen. Dazu bilden sie Chlorophyll, einen natürlichen Farbstoff, der das Sonnenlicht absorbieren kann. Es wird allerdings nicht das komplette Lichtspektrum verwertet, sondern vor allem der rote und blaue Anteil. Der grüne Teil des Lichts wird vom Chlorophyll reflektiert, und deswegen sind sowohl der Farbstoff als auch die Pflanzen grün.

Unsere heute grüne (oder blaue) Erde war vor langer Zeit aber vielleicht ein lila Planet. Diese »Purple Earth Hypothesis« beruht auf der Erforschung der Archaeen. Sie gehören zu den frühesten Lebensformen, die sich auf der Erde entwickelt haben. Auch heute noch besiedeln sie extreme Lebensräume und zeigen uns, wie anders die Erde früher beschaffen gewesen sein könnte.

Das gilt insbesondere für *Halobacterium salinarum*. Diese Mikrobe wurde 1917 vom deutschen Botaniker Heinrich Klebahn entdeckt. Er untersuchte in Salz getrocknete und damit haltbar gemachte Fische, weil er herausfinden wollte, warum sie ab und zu eben doch verderben. Denn einige von ihnen entwickelten einen rötlichen Belag. Er stellte sich als Mikroorganismus heraus, den Klebahn für ein Bakterium hielt, von dem wir aber heute wissen, dass er zu den Archaeen gehört.

*Halobacterium salinarum* steht auf Salz! Es lebt überall dort, wo es so richtig salzig ist; man hat es sogar schon im Inneren von Salzkristallen gefunden. Und fällt die Salzkonzentration unter 15 Prozent, dann stirbt es. Das Archaeon enthält ein purpurfarbenes Pigment, und wenn es zum Beispiel in sehr salzigen Gewässern wächst, kann es diese regelrecht rötlich violett verfärben. So kommen übrigens auch Flamingos zu ihrer typischen Farbe: Salzkrebse fressen die Archaeen und werden selbst von den Flamingos verzehrt. Die Farbe der Mikroorganismen reichert sich in den Vögeln an und färbt sie pink.

Noch interessanter ist aber, was der deutsche Biochemiker Dieter Oesterhelt 1969 entdeckte. Er stellte fest, dass der violette Farbstoff mit der Bezeichnung »Bacteriorhodopsin« nicht einfach nur Dekoration ist, sondern es dem Archaeon erlaubt, die Energie des Sonnenlichts zu nutzen. Es beherrscht seine ganz eigene Art der Photosynthese, die in diesem Fall allgemeiner »Phototrophie« genannt wird. Der violette Farbstoff ist eine komplexe Molekül-Maschine, die Protonen (also die elektrisch positiv geladenen Kerne von Wasserstoffatomen) hin und her schieben kann. Nimmt es die Energie des Lichts auf, verändert es seine Struktur, was dazu führt, dass ein Proton an einen anderen Ort transportiert wird. Dadurch erzeugt es lokale Unterschiede in der Protonen-Konzentration, die in Folge dazu verwendet werden können, die chemischen Reaktionen ablaufen zu lassen, die das Archaeon am Leben halten.

Schon lange bevor es die ersten Pflanzen auf der Erde gab, nutzten die Archaeen das violette Bacteriorhodopsin, um vom Licht der Sonne leben zu können. Die urtümlichen Meere der jungen Erde könnten nur so gewimmelt haben von solchen Mikroogranismen – und wären dementsprechend von rötlich violetter Farbe gewesen. Wer damals vom All aus die Erde betrachtet hätte, hätte einen lila Planeten gesehen.

*Halobacterium salinarum* erlaubt uns einen Blick tief in die Vergangenheit. Und seine Vorfahren sind zudem vielleicht dafür verantwortlich, dass wir überhaupt einen Blick auf irgendetwas werfen können. Denn auch in unseren Augen gibt es ein dem Bacteriorhodopsin verwandtes Pigment, das Rhodopsin. Durch das früher auch »Sehpurpur« genannte Molekül sind wir dazu in der Lage, Hell und Dunkel voneinander zu unterscheiden, und es gibt Hinweise darauf, dass es seinen Ursprung im Bacteriorhodopsin der urzeitlichen Archaeen hat.

Ob die Erde früher wirklich einmal lila war, können wir nicht mit letzter Konsequenz wissen. Aber wir können das Licht untersuchen, das von den Planeten anderer Sterne reflektiert wird. Sollten sich dort den Archaeen ähnliche Organismen entwickelt haben, können wir das vielleicht an den Farben erkennen, die im Licht des Planeten besonders stark oder schwach vertreten sind.

17

# Fusarium oxysporum

*Naht das Ende der Banane?*

Wenn Sie das nächste Mal im Supermarkt Bananen kaufen, dann können Sie das wegen eines Experiments des englischen Botanikers Joseph Paxton. Im Jahr 1830 arbeitete er noch als Gärtner für William Cavendish, den sechsten Duke of Devonshire. Im nördlichen England unterhielt Cavendish ein großes Herrenhaus, und zum Schloss gehörten natürlich entsprechend weitläufige Wald- und Parkanlagen. Paxton war schon lange von der Banane fasziniert und wollte sie unbedingt auch für seinen Arbeitgeber anbauen. Und als zwei dieser exotischen Pflanzen ihren Weg nach England fanden, konnte er eine davon für Cavendish sichern. Es dauerte ein wenig, aber 1835 gelang es Paxton, im Gewächshaus von Chatsworth House die erste Bananenernte einzufahren.

Dass diese historische Anekdote für die Gegenwart relevant ist, hängt mit der Art und Weise zusammen, wie sich Bananen fortpflanzen, nämlich vegetativ, oder anders gesagt: Sie tun es ungeschlechtlich. Das bedeutet, dass an der Produktion einer neuen Bananenpflanze nicht zwei Elternpflanzen beteiligt sind, deren Gene sich mischen, um Nachkommen zu produzieren. Bananen werden nicht bestäubt, es gibt keine Bananensamen, die man aussäen kann. Stattdessen nimmt man Ableger: Eine Bananenpflanze bildet spezielle Äste, die selbst wieder Wurzeln schlagen. Man muss sie einfach nur abschneiden, ausgraben, woanders wieder einpflanzen, und schon hat man eine neue Bananenstaude. Das ist praktisch, birgt aber auch Probleme. Denn die neue Banane ist genetisch identisch mit der alten. Es handelt sich nicht um Nachkommen, sondern um Klone. Dadurch kann sich die Banane nicht an Veränderungen anpassen – mit durchaus dramatischen Konsequenzen.

Bis zum Anfang der 1960er-Jahre waren die meisten für den Export bestimmten Bananen von einer Variation mit dem Namen »Gros Michel«. Diese Sorte war äußerst schmackhaft, sie war groß und hatte eine dicke Schale, was ihren Transport in alle Welt erleichterte. Alles war in Ordnung – bis plötzlich *Fusarium oxysporum* auftauchte. Es handelt sich dabei um einen Schimmelpilz, der in verschiedenen Formen existiert, die unterschiedliche Pflanzen befallen können. Und in Form von *Fusarium oxysporum f. sp. cubense tropical race 1* brachte er ab 1890 die »Panamakrankheit« über die Bananen der Welt. Erstmals trat sie im namensgebenden Panama auf, wo der Pilz über die Wurzeln der Pflanzen in sie eindrang und sie von innen heraus verschimmeln ließ. Mit Fungiziden ließ sich der Pilz nicht bekämpfen. Abgesehen davon, dass dieser Mikroorganismus immer noch nicht vollständig verstanden ist, kann er für Jahrzehnte überdauern, bis er irgendwo wieder einen passenden Wirt findet. Er versteckt sich in der Erde, kann durch die Luft oder mit Arbeitsmaschinen in den Plantagen übertragen werden, und wenn er sich einmal festgesetzt hat, ist der Kampf so gut wie verloren.

Die Panamakrankheit breitete sich über die ganze Welt aus. Und da alle Gros Michel-Bananen genetisch identisch waren, waren sie auch alle dem Pilz ebenso hilflos ausgeliefert wie das erste Exemplar, das von *Fusarium oxysporum* befallen worden war. Ab 1960 war es nirgendwo auf der Welt mehr möglich, Gros Michel wirtschaftlich sinnvoll anzubauen. Zum Glück gab es eine verwandte Variante, auf die man ausweichen konnte: die

Cavendish-Banane. Die war zwar nicht ganz so schmackhaft wie Gros Michel, ein wenig kleiner und mit dünnerer Schale. Dafür aber wurde sie vom Pilz nicht befallen. Und bevor man gar keine Bananen mehr anbauen konnte, nahm man eben diese. Seitdem dominiert die Cavendish die weltweite Produktion. So gut wie jede für den Export bestimmte Banane ist ein Klon der ursprünglichen Frucht aus dem Gewächshaus von Joseph Paxton.

*Fusarium oxysporum* ließ sich von diesem Wechsel aber leider nur zeitweilig täuschen. Seit den 1990er-Jahren ist ein neuer Stamm der Pilzform aufgetaucht, die nun auch Cavendish befallen kann und das auch tut. So wie damals breitet er sich über die Welt aus und ist kaum noch in Schach zu halten. Und im Gegensatz zu den 1960er-Jahren haben wir keine Alternative mehr, auf die man ausweichen könnte. Man kann natürlich probieren, die Bananen gentechnisch so zu verändern, dass sie für *Fusarium oxysporum* nicht mehr anfällig sind. Das wird auch versucht – ändert aber nichts am grundlegenden Problem. Solange die Bananenproduktion weiterhin von Monokulturen dominiert wird, solange jede Banane die gleiche Banane ist – so lange wird jeder neu auftauchende Mikroorganismus leichtes Spiel haben. Pilze, Bakterien und Viren sind da gnadenlos, und die Klonbananen machen es ihnen leichter, als es nötig wäre. Die Krankheitserreger können sich anpassen – die Banane nicht. Es steht zu befürchten, dass wir diesen speziellen Wettkampf irgendwann verlieren werden.

Natürlich gibt es auch jede Menge unterschiedliche wilde Bananensorten, die überall auf der Welt angebaut werden. Aber nur für den lokalen Bedarf – ihre Kultivierung ist aufwendiger als der Umgang mit den geklonten Früchten. Den globalen Bedarf an Bananen wird man dadurch nur schwer stillen können. Sollte die Cavendish das gleiche Schicksal wie die Gros Michel erleiden, werden Bananen in unseren Märkten seltener und teurer werden.

18

## LUCA

*Unbekannter Vorfahr allen Lebens*

»Therefore I should infer from analogy that probably all the organic beings which have ever lived on this earth have descended from some one primordial form, into which life was first breathed.« Das schrieb Charles Darwin 1859 in seinem revolutionären Buch *Über die Entstehung der Arten*. In vielen Details hat sich Darwin bei der Darlegung seiner großen Evolutionstheorie geirrt, was nicht weiter überraschend ist. Er konnte damals noch nichts von der DNA wissen, von der Genetik und dem Rest der Mikrobiologie, die sich im 19. Jahrhundert gerade erst zu entwickeln begann. Das große Bild der Evolution, also die Entwicklung der Arten durch natürliche Selektion, ist aber heute immer noch korrekt, und auch der eingangs zitierte Satz zeigt Darwins Voraussicht. Die Lebewesen auf der Erde sind alle miteinander verwandt. Wir Menschen teilen uns einen gemeinsamen Vorfahren mit den Menschenaffen. Menschen, Affen und alle anderen Säugetiere haben sich aus einer einzigen Art entwickelt. Noch weiter in der Vergangenheit hat der Vorfahr aller Tiere und Pflanzen gelebt; und wenn man diesen Gedanken – so wie Darwin – logisch zu Ende denkt, landet man bei LUCA.

Diese Bezeichnung ist ein Platzhalter für ein Lebewesen, über das wir nicht viel wissen. Der Name steht für »Last Universal Common Ancestor«, also den letzten universalen gemeinsamen Vorfahren. Man sollte sich durch diese menschelnde Bezeichnung allerdings nicht verwirren lassen. LUCA war definitiv kein einzelnes Lebewesen. Es geht nicht um einen mythologischen Ahnen wie in der Bibel, nicht um eine Mikroben-Eva oder einen Bakterien-Adam. LUCA steht stellvertretend für eine ganze Art, also eine komplette Population, aus der sich im Laufe der Zeit alle anderen Arten von Lebewesen entwickelt haben. LUCA ist auch mit ziemlicher Sicherheit nicht das erste Leben, das auf der Erde entstanden ist. Aber von allen Lebensformen, die damals existiert haben, hat sich nur die von LUCA ausgehende Linie bis in die Gegenwart fortgesetzt. Die Nachfahren aller anderen sind irgendwann ausgestorben und haben auch keine Spuren hinterlassen.

Wir wissen nicht, was genau LUCA war. Unser letzter gemeinsamer Vorfahr muss vor circa 3,5 Milliarden Jahren gelebt haben, als die Erde noch jung und das Leben gerade erst entstanden war. Das ist zu lange her, um direkte Hinweise zu finden. Aber wir können das heute existierende Leben untersuchen und daraus ein paar Eigenschaften von LUCA ableiten. Von den drei großen Domänen des Lebens – den Eukaryoten (Pflanzen, Pilze und Tiere, inklusive Menschen), den Archaeen und den Bakterien – sind die Eukaryoten nach allem, was wir derzeit wissen, am »jüngsten«. Das heißt, dass sich im Laufe der Evolution aus LUCA zuerst die Bakterien und Archaeen entwickelt und später erst die Eukaryoten von den Archaeen abgespalten haben.

Es ist eine plausible Annahme, dass LUCA schon all diejenigen Eigenschaften hatte, die allen heutigen Lebewesen gemeinsam sind. Jedes Leben, das wir kennen, besteht aus einer oder mehreren Zellen. Diese Zellstruktur müssen wir von LUCA geerbt haben, das deswegen auch ein einzelliges Lebewesen gewesen sein muss. Das Gleiche gilt für den genetischen Code oder die Ribosomen, also die großen Moleküle in den Zellen, die für die Proteinherstellung verantwortlich sind. All das sind fundamentale Eigenschaften des Lebens, die wir überall finden und die wir daher auch für unseren gemeinsamen Vorfahren annehmen dürfen.

Wo LUCA gelebt und unter welchen Bedingungen es sich entwickelt hat, ist unklar. Wir wissen, dass viele Bakterien und Archaeen in sehr extremen Umwelten zu finden sind, und vielleicht hat es sich unser Urahn auch irgendwo an heißen Tiefseequellen oder in vulkanischen Regionen bequem gemacht. Es liegt in der Natur der Sache, dass vieles über LUCA hypothetisch bleiben muss. Wir wissen, dass Mikroorganismen genetische Information untereinander austauschen können (siehe Kapitel 51); vielleicht lebte also damals eine ganze Gemeinschaft unterschiedlicher Arten von einzelligen Lebewesen, die ständig Erbinformationen hin und her geschoben haben. Dann wäre LUCA eine »letzte gemeinsame Gemeinschaft« und keine *one primordial form*, wie Darwin es sich vorgestellt hatte. Wir wissen auch nicht, was vor LUCA war und woraus sich unser Urvorfahr entwickelt hat. Ebenso wenig klar ist die Rolle der Viren. Sie werden im Allgemeinen nicht zu den Lebewesen gezählt und tauchen daher im Stammbaum des Lebens auch nicht auf. Aber sie existieren mindestens schon so lange auf der Erde wie das Leben selbst, vielleicht länger. Ob und welchen Einfluss sie auf LUCA hatten, entzieht sich bis jetzt unserer Kenntnis.

Was auch immer LUCA war – wir stammen davon ab. Und so seltsam uns die Vielfalt des Lebens auf der Erde erscheinen mag, so fremd manche Bakterien, Archaeen und andere Organismen wirken mögen: Wir sind alle eine große Familie …

19

## Paenibacillus xerothermodurans

*Nicht totzukriegen*

Am 16. Juli 1969 startete im Rahmen der Apollo-11-Mission eine Saturn-V-Rakete der NASA ins All. Ein paar Tage später sah die ganze Welt die beeindruckenden Bilder von Neil Armstrong und Buzz Aldrin bei ihrem ersten Spaziergang auf dem Mond. Aber aus mikrobiologischer Sicht ist es fast noch beeindruckender, was eine der NASA-Kameras direkt beim Start aufgezeichnet hat. Sie blickte direkt auf den brennenden Abgasstrahl, der den Startplatz einhüllte, als die Rakete vom Boden abhob. 3300 Grad Celsius heißes Feuer schießt aus den Triebwerken, und das Bild der Kamera wird so hell, dass man nichts mehr erkennt. Erst als die Rakete im Himmel verschwunden ist, sieht man, was sie hinterlassen hat: Die brennenden Reste der Startvorrichtungen. Die Kamera selbst konnte nur deswegen die gesamte Szene aufnehmen, weil sie nicht direkt auf den Startplatz gerichtet war, sondern das Bild über einen extrem hitzebeständigen Spiegel aus Quarz gefilmt hat.

Während frühere Saturn-V-Raketen noch vom benachbarten Cape Canaveral ins All flogen, startete die Apollo-11-Mission vom Kennedy Space Center. Seit den 1950er-Jahren wurde dieser ehemalige Flugplatz der US Air Force als Raketenstartgelände verwendet, und es scheint auf den ersten Blick nicht unbedingt der ideale Ort für mikrobiologische Forschung zu sein. Doch genau dort machten die Biologen Walter Bond und Martin Favero eine außergewöhnliche Entdeckung. Sie fanden eine unbekannte Bakterienart, und es ist eine schöne Vorstellung, dass sie ihre Proben vielleicht direkt dort genommen haben, wo die brennend heißen Abgase der gewaltigen Saturn-Raketen den Boden malträtiert haben. In ihrem Fachartikel aus dem April 1977 schreiben sie aber nur von »sandigem Erdreich«, das sie »in der Nähe von Cape Kennedy« gesammelt haben – also genau in dem Küstenabschnitt, in dem sich die beiden vorhin genannten Weltraumbahnhöfe befinden. Die Erde wuschen sie mit Alkohol und pressten sie durch äußerst feine Filter. Die so gewonnenen Proben wurden dann auf Stahlbleche aufgebracht und von den beiden Forschern einem harten Saunagang ausgesetzt. Bei trockener Hitze von 125 Grad Celsius hielten die Mikroben 139 Stunden lang durch, bei 150 Grad immerhin noch 2,5 Stunden. Diese Hitzebeständigkeit war deutlich höher als bei allen anderen getesteten Proben zuvor.

Eine Untersuchung unter dem Mikroskop offenbarte einen Mikroorganismus, der so noch nicht bekannt war. Die beiden Forscher gaben ihm den Namen *Bacillus xerothermodurans*. Mittlerweile weiß man aus genetischen Untersuchungen, dass *Bacillus xerothermodurans* eigentlich zur Gattung *Paenibacillus* gehört, was so viel heißt wie »fast ein Bacillus«. Also wurde die Mikrobe umbenannt und heißt jetzt *Paenibacillus xerothermodurans*. Was aber egal ist, weil das eigentlich Interessante an ihrem Namen der«xerothermodurans«-Teil ist, der so viel heißt wie »trockene Hitze aushaltend«.

Dass der trockene Hitze aushaltende Fast-Bacillus auf einem Raketenstartplatz entdeckt wurde, mag vielleicht Zufall sein; seine Bedeutung für die Raumfahrt ist es aber keineswegs. Denn als Bond und Favero 1977 ihre Arbeit durchführten, war die Erforschung des Sonnensystems und insbesondere des Mars in vollem Gange. Nach jeder Menge fehlgeschlagener Landungen auf unserem Nachbarplaneten war Viking 1 am 20. Juli 1976 erstmals erfolgreich; kurz danach folgte Viking 2 am 4. September 1976. Die Viking-Sonden sollten unter anderem herausfinden, ob sich auf dem Mars außerirdische Mikroorganismen finden ließen. Deswegen musste sichergestellt sein, dass man das, was man finden wollte, nicht selbst im Gepäck von der Erde mitbrachte. Anders gesagt: Die Raumsonden mussten vor dem Start sehr sorgfältig sterilisiert werden, und dafür verwendete man damals oft trockene Hitze. Wenn es also Bakterien gibt, die eine solche Behandlung überstehen, wollte man darüber Bescheid wissen, um zur Not andere Methoden zur Sterilisation zu entwickeln.

Auch heute noch macht man sich Gedanken über die etwaige Verunreinigung anderer Himmelskörper mit Mikroorganismen von der Erde. Weltraumorganisationen wie die NASA oder die ESA beschäftigen sogar eigene »Planetary Protection Officer«. Ein Beruf mit einem beeindruckenden Titel und einer schweren Aufgabe. Denn *Paenibacillus xerothermodurans* ist nur einer von vielen Mikroorganismen, die sich unseren Sterilisationsbemühungen hartnäckig widersetzen. Die ESA hat eine ganze Sammlung von Bakterienstämmen, die sie direkt in ihren Reinräumen gefunden hat (siehe Kapitel 24). Dort also, wo die Raumfahrzeuge unter sterilen Bedingungen konstruiert werden. Aber manche Bakterien scheinen kein Problem mit der dort herrschenden Trockenheit zu haben; es scheint sie nicht zu stören, dass es keine Nahrung für sie gibt, und auch mit den verwendeten Desinfektionsmitteln kommen sie offensichtlich wunderbar klar. Zu wissen, was die winzigen Lebewesen alles aushalten können, ist für die Biologie äußerst faszinierend. Aber wenn man sie von den Raumfahrzeugen fernhalten möchte, kann einem die beeindruckende Hartnäckigkeit dieser Bakterien durchaus auf die Nerven gehen.

20

## Lokiarchaeum

*Besuch der uralten Verwandtschaft*

Einer der größten Pioniere in der Mikrobiologie hat seine Karriere als Mathematiker und Physiker begonnen. Trotzdem bezeichnet ihn die *New York Times* als den »wichtigsten Biologen des 20. Jahrhunderts, von dem du noch nie gehört hast«: Sein Name ist Carl Woese und wer den Namen noch nicht kannte, sollte ihn ab jetzt bitte nicht mehr vergessen. Nach seinen fachfremden Anfängen in Mathematik und Physik wechselte Woese bald zur Mikrobiologie und wollte dort die Verwandtschaftsverhältnisse der Lebewesen verstehen. Damit sind keine Familiengeschichten im üblichen Sinn gemeint; es ging nicht um Onkel, Mütter, Cousinen und so weiter. Woese wollte wissen, wie sich die Vielfalt des Lebens organisieren und klassifizieren lässt. Wie haben sich die Arten im Laufe der Evolution entwickelt? Wer stammt von wem ab? Welche Lebensformen sind die ältesten, und wo liegt der Ursprung des Lebens?

Das sind große Fragen, und Woese versuchte die Antworten im Innersten der kleinsten Lebewesen zu finden. 1977 begann er damit, die Träger der Erbinformation zu analysieren. Damit meint man meist die DNA, es gibt aber auch andere Varianten. Woese erschien die sogenannte RNA (Ribonukleinsäure) am vielversprechendsten. Sie ist unter anderem dafür zuständig, aus der Erbinformation in der DNA entsprechende Proteine zu bauen, die eigentlichen Bausteine des Lebens. Das ist eine derart fundamentale Funktion, dass sie von Anfang an Teil des Lebens gewesen sein muss, und Woese hoffte, aus Ähnlichkeiten und Unterschieden in der RNA von Mikroorganismen herausfinden zu können, wie alles zusammenhängt.

In der Frühzeit der modernen Biologie schien die Welt noch übersichtlich. Der schwedische Biologe Carl von Linné, ein Pionier der Taxonomie, wie die Wissenschaft der Klassifizierung genannt wird, unterschied einfach nur zwischen »Tieren« und »Pflanzen«. Die Entdeckung der mikroskopischen Lebewesen machte alles ein wenig komplizierter (siehe Kapitel 2), und neue Kategorien mussten eingeführt werden. Aber als man dann in der Lage war, sich die Zellen der Lebewesen genauer anzusehen, fand man einen weiteren Weg der Klassifizierung. Man unterschied fortan zwischen »Prokaryoten«, also Lebewesen ohne Zellkern, und »Eukaryoten«, deren Zellen einen Zellkern besitzen. Zur letzteren Gruppe gehören wir Menschen – aber auch die anderen Tiere, die Pflanzen, die Pilze und einige Mikroorganismen.

Dann aber kamen Woese und sein Kollege George Fox und warfen diese Einteilung komplett über den Haufen. Sie sahen sich die Unterschiede in der RNA verschiedener Bakterien an. Und stellten fest, dass sie nicht nur deutlich größer waren als erwartet, sondern auch größer, als sie sein sollten.

Man hatte damals schon viele Arten von Bakterien in der Gruppe der »Archaebakterien« oder »Urbakterien« zusammengefasst. Was aber erst Woese und Fox mit ihrer Forschung feststellten: Diese Archaebakterien unterschieden sich so massiv vom Rest der Bakterien, dass man sie eigentlich gar nicht mehr als »Bakterien« bezeichnen dürfte. In ihrer Erbinformation fehlten Abschnitte, die alle anderen Bakterien besaßen, und dafür gab es dort genetische Informationen, die nirgendwo sonst zu finden waren. Sosehr Archaebakterien und normale Bakterien einander äußerlich ähneln, so komplett unterschiedlich sind sie, was ihr Inneres betrifft. Woese und Fox analysierten die Unterschiede und Gemeinsamkeiten in der RNA der Mikroorganismen und konnten daraus die Verwandtschaftsverhältnisse und auch die Abstammungslinien rekonstruieren. Sie schufen eine neue Domäne (so lautet der offizielle Fachbegriff) des Lebens: Neben die Eukaryoten und die Bakterien wurden gleichberechtigt die »Archaeen« gestellt, abgeleitet vom griechischen Wort für »sehr alt«. Archaeen (die Einzahl lautet übrigens »Archaeon«) sind keine Bakterien; sie sind eine völlig eigenständige Lebensform. Vermutlich gehörten sie zu den ersten Lebewesen der Erdgeschichte. Die Eukaryoten (und damit auch wir Menschen) haben sich erst viel später im Laufe der Evolution von ihnen abgespalten und aus ihnen entwickelt.

Einen solch fernen Verwandten haben wir erst vor einigen Jahren entdeckt, mehr als zwei Kilometer tief im Wasser zwischen Grönland und Skandinavien. Dort wurden 2010 in der Nähe einer vulkanisch aktiven Region der Tiefsee Bodenproben genommen. Eine Analyse der darin enthaltenen DNA zeigte jede Menge Hinweise auf bis dahin unbekannte Lebewesen. Eines davon könnte ein »missing link« zwischen Archaeen und

Eukaryoten sein. Es hat den Namen *Lokiarchaeum* bekommen und ist tatsächlich bemerkenswert. Ein Teil seiner Gene ähnelt erwartungsgemäß dem von anderen Prokaryoten. Ein Teil aber auch denen der Eukaryoten, und zwar genau den Genen, die die komplexe Struktur der eukaryotischen Zellen bilden.

Wie das Leben auf der Erde entstanden ist, ob die Archaeen wirklich an seinem Anfang stehen oder doch die Bakterien, ist immer noch nicht geklärt. Aber es sieht ganz so aus, als wären zumindest wir menschlichen Eukaryoten enger mit den Archaeen verwandt, als wir bisher dachten. Vielleicht müssen wir demnächst die Klassifizierung des Lebens ein weiteres Mal ändern und es uns mit den Archaeen in einer gemeinsamen Domäne gemütlich machen. Wie so oft hat uns auch hier die Wissenschaft gezeigt, dass wir nicht so einzigartig sind, wie wir es gerne hätten.

21

## Mycobacterium tuberculosis

*Der Pudding von Frau Hesse*

*Mycobacterium tuberculosis* ist ein Star in der Welt der Mikroben. Das Bakterium ist der wichtigste Erreger der Tuberkulose beim Menschen. Als der deutsche Arzt Robert Koch diesen Mikroorganismus 1882 erstmals beschrieb und nachweisen konnte, dass er für eine der häufigsten tödlichen Infektionskrankheiten der Menschheit verantwortlich ist, war das ein Meilenstein in der Geschichte der Medizin. Er bekam dafür 1905 den Nobelpreis. In seinem Vortrag, den er am 24. März 1882 hielt, um seine

Forschungsergebnisse vorzustellen, findet sich aber auch noch ein ganz anderer revolutionärer Aspekt der Geschichte.

Um Bakterien und andere Mikroorganismen vernünftig erforschen zu können, muss man sie meist im Labor unter kontrollierten Bedingungen wachsen lassen können. Dafür braucht es ein sogenanntes »Nährmedium«. Immerhin handelt es sich um Lebewesen, und die brauchen Nahrung, um wachsen und sich fortpflanzen zu können. Zu Beginn verwendete man flüssige Nährmedien, um Bakterien zu kultivieren. Das funktionierte, schuf aber Probleme. Die Bakterienkolonien schwammen in der Flüssigkeit herum; verschiedene Arten vermischten sich und waren schwer zu trennen und einzeln zu analysieren. Um wirklich reine Kulturen zu erhalten, ging man daher dazu über, feste Nährmedien zu verwenden. Robert Koch etwa benutzte Fleischextrakt vermischt mit Gelatine und goss diese Suppe auf Glasplatten, wo die Masse fest wurde. Die Bakterien vermehrten sich darauf und ließen sich gut analysieren.

Mit Gelatine arbeitete auch Kochs Mitarbeiter Walther Hesse. Der deutsche Arzt wollte untersuchen, wie viele Mikroorganismen die Luft enthält, und stellte dazu diverse Messungen an. Im Laufe des Jahres sammelte er Proben im Freien, in seinem Wohnzimmer, in Klassenräumen und an vielen anderen Orten. Daraus versuchte er Bakterien, Pilze und andere Mikroben zu züchten, um zu sehen, was da alles durch die Gegend schwirrt. Die sommerlichen Temperaturen waren jedoch ein Problem. Teilweise wurde es so warm, dass sein Nährmedium aus Gelatine sich verflüssigte. Abgesehen davon liegt die optimale Wachstumstemperatur von vielen krankheitserregenden Bakterien bei circa 37 Grad Celsius, also bei jener Temperatur, die auch im menschlichen Körper herrscht und somit beste Bedingungen für sie bietet. Aber auch das ist zu heiß für die Gelatine, die noch dazu von bestimmten Bakterien schlicht zersetzt wird, was die Kulturen zerstört.

Die Lösung für dieses Problem kam von Walthers Frau Fanny Angelina Hesse. Sie wurde am 22. Juni 1850 in New York geboren und lernte ihren Ehemann auf einer Schiffsreise nach Europa kennen. Sie hatte keine wissenschaftliche Ausbildung und auch nie wissenschaftlich gearbeitet, unterstützte ihren Mann aber als Laborantin und Zeichnerin – und sie konnte kochen. Sie wusste, wie man Pudding, Gelee, Marmelade und ähnliche Speisen auch bei hohen Temperaturen an der Verflüssigung hindern konnte. Dafür benutzte sie keine Gelatine, sondern etwas, das sie noch in New York bei niederländischen Bekannten gelernt hatte, die einige Zeit in Indonesien verbracht hatten: Agar-Agar. Es handelt sich dabei um spezielle Zuckermoleküle, die aus Algen gewonnen werden und ein sehr starkes Geliermittel sind. Schon eine geringe Konzentration reicht aus, um ein stabiles Gel zu erhalten, das sich erst bei 95 Grad Celsius verflüssigt. Sie schlug ihrem Mann also vor, statt Gelatine einfach Agar zu verwenden, und der machte genau das. Für seine bakteriologischen Studien war das ein gigantischer Fortschritt, und auch Robert Koch erfuhr durch ihn von der Innovation.

Heute sind Agarplatten in der Mikrobiologie unverzichtbar und werden in jedem Labor verwendet, um Bakterien zu züchten und zu untersuchen. Meistens nutzt man dazu eine Petri-Schale, also eine runde Glasschale mit dünnem Rand und Deckel, auf deren Boden das Agar gegossen wird. Diese Idee wiederum stammt übrigens von Julius Richard Petri, einem weiteren Mitarbeiter Kochs, der die Schalen 1887 entwickelte, um sich das komplizierte Verfahren zu ersparen, mit dem die kochschen Gelatineplatten hergestellt wurden. Angesichts der enormen Bedeutung, die Agar-Agar als Werkzeug der Mikrobiologie hat, ist es allerdings schon ein wenig unfair, dass Petris Name so berühmt wurde, während man Fanny Hesses Beitrag überhaupt nicht würdigte. Ohne ihr geniales Rezept wäre die Erforschung der Mikroorganismen vermutlich ganz anders verlaufen.

## 22

## Saccharomyces carlsbergensis

*Der beliebteste Pilz der Welt*

Wer ein schönes, kühles Glas Bier vor sich hat, denkt dabei eher selten an Pilze. Ein Pilz ist allerdings eine unverzichtbare Zutat, wenn man aus Hopfen, Wasser und Malz das Getränk machen möchte, das uns Menschen schon seit Jahrtausenden begleitet. Es geht um Hefe, und das ist nichts anderes als ein einzelliger Pilz. Die »eine« Hefe existiert allerdings nicht; man kennt tatsächlich mehrere Hundert Hefearten, die in mehrere Tausend Hefestämme untergliedert werden. Es werden zwar nicht alle zum Bierbrauen eingesetzt, aber jene, die für unser Bier zuständig sind, können eines ganz besonders gut: Sie sind in der Lage, sich von Zucker zu ernähren, und scheiden dabei Kohlendioxid und Alkohol aus. Wie viel von jedem produziert wird, hängt unter anderem von der Umgebungstemperatur, von der Menge des für die Hefe verfügbaren Sauerstoffs und von den verwendeten Hefezellen ab. Aber wenn alles passt, kann dieser Mikroorganismus aus einer Mischung von Getreide und Wasser ein hervorragendes alkoholhaltiges Kaltgetränk produzieren.

Das hatte man schon vor Jahrtausenden bemerkt, auch wenn man damals noch keine Ahnung hatte, was Hefe ist. Aber zum Glück gibt es diese winzigen Pilze so gut wie überall. Lässt man eine entsprechende Grundmischung offen stehen, dann muss man nicht lange warten, bis wilde Hefezellen aus der Luft hineinfallen und den Prozess der Gärung in Gang setzen, an dessen Ende das Bier steht. Hefezellen findet man auch auf vielen Früchten, die genau deswegen ebenfalls Grundbestandteil vieler früher Bierrezepte waren.

Es war allerdings nicht leicht, auf diese Art verlässlich ein immer gleiches und vor allem gleich gut schmeckendes Bier zu brauen. Man weiß ja vorher nicht, welchen der vielen Hefestämme der Zufall gerade heranweht. Manche erzeugen perfektes Bier, manche verderben dagegen den Geschmack. Beim Brauen ging man daher bald dazu über, die Hefe gezielt aufzubewahren und immer wieder einzusetzen. Das war im Mittelalter der Job der sogenannten Hefner, und auch wenn sie ihre Arbeit zuverlässig erledigten, hing dem Bierbrauen immer noch etwas Magisches, Mysteriöses an. Der Erste, der die Hefezellen tatsächlich sehen konnte, war der niederländische Forscher Antoni van Leeuwenhoek. Der Entdecker der Bakterien (siehe Kapitel 2) erwähnte die »kleinen Tierchen«, die den Alkohol produzieren, erstmals im Jahr 1684.

In der ersten Hälfte des 19. Jahrhunderts entschlüsselten verschiedene Forscherinnen und Forscher wie der französische Physiker Charles Cagniard de la Tour oder der deutsche Mediziner Theodor Schwann den Prozess der Gärung, und der heute berühmte Chemiker Louis Pasteur erklärte, wie die Menge an Sauerstoff die Umwandlung von Zucker in Alkohol regulieren kann. Man stritt allerdings immer noch darüber, wie genau die Hefe zu klassifizieren sei. Pasteur etwa war der Meinung, es handle sich dabei um ein Lebewesen und die Gärung sei das Resultat von dessen Stoffwechsel. Dem gegenüber stand die Ansicht des einflussreichen deutschen Chemikers Justus von Liebig. Der hat nicht nur Backpulver und Babynahrung erfunden; ihm war die Vorstellung von Hefe als Lebewesen so zuwider, dass er gemeinsam mit seinem Kollegen Friedrich Wöhler im Jahr 1839 einen Artikel mit dem Titel »Das enträthselte Geheimnis der geistigen Gährung« veröffentlichte. Darin erzählen sie von ihren Beobachtungen der Hefezellen: »Bringt man diese Kügelchen in Zuckerwasser […], so entwickeln sich daraus kleine Tiere.« Jedes von ihnen habe einen »Saugrüssel«, und ihr Verhalten lasse sich folgendermaßen beschreiben: »Von dem Augenblicke an, wo sie dem Ei entsprungen sind, sieht man, daß diese Thiere den Zucker aus der Auflösung verschlucken, sehr deutlich sieht man ihn in den Magen gelangen. Augenblicklich wird er verdaut und diese Verdauung ist sogleich und aufs bestimmteste an der erfolgenden Ausleerung von Excrementen zu erkennen. Mit einem Worte diese Infusorien fressen Zucker, entleeren aus dem Darmkanal Weingeist, und aus den Harnorganen, Kohlensäure.« Liebig und Wöhler steigern diese absurde Beschreibung im Folgenden noch ein wenig: »So sieht man also aus dem Anus dieser Tiere unaufhörlich eine spezifisch leichtere Flüssigkeit in die Höhe steigen und aus ihren enorm großen Genitalien spritzt in sehr kurzen Zwischenräumen ein Strom von Kohlensäure.« Das Ganze war natürlich ironisch gemeint und sollte die Idee, bei der Hefe handle es sich um ein Lebewesen, lächerlich machen. Liebig hielt die alkoholische Gärung der Hefe für eine simple chemische Reaktion ohne Beteiligung »kleiner Tiere«. Womit er falschlag, wie weitere Forschung zeigte. Die Hefe im Bier war ein

Pilz und bekam den Namen *Saccharomyces cerevisiae*, was so viel wie »Zuckerpilz des Bieres« bedeutet.

Aber auch mit diesem Wissen war es noch schwierig, die Hefe zu vorhersehbarem Verhalten zu bringen. Manchmal stieg sie beim Brauen nach oben und schwamm in dicken Schaumblasen an der Oberfläche, manchmal sank sie nach unten. Man konnte zwar mit ein wenig Sorgfalt gezielt solche geschmacklich unterschiedlichen »obergärigen« und »untergärigen« Biere produzieren. Aber die Entdeckung des dänischen Botanikers Emil Christian Hansen änderte alles grundlegend. Bei seiner Arbeit im Labor der Carlsberg-Brauerei in Kopenhagen fand er eine Methode, um einzelne Hefezellen zu isolieren und gezielt zu vermehren. So konnte er komplett reine Hefestämme, sogenannte Reinkulturen, züchten und erforschen. Nun wurde mehr als deutlich, dass »Hefe« aus vielen verschiedenen Stämmen bestand und dass man besseres Bier brauen konnte, wenn man nur Stämme verwandte, die in der von Hansen entwickelten Reinzucht kultiviert wurden. Einer dieser Stämme bekam den Namen *Saccharomyces carlsbergensis* (heute auch unter *Saccharomyces pastorianus* bekannt) und war die Grundlage für das Brauen qualitativ hochwertiger untergäriger Biersorten wie Pils oder Lager, die heute auf der ganzen Welt getrunken werden. Im Gegensatz zur obergärigen Hefe, deren Zellen sich zu Verbänden zusammenschließen und mit dem produzierten Kohlendioxid nach oben getragen werden, bleiben die untergärigen Hefezellen allein und sinken beim Brauen ab.

Hansen und Carlsberg waren so nett, die von ihnen erstmals kultivierten Hefestämme frei an Brauereien auf der ganzen Welt zu verteilen. Der Pilz, der uns seit Jahrtausenden Freude macht, war endlich verstanden.

23

## Tulip Breaking Virus

*Krise durch Schönheit*

Es ist leicht einzusehen, dass Mikroorganismen einen großen Einfluss auf unsere Wirtschaft haben. Wenn während einer Pandemie Hunderttausende oder Millionen Menschen überall auf der Welt sterben (wie es zum Beispiel bei den Pest-Ausbrüchen oder der Spanischen Grippe der Fall war), dann kann das nur negative Auswirkungen auf Gesellschaft und Ökonomie haben. Gleiches gilt für Krankheitserreger, die Nutzpflanzen oder Tiere befallen. Dass aber eine Wirtschaftskrise auch durch einen Virus ausgelöst werden kann, der Schönheit verursacht, ist überraschend. Genau das aber hat der Tulip Breaking Virus (TBV) im Jahr 1637 in den Niederlanden getan.

Tulpen sind schöne Blumen, aber heute nicht mehr besonders exotisch oder aufregend. Man bekommt sie in jedem Supermarkt und kann die Zwiebeln, aus denen sie wachsen, problemlos in Bau- und Gartenmärkten kaufen. Ursprünglich kommen sie aus einer Region, die von Nordafrika über den Mittelmeerraum bis Zentralasien reicht. Erstmals kultiviert wurden sie vermutlich im Mittleren Osten, und in Europa wurden sie erst so richtig zur Kenntnis genommen, als sie im 16. Jahrhundert aus der Türkei nach Wien gelangten. Der niederländische Gelehrte Carolus Clusius, damals Vorsteher des Kaiserlichen Heilkräutergartens in Wien, züchtete Tulpen und machte sie populär.

Die bunten Pflanzen fanden schnell jede Menge Anhänger, die versuchten, sie gezielt zu züchten und neue, noch schönere Sorten zu kultivieren. Besonders beliebt waren Exemplare mit

»gebrochenen« Farben, also Tulpen mit mehrfarbigen Mustern. Es gab Tulpen mit Punkten und Streifen; manche hatten bunte Ränder, und andere sahen aus, als würden farbige Flammen die Blüten hinaufzüngeln. Das Problem an der Sache: Bevor sie aus der Zwiebel gewachsen war, konnte niemand genau vorhersagen, wie eine bestimmte Tulpe aussehen würde. Der Handel mit Tulpenzwiebeln war also gewissermaßen ein Glücksspiel, und die Preise für bestimmte Sorten stiegen. Als teuerste Tulpe aller Zeiten gilt die »Semper Augustus«; für eine ihrer Zwiebeln musste man 1637 den Gegenwert von drei Amsterdamer Stadthäusern hinlegen. Und obwohl sie ein sehr elegantes Exemplar mit weißen Streifen auf ihren roten Blütenblättern ist, scheint das doch ein wenig übertrieben.

Vor allem, wenn man weiß, was die englische Biologin Dorothy Cayley erst 1928 herausfand: Verantwortlich für die gebrochenen Farben ist eine durch einen Virus ausgelöste Krankheit der Pflanze. Bis dahin hatte man Umweltbedingungen dafür verantwortlich gemacht und versucht, die Tulpen durch Veränderungen der Erde und der Temperatur zur Bildung neuer Muster zu zwingen. Cayleys Experimente aber zeigten, dass es ein im Pflanzensaft vorhandenes Virus sein musste, das durch Blattläuse übertragen werden kann.

TBV sorgt dafür, dass in der Tulpe bestimmte Gene deaktiviert werden, die für die Farbbildung zuständig sind. Wie genau das abläuft, lässt sich schwer vorhersagen. Die Krankheit lässt sich durch die Zucht auch nicht einfach übertragen. Und so schön die Pflanzen auch sein mögen, sind sie doch auch krank. Deswegen haben die so beeindruckend gemusterten Tulpensorten wie Semper Augustus auch nicht bis heute überlebt, sondern sind ausgestorben.

Im Jahr 1637 sorgte das Gespann aus Tulpe und Virus allerdings noch einmal für große Aufregung in den Niederlanden. Mittlerweile hatte sich dort eine regelrechte »Tulpenmanie« entwickelt, und das Glücksspiel um den Kauf und die Züchtung der schönsten Sorten geriet außer Kontrolle. Zuerst stiegen die Preise in immer absurdere Höhen, und als sich irgendwann nicht mehr genug Käufer fanden, fiel die ganze Blase in sich zusammen.

Die »Tulpenhysterie« war nicht unbedingt eine Krise, die ein ganzes Land wirtschaftlich in den Ruin getrieben hat (auch wenn sie heute manchmal immer noch so dargestellt wird). Aber sie ist eines der frühen und vor allem gut dokumentierten Beispiele für aus dem Ruder gelaufene wirtschaftliche Spekulation. Ausgelöst durch ein Virus, das Blumen krank, dafür aber auch besonders schön macht.

24

## Nitrososphaera gargensis

*Gefahr für den planetaren Schutz*

Sämtliche Lebewesen, die wir bisher entdeckt haben, wurden auf der Erde gefunden. Der Rest des Universums ist zwar unvorstellbar groß; auf Leben sind wir dort aber bisher noch nicht gestoßen. Zugegeben, wir haben auch noch nicht viel davon untersucht. Mond, Mars, Venus, ein paar Asteroiden und Kometen: Mehr Himmelskörper haben wir noch nicht aus unmittelbarer Nähe analysieren können, und auch dort hat keine umfassende Suche nach außerirdischem Leben stattgefunden. Aber wir forschen weiter, und wenn wir irgendwann einmal doch außerhalb der Erde auf Lebewesen stoßen, dann sollen es bitte auch echte Aliens sein. Und kein Leben, das wir aus Versehen selbst mitgebracht haben.

Genau deswegen geben sich die Raumfahrtorganisationen große Mühe, um ihre Raumsonden möglichst steril ins All und zu anderen Himmelskörpern zu bringen (zumindest dorthin, wo man vernünftigerweise Spuren von Leben vermuten kann). Die Maßnahmen zur »Planetary Protection« dienen dabei vor allem dem Schutz anderer Planeten und dem Schutz zukünftiger Missionen, die dort konkret nach Leben suchen sollen. Prinzipiell wäre es zwar auch möglich, dass außerirdische Mikroorganismen die Erde kontaminieren – es ist aber sehr viel wahrscheinlicher, dass sich irgendwelche irdischen Mikroben an Raumsonden heften und anderswo nicht nur unsere Suche nach Aliens boykottieren, sondern im schlimmsten Fall eventuell doch vorhandene fremde Mikroorganismen ausrotten.

Deswegen – und auch wegen der vielen empfindlichen elektronischen Bauteile – werden Raumsonden in speziellen Reinräumen konstruiert. Dort gibt es keinen Staub, dort ist die Luftfeuchtigkeit sehr niedrig, dort lässt auch niemand sein Frühstücksbrot herumliegen. Man darf die Räume nur in Schutzkleidung betreten, sie werden sehr regelmäßig und genau gereinigt, und man sollte meinen, dass es dort keinerlei Anreize für Mikroogranismen gibt, es sich gemütlich zu machen.

Und trotzdem tun sie genau das. Immer wieder findet man sie dort; die Europäische Raumfahrtagentur ESA hat mittlerweile eine ganze Datenbank von mehr als 300 Bakterienstämmen angelegt, die in ihren Reinräumen entdeckt worden sind. Die NASA hat das gleiche Problem, und nicht nur das: Die deutsche Mikrobiologin Christine Moissl-Eichinger hat in den Räumlichkeiten der amerikanischen Raumfahrtagentur nicht nur Bakterien, sondern auch Archaeen entdeckt. Die wurden bei der Erforschung der Reinraumpopulationen immer ein wenig vernachlässigt, sind aber gerade die Lebewesen, deren Chancen, im Weltall und auf anderen Planeten zu überleben, am größten sind. Immerhin finden wir die Archaeen auch hier auf der Erde meistens in den extremsten Lebensräumen. Sie bewohnen kochend heiße Quellen, Salzseen oder leben tief unter der Erde ohne Sauerstoff. Sie können große Temperaturschwankungen aushalten, lange Phasen der Trockenheit überleben oder starke radioaktive Strahlung ertragen.

Wer sich um die Kontamination fremder Himmelskörper sorgt, muss auch die Archaeen berücksichtigen. In einer späteren Arbeit konnte Christine Moissl-Eichinger zeigen, dass sie nicht nur in den Reinräumen der NASA zu finden sind, sondern auch in denen anderer Raumfahrtorganisationen. Nachweisen ließen sich allerdings vorerst nur die genetischen Spuren der Organismen; um welche Arten es sich genau handelt, ist noch unklar. Ihr engster bekannter Verwandter ist allerdings ein Archaeon mit der Bezeichnung *Nitrososphaera gargensis*. Es wurde 2008 in einer heißen Quelle in Sibirien entdeckt und ist ein »Ammoniumoxidierer«, dessen Stoffwechsel auf Ammoniak basiert. Damit würde es sich wahrscheinlich auf dem Saturnmond Titan recht wohlfühlen, unter dessen Eiskruste höchstwahrscheinlich ein Ozean aus Wasser und Ammoniak existiert. Im Jahr 2005 hat die Europäische Raumfahrtagentur genau dort die Raumsonde Huygens landen lassen. Die Suche nach außerirdischen Mikroben stand allerdings nicht auf dem Forschungsprogramm – wir wissen also nicht, ob etwas, und wenn ja, was auf dem Titan lebt. Und auch nicht, ob wir vielleicht selbst ein paar zähe Archaeen von der Erde dorthin transportiert haben.

Aber dafür wissen wir, wer dafür verantwortlich ist, dass die Mikroorganismen in die Reinräume gelangen: wir selbst. Da die Archaeen wirklich überall zu finden waren, vermutete Christine Moissl-Eichinger, dass Menschen dafür verantwortlich sind. Oder wie sie in einer ihrer Arbeiten schrieb: »Menschen sind die einzigen allgegenwärtigen, anpassungsfähigen, nicht sterilisier- oder säuberbaren Objekte in den Reinräumen, die dort Bewegung und Luftwirbel erzeugen.« Deswegen untersuchte sie 2017 Proben, die direkt von der Haut diverser Versuchspersonen genommen wurden. Und fand auch dort jede Menge Archaeen. Anscheinend werden wir nicht nur von jeder Menge Bakterien besiedelt. Auch die Archaeen leben auf uns und – wie die Analysen zeigten – besonders gerne auf trockener Haut.

Es ist fast egal, welche irdischen Orte und Umgebungen wir untersuchen: Wenn wir genau genug schauen, finden wir die Mikroorganismen überall. Das macht Hoffnung, wenn es um die Suche nach außerirdischen Mikroben geht. Sofern wir darauf achten, dass wir sie von unseren eigenen Mitbewohnern fernhalten.

25

## Nostoc commune

*Schmackhafter Sternenrotz*

Wenn die Nase voll Rotz ist, muss er raus. Idealerweise in ein Taschentuch, denn niemand will den Schleim (der wissenschaftlich auch nicht viel appetitlicher »Nasensekret« heißt) überall herumkleben haben. Trotzdem scheint es da jemanden zu geben, der mit großer Ausdauer quasi ständig in die Gegend rotzt. »Zauberbutter«, »Teufelsdreck«, »Hexenkaas« oder »Drachengschpei« sind nur einige im deutschsprachigen Raum übliche Bezeichnungen für eine seltsame glibbrige Masse, die man nach starken Regenfällen plötzlich überall am Boden finden kann. In Frankreich heißt das Zeug »Mondspucke« (»crachat de lune«), in Großbritannien sagt man »Sternenschleim« (»star slime«) dazu, und in Italien ist es der »Sternenauswurf« (»purgazione delle stelle«).

Dieser letzte Name erschien einem berühmten Forscher offenbar besonders plausibel, nämlich dem Schweizer Arzt, Alchemisten und Philosophen Theophrastus Bombastus von Hohenheim, besser bekannt als Paracelsus: 1530 schrieb er sein *Liber meteororum*, also ein *Buch der Himmelserscheinungen*, in dem er ausführlich erklärte, wie – seiner Meinung nach – Phänomene wie Wind, Wetter, Jahreszeiten oder Gewitter entstehen. Nämlich durch den Einfluss der Sterne, die aus unterschiedlichen Substanzen bestünden und je nach Zusammensetzung verschiedene Wetterphänomene verursachen könnten. So zumindest Paracelsus. Es gebe Blitzsterne, Windsterne, Schneesterne und vieles mehr. Sommer und Winter würden also zum Beispiel durch

Sommer- und Wintersterne verursacht, die sich vom Feuer ernähren. »Und auff das was sich mit Speiß un trincken erhalt, das muß sein Excrementum geben«, schrieb Paracelus dazu. Oder in moderner Sprache: Wenn Sterne Nahrung aufnehmen, müssen sie auch Ausscheidungen haben. Diese stellaren Exkremente könne man nur in der Nacht sehen, erklärt er weiter, nämlich in Form einer Sternschnuppe am Himmel. Und was davon am Boden landet, wird zu einer »sulze« und einem »schleim, wie rott farben oder gelbfarben froschleich«.

Paracelus' originelle Theorien über die Ausscheidungen der Sterne, die wir mal als Sternschnuppe am Himmel sehen und mal als schleimige Masse am Boden finden können, hat, wie der Rest seiner Meteorologie, dem wissenschaftlichen Fortschritt nicht standgehalten. Geblieben ist aber der Name, den er der sulzigen Masse gegeben hat: »Nostoch«. Das stammt vermutlich vom niederdeutschen Wort »noster« für »Nüster« oder dem englischen Wort Nosthryl (nostril); vielleicht auch in Kombination mit dem »Nasenloch«. Und so wird der Sternschnupfen, der Sternenrotz oder die Sternschnäuze (um ein paar weitere volkstümliche Bezeichnungen zu nennen) auch heute noch genannt. *Nostoc commune* hat aber nichts mit Sternen oder deren Auswürfen zu tun; es gehört zur Klasse der Cyanobakterien. Allerdings ist es kein Bakterium, das allein vor sich hin lebt, denn Vertreter der Art *Nostoc commune* (und vieler weiterer *Nostoc*-Arten) bilden lange Fäden aus Zellen, und viele solcher Fäden können sich zu salatblattgroßen Kolonien zusammenfinden und mit Schleimhüllen umgeben. Unter trockenen Bedingungen schrumpft der Nostoc-Glibber zu einer extrem dünnen Schicht zusammen, die kaum Aufsehen erregt, wenn sie irgendwo am Boden liegt. Regnet es aber, dann quillt sie auf und wird wie aus dem Nichts zu einer schleimigen Masse, die Scully und Mulder interessieren könnte.

Mit schnupfenden Sternen hat *Nostoc* nichts zu tun. Mit der Astronomie hingegen schon: Die Vorfahren der *Nostoc*-Bakterien waren vor 2,5 Milliarden Jahren die ersten Lebewesen, die lernten, wie sich das Sonnenlicht als Energiequelle nutzen ließ. Sie entdeckten die Photosynthese, und das Abfallprodukt dieser »Lichtnahrung« war kein Rotz, sondern Sauerstoff. Den gab es zuvor in der Atmosphäre der Erde nicht, und es hat ihn auch niemand vermisst. Für die meisten Lebewesen der damals noch ausschließlich von Mikroorganismen besiedelten Erde war Sauerstoff extrem giftig. Es fand das größte Massensterben der Geschichte statt, und nur wenige überlebten diese Katastrophe. Die aber lernten den Sauerstoff zu nutzen, und von ihnen stammen fast alle heutigen Lebewesen ab, die Sauerstoff dringend zum Überleben brauchen, inklusive uns Menschen. Nostoc gilt als Vorläufer der Pflanzen und lebt auch heute gerne in Gemeinschaft mit Pflanzen, Pilzen oder Moosen, was vor allem daran liegt, dass die Bakterien Stickstoff aus der Luft aufnehmen, der den anderen Lebewesen als Dünger dienen kann.

Die volkstümlichen Namen des *Nostoc* sind übrigens nicht immer eklig. In China sagt man zum Beispiel »Gemüse der himmlischen Unsterblichen« oder »Himmelsgemüse« dazu. Denn *Nostoc commune* ist essbar und wird vor allem in Asien auch heute noch gerne verzehrt. Wer Lust auf eine Portion Sternenrotz hat, kann sich ja mal im nächsten Asia-Laden umsehen. Oder nach einem Regenguss auf die Suche nach Glibber auf dem Boden gehen.

## 26

# Euglena gracilis

*Mit Augenfleck ins Weltall*

*Euglena gracilis* ist der wissenschaftliche Name des »schlanken Augentierchens«. Mit einer Breite von um die zehn Mikrometer kann man diesen Einzeller zwar durchaus als schlank bezeichnen. Es handelt sich aber weder um ein Tier, noch hat es ein echtes Auge. Das Augentier gehört zur Gruppe der »Protisten«, die ursprünglich eingeführt wurde, um die im 17. Jahrhundert unter den ersten Mikroskopen entdeckten winzigen Lebewesen von Pflanzen, Tieren und Pilzen abzugrenzen. Man hat in diese Kategorie alles Mögliche einsortiert, was anderswo nicht zu passen schien, und erst später herausgefunden, dass all diese Protisten eigentlich gar nichts miteinander zu tun haben. Der mikrobiologische Wühltisch der Protisten wird daher heute nur noch inoffiziell verwendet, um diverse einzellige Lebewesen zusammenzufassen. Man findet darunter Algen ebenso wie Schleimpilze oder andere Amöben. Unter anderem eben auch die Augentierchen, die vermutlich schon Antoni van Leeuwenhoek bei seinen ersten mikroskopischen Untersuchungen in einem Wassertropfen beobachten konnte.

Die Eigenschaft, der die Lebewesen ihren heutigen Namen zu verdanken haben, wurde in der ersten Hälfte des 19. Jahrhunderts vom deutschen Mikrobiologen Christian Gottfried Ehrenberg beschrieben. Er sah unter seinem Mikroskop nicht nur die schon bekannte längliche Form der Mikroben, sondern auch einen charakteristischen dunklen Fleck, den er für ein rudimentäres Auge hielt – was sich als ein bisschen richtig herausstellte, aber auch ein bisschen mehr als falsch. Der »Augenfleck« sieht nichts, sondern ist tatsächlich nur ein Fleck, also eine Stelle mit dunkleren Farbpigmenten. Die befindet sich aber direkt neben einer Stelle des Einzellers, an der ein Photorezeptor sitzt. Mit diesem kann das Augentierchen die Stärke von einfallendem Licht wahrnehmen, und der vermeintliche Augenfleck daneben dient quasi als Sonnenschirm, der das von der Seite kommende Licht abschirmt und dem Augentierchen damit eine sehr primitive Möglichkeit bietet, die Einfallsrichtung des Lichts wahrzunehmen.

Das nutzen die Augentierchen zur »Phototaxis«: Ist es dunkel, schwimmen sie auf das Licht zu; ist es zu hell, nehmen sie die andere Richtung. So suchen sie die optimale Position, um das Licht durch Photosynthese in Energie umzuwandeln. Sollte es in den Tümpeln, Teichen und Wassergräben, in denen *Euglena gracilis* hauptsächlich lebt, aber einmal zu dunkel sein, können sich die Lebewesen auch anhand der Gravitation orientieren, das nennt man dann »Gravitaxis«. Sie wissen, wo oben (und damit tendenziell mehr Licht) ist; wie sie es aber genau anstellen, die Richtung der Gravitation zu spüren, ist noch nicht komplett erforscht. Man weiß allerdings, dass sie ihren Orientierungssinn verlieren und ziellos in alle möglichen Richtungen schwimmen, wenn sie der Schwerelosigkeit ausgesetzt sind. Erforscht haben das Raumfahrtorganisationen wie das Deutsche Zentrum für Luft- und Raumfahrt (DLR), die hehre Pläne für das schlanke Augentierchen hatten.

Am 3. Dezember 2018 flog ein kleiner Wassertank in einem nur knapp einen Meter durchmessenden Satelliten ins Weltall. Das Projekt des DLR trug den Namen »Eu:CROPIS«, was für »Euglena and Combined Regenerative Organic-Food Production in Space« steht. Oder etwas weniger umständlich ausgedrückt: Man wollte ein Mini-Gewächshaus im Weltall konstruieren, dessen Pflanzen mit Urin gegossen werden können. Der sollte zuerst von Bakterien abgebaut und zu Nitrat umgewandelt werden, das wiederum als Dünger dienen kann. Dabei entsteht aber auch Ammoniak, das für Pflanzen schädlich ist. Deswegen waren neben den Bakterien auch noch jede Menge Exemplare von *Euglena gracilis* mit an Bord. Die können Ammoniak aufnehmen, entgiften so das System und produzieren mit ihrer Photosynthese auch noch Sauerstoff, den die Bakterien und Pflanzen zum Leben brauchen.

In den Weltraumgewächshäusern sollten mithilfe der Lebensgemeinschaft aus Augentierchen und Bakterien Tomatenpflanzen aus Samen zum Wachsen gebracht werden. Ziel des Experiments war es herauszufinden, wie man bei zukünftigen Langzeitmissionen im All die biologischen Abfallstoffe einer menschlichen Crew dazu nutzen kann, Nahrungsmittel direkt vor Ort anzubauen. Ob die Augentierchen uns dabei helfen können, den Weltraum zu erobern, muss allerdings vorerst noch unbeantwortet bleiben. Ein Softwarefehler hat dazu geführt, dass das Experiment in einen »Sicherheitsmodus« versetzt wurde und von da an jegliche Kommunikation mit der Erde verweigerte. Es gelang bis zum Ende der Mission nicht, mit dem Gewächshaus Kontakt aufzunehmen und es zu aktivieren.

Man kann aber davon ausgehen, dass es nicht der letzte Versuch war, neben Menschen auch Mikroorganismen im Weltall experimentieren zu lassen. Egal, was wir vorhaben, wir sind auf die winzigen Lebewesen angewiesen – hier unten auf der Erde ebenso wie draußen im Kosmos.

## 27

## Magnetospirillum gryphiswaldense

*Polsprung im Magnettaxi*

Das Bakterium mit dem Namen *Magnetospirillum gryphiswaldense* ist ein spiralförmig gewundenes Ding mit einer Länge von nur einigen Mikrometern. Und das, was es so besonders macht, ist noch mehr als zehnmal kleiner. Aber trotz seiner verschwindend geringen Ausmaße ist es dazu in der Lage, dem gesamten Planeten ein einzigartiges Muster aufzuprägen, das uns dabei hilft, die Vergangenheit und Zukunft der Erde besser zu verstehen.

In den Zellen von *Magnetospirillum gryphiswaldense* finden sich winzige Nanopartikel einer Verbindung aus Eisen mit Sauerstoff oder Schwefel. Dank dieser Kristalle besitzt das Bakterium die Fähigkeit, Magnetfelder zu spüren, und nutzt sie auch ganz konkret zum eigenen Vorteil aus. Die kleinen Lebewesen bewohnen Gewässer und mögen besonders gern die Regionen, in denen eine geringe Sauerstoffkonzentration herrscht. Dorthin bewegen sie sich mit kleinen Geißeln quasi rudernd durchs Wasser – sofern sie die richtige Richtung finden. Genau die bekommen sie von den Kristallen, die sie in ihrem Inneren, geschützt durch eine Hülle aus Fett und Eiweiß, aufheben. Diese »Magnetosome« arbeiten als eine Art Magnet-GPS.

Man kann sich die Erde – zumindest näherungsweise – wie einen großen Stabmagneten vorstellen. An einem Ende befindet sich ein magnetischer Nordpol, am anderen ein Südpol, und dazwischen verlaufen die Magnetfeldlinien ebenfalls in Nord-Süd-Richtung. Genau entlang dieser Linien kann sich das Bakterium durch die Magnetosome ausrichten. Das Magnetfeld wirkt also wie eine Leitplanke, dank der *Magnetospirillum gryphiswaldense* nicht von der Straße abkommt. Es hat allerdings kein Interesse daran, einfach nur von Nord nach Süd zu schwimmen. Es will die Wasserschicht erreichen, die sich dicht über dem Gewässerboden befindet. Denn genau dort wird das ganze organische Material (z. B. Pflanzen und tote Tiere) zersetzt. Das verbraucht Sauerstoff und setzt Nährstoffe frei – und schafft so genau die richtige Umgebung für ein Bakterium wie *Magnetospirillum gryphiswaldense*, das es gerne nährstoffreich und sauerstoffarm mag. Nur wie findet es den Weg nach unten?

Hier hilft eine weitere Eigenschaft des irdischen Magnetfeldes. Seine Feldlinien verlaufen zwar in Nord-Süd-Richtung, sind aber auch geneigt, und zwar unterschiedlich stark, je nachdem, wo auf der Erde man sich befindet. Eine Linie, die entlang einer Kugel von Nord- zu Südpol gezeichnet wird, ist gekrümmt. Nur am Äquator, also genau in der Mitte, verläuft sie tatsächlich parallel zur dortigen Horizontalrichtung. Überall sonst ist sie aus der Horizontalen geneigt, auf der Nordhalbkugel der Erde nach unten und auf der Südhalbkugel der Erde nach oben. Wenn nun also ein Bakterium auf der Nordhalbkugel den magnetischen Feldlinien Richtung Norden folgt, dann schwimmt es automatisch nach unten; die Bakterien der Südhalbkugel müssen sich in Richtung Süden halten, um dorthin zu kommen, wo sie sein wollen.

Die Fähigkeit, sich am Magnetfeld der Erde orientieren zu können, wird »Magnetotaxis« genannt (wobei das Wort *taxis* hier nichts mit den Fahrzeugen zu tun hat, sondern vom griechischen Wort für »Ausrichtung« stammt) und verschafft den Bakterien, die sie beherrschen, einen netten Überlebensvorteil. Denn neben *Magnetospirillum gryphiswaldense* gibt es auch noch andere magnetotaktische Bakterien. Und auch wir Menschen profitieren davon. Beziehungsweise vom Tod der magnetotaktischen Bakterien. Denn dann lagern sich all die kleinen magnetischen Kristalle aus ihren Zellen im Boden ab. Und so wie die lebenden Bakterien entlang der Linien des Erdmagnetfeldes ausgerichtet waren, sind das auch die Reste ihres kristallinen Orientierungssystems. Jedes Bakterium kann einige Dutzend Magnetosome enthalten, die fossile Ketten im Sedimentgestein bilden, anhand derer sich auch noch Jahrmillionen später ablesen lässt, wie das Magnetfeld der Erde ausgerichtet war, als diese Bakterien gelebt haben.

Diese Information ist durchaus relevant, denn das Erdmagnetfeld ändert sich – eine Information, die wir nicht zuletzt den Bakterien zu verdanken haben. Im Mittel alle 250 000 Jahre polt es sich um: Der magnetische Nordpol wird zum Südpol und umgekehrt. Allerdings geschieht das nicht spontan. Im Laufe einiger Hundert oder Tausend Jahre wird das Feld immer schwächer, bevor es sich dann umgekehrt gepolt wieder ebenso langsam aufbaut. Warum es das tut, wissen wir noch nicht so genau. Es hat mit den Strömen aus geschmolzenem Metall tief im Inneren der Erde zu tun, durch die das Magnetfeld ja überhaupt erst entsteht. Was jedoch genau für die Umpolung sorgt, ist unbekannt. Aber allein die Erkenntnis, dass es sich immer wieder umpolen kann, hat weitreichende Konsequenzen. Denn das Magnetfeld ist ein wichtiger Schutzschild vor der radioaktiven Strahlung aus dem All, die von der Sonne und den restlichen Sternen erzeugt wird. In Zeiten einer Umpolung erreicht uns mehr davon als sonst, was für die Lebewesen auf dem Planeten fatal ist. Allzu dramatisch können die Folgen jedoch nicht sein, denn obwohl Geologinnen und Geologen durch die Untersuchung magnetischer Spuren in alten Sedimenten schon jede Menge »Polsprünge« in der Vergangenheit identifiziert haben, gibt es keine Hinweise darauf, dass durch sie globale Massensterben verursacht worden wären. Vielleicht führt die durch die verstärkte kosmische Strahlung ausgelöste erhöhte Mutationsrate auch zu einer verstärkten Evolution und hat dadurch die große Vielfalt des Lebens mitverursacht? Auch das können wir noch nicht mit Bestimmtheit sagen. Aber wenn wir irgendwann verstehen, was tief im Inneren der Erde vor sich geht und welche Auswirkungen das auf unser Magnetfeld und das Leben auf dem Planeten hat, dann werden wir dieses Wissen unter anderem magnetotaktischen Bakterien zu verdanken haben.

28

## Lactococcus phage 936

*Virenkäse*

Viren auf dem Käse sind keine besonders appetitliche Vorstellung. Aber um guten Käse herzustellen, braucht es die Unterstützung einer ganzen Zahl an Mikroorganismen. Die Milch muss ja zuerst einmal gerinnen, damit etwa Buttermilch oder Frischkäse entstehen können. Das erledigen »Milchsäuren«, die von Bakterien wie *Lactococcus lactis* bei ihrem Stoffwechsel freigesetzt werden. Ein paar Millionen davon werden jedem Milliliter Milch zugesetzt, und damit sie ihren Job ordentlich erledigen können, sollten sie besser nicht krank werden.

Wie alle anderen Lebewesen laufen aber auch die Milchsäurebakterien ständig Gefahr, von Viren befallen zu werden. Ein einziges Virus kann schon reichen, um eine ganze Bakterienkultur in einer Molkerei zu verderben. Im schlimmsten Fall stoppt das die gesamte Produktion; aber auch wenn das Wachstum der Bakterien durch den Virenbefall nur eingeschränkt wird, kann das den Geschmack des Käses schon negativ beeinflussen.

Ein solches in der Käseherstellung problematisches Virus ist der Lactococcus phage 936. Im Jahr 2009 wurde er daher von Geneviève Rousseau und Sylvain Moineau von der kanadischen Universität Laval genau unter die Lupe genommen. Über neun Jahre hinweg hatten sie Proben aus einer Käserei entnommen, um dort nach Viren zu suchen. Und die waren nicht nur zahlreich vorhanden; eine Analyse ihres Genoms zeigte auch, dass sie sich dort trotz aller Vorsichts- und Hygienemaßnahmen lange halten können. Das Erbgut von zwei auf den ersten Blick unterschiedlichen Virenstämmen erwies sich als absolut identisch, und das, obwohl der zweite Stamm 14 Monate später im Betrieb entdeckt wurde als der erste. Das Virus konnte also offensichtlich über ein Jahr dort überleben.

Dass Viren sehr gut darin sind, sich zu verändern und anzupassen, zeigte 2018 eine Arbeitsgruppe der Universität Kiel. Auch sie untersuchte Lactococcus phage 936 und stellte fest, dass das Virus besonders geschickt darin war, genetische Information durch horizontalen Gentransfer auszutauschen (siehe Kapitel 51). Durch diesen Gentransfer veränderten sich vor allem jene Gene, die dafür zuständig waren, wie gut die Viren die Milchsäurebakterien befallen können.

Die Milchproduktion ist ein sehr spezieller Lebensraum; ständig werden große Mengen an Bakterien gezüchtet, und Viren haben es leicht, sich in einer derart aktiven Umgebung auszubreiten. Sie können auch mutieren und sich so schnell auf

Veränderungen einstellen, und das meist schneller, als sich die Bakterien an die Viren anpassen. Das erleichtert ihnen eine Infektion und macht die Herstellung von Käse für uns einigermaßen kompliziert.

Andererseits können Viren aber auch dafür sorgen, dass Milchprodukte und andere Lebensmittel für uns sicherer werden. Denn nicht immer ist es erwünscht, dass sich Bakterien in unserer Nahrung einnisten. Viele Vertreter der Art *Campylobacter* etwa sind gesundheitsschädlich für uns. Sie leben im Darm von Tieren und verbreiten sich über deren Kot. So können sie nach der Schlachtung auch in das Fleisch gelangen, das uns dann, wenn wir es beim Kochen nicht ausreichend erhitzen, eine unschöne Nacht im Badezimmer bescheren kann. Es gibt nun bestimmte Viren, die sich nicht für Milchsäurebakterien interessieren, sondern lieber diese Mikroorganismen befallen. Durch einen gezielten Einsatz der richtigen Viren könnte man die Ausbreitung gesundheitsschädlicher Bakterien also durchaus verhindern.

Entsprechende Viren-Cocktails werden in den USA schon zur Behandlung von Lebensmitteln eingesetzt, anderswo hält man sich mit der Zulassung vorerst noch zurück. Eines ist aber sicher: Wenn es um unsere Nahrung geht, werden wir nicht umhinkommen, uns auf die eine oder andere Art mit den Viren zu beschäftigen.

29

## Physarum polycephalum

*Schlauer Schleim*

Ein gelber, schleimiger Blob, der über den Waldboden kriecht, dabei alles frisst, was ihm in den Weg kommt, und der noch dazu in der Lage ist, Hindernisse zu überwinden und neue Dinge zu lernen: Was klingt wie die Beschreibung eines Aliens aus einem Science-Fiction-Film, ist tatsächlich ein höchst reales und irdisches Lebewesen. Der Schleimpilz *Physarum polycephalum* ist ein einzelliges Lebewesen, und man kann ihn mit einiger Berechtigung als »Mikroorganismus« bezeichnen. Und das, obwohl er genau genommen enorm groß werden kann: 1987 wurde im Labor ein fast sechs Quadratmeter großes Exemplar gezüchtet, das bis heute den Rekord als größter Einzeller der Welt hält. Anders als der sprechende Name vermuten lassen würde, sind Schleimpilze zwar durchaus schleimig, aber definitiv keine Pilze. Sie verhalten sich manchmal wie Tiere und manchmal wie Pflanzen, sind aber weder das eine noch das andere.

Sein Leben beginnt ein Schleimpilz wie *Physarum polycephalum* als winzige Spore, nur wenige Mikrometer groß. Sie können jahrelang überdauern, bis die Bedingungen passen. Dann entwickelt sich aus der Spore eine Amöbe, die sich kriechend über den Boden bewegt und dabei Bakterien und andere Mikroorganismen frisst. Wenn zwei passende Amöben aufeinandertreffen, können sie verschmelzen und ein sogenanntes Plasmodium bilden. Der Schleimpilz besteht nun aus einer schleimigen Masse, in die die Zellmembran eingebettet ist. Es handelt sich immer noch um eine einzige Zelle, in der aber sehr viele Zellkerne enthalten sein können. Auch jetzt ernährt er sich von diversen Mikroorganismen, nimmt aber auch Pilze und anderes organisches Material auf. Der Schleimpilz kann unter den richtigen Umständen schnell sehr groß werden und dann mit netzwerkartigen Strukturen über den Boden wandern. In diesem Stadium kann er auch Licht und verschiedene chemische Stoffe registrieren. Zu helles Licht stört den Schleimpilz, und er bewegt sich davon weg; spürt er hingegen Nahrungsmittel, bewegt er sich darauf zu.

Sein zielgerichtetes Verhalten bei dieser Bewegung erscheint erstaunlich, wenn man berücksichtigt, dass er über keinerlei Nervenzellen verfügt. Setzt man einen Schleimpilz zum Beispiel in eine Petrischale, in der zwei Nahrungsquellen platziert sind, dann wird er schnell die kürzeste Verbindung zwischen ihnen gefunden haben und beide mit seinen Tentakeln verbinden. Forscherinnen und Forscher aus Japan haben ein Exemplar von *Physarum polycephalum* sogar in ein Labyrinth gesetzt, an dessen Ein- und Ausgang Nährstoffe positioniert waren. Zuerst hat der Schleimpilz das gesamte Labyrinth ausgefüllt, aber sobald er das Futter entdeckte, zog er sich aus den übrigen Gängen zurück. Nach kurzer Zeit füllte er nur noch den kürzesten Weg von Eingang zu Ausgang aus. In einem noch beeindruckenderen Experiment hat man einen Schleimpilz zuerst einfach so wachsen lassen, wie es ihm gefiel. Danach hat man mit Licht- und Nahrungsquellen die Geografie des Großraums von Tokyo nachgestellt. Dort, wo sich die Stadt befand, platzierte man Nahrung; Berge, Flüsse und das Meer wurden mit Licht markiert. Als der Schleimpilz nun versuchte, das Licht zu meiden und die kürzesten Wege zwischen dem Futter zu finden, bildete er ein Netzwerk, das dem realen Eisenbahnnetz von Tokyo erstaunlich ähnlich war.

Ein Schleimpilz ist sogar in der Lage, das, was er gelernt hat, an andere Schleimpilze weiterzugeben. David Vogel und Audrey Dussutour von der Universität Toulouse in Frankreich brachten *Physarum polycephalum* bei, eine »Brücke« aus Salz zu überqueren, um an Futter zu gelangen. Das gefällt dem Schleimpilz normalerweise nicht, und er bewegt sich nur langsam und vorsichtig über das Salz. Nachdem er aber ein paar Mal auf die Nahrungsmittel am anderen Ende gestoßen war, hatte er sich offensichtlich daran gewöhnt und überquerte die Salzbarriere so zügig, als sei sie gar nicht vorhanden. Ließ man diese Schleimpilze dann mit anderen verschmelzen, die noch nicht an das Salz gewöhnt waren, gaben sie das Wissen weiter. Auch die Schleimpilze, die eigentlich noch nicht wissen konnten, dass es sich lohnt, über das Salz zu kriechen, taten das nun schneller als erwartet.

Wie die Schleimpilze das alles anstellen, ist bei Weitem noch nicht vollständig erforscht. Aber die Fähigkeit, zu lernen und das erlernte Wissen weiterzugeben, hat sich im Zuge der Evolution möglicherweise schon entwickelt, bevor die ersten Nerven- oder gar Gehirnzellen aufgetaucht sind. Vom schleimigen Blob aus dem Wald können wir noch jede Menge lernen.

30

## Halococcus salifodinae

*Leben im Stein*

Die Atacama ist die trockenste Wüste der Erde. Sie erstreckt sich im Westen Südamerikas vom südlichen Peru bis in den Norden von Chile. Auf der einen Seite verhindert der kalte Humboldtstrom im Pazifik, dass sich Regenwolken bilden, und von der anderen Seite schirmt das hohe Andengebirge die Atacama ab. Das extrem trockene Klima macht die Wüste zu einem idealen Ort für die Astronomie; hier stören keine Wolken den Blick weit hinaus in das Universum. Aber man findet dort nicht nur jede Menge Sternwarten mit großen Teleskopen. Sondern auch Mikroorganismen, die es geschafft haben, sich in dieser unwirtlichen Gegend einen Lebensraum zu schaffen.

Ohne Wasser kann kein Lebewesen existieren. Deswegen war es zunächst durchaus überraschend, gerade in der trockensten Wüste fündig zu werden. Und es handelte sich nicht einfach nur um ein einsames Bakterium hier oder ein isoliertes Archaeon dort. Es gab ganze Gemeinschaften von Mikroorganismen der unterschiedlichsten Arten. Eines der dort gefundenen Exemplare war *Halococcus salifodinae,* und schon sein Name verrät etwas über den Trick, mit dessen Hilfe Mikroorganismen es sich in der Wüste gemütlich machen können. Der Zusatz »salifodinae« bezieht sich auf den erstmaligen Nachweis dieser Archaeen: Sie wurden in einem österreichischen Salzbergwerk gefunden. Und salzig war auch der Lebensraum, den es sich in der Atacama ausgesucht hat: Man hat es im Inneren von Steinen gefunden. Sogenannte Evaporite bestehen aus Sedimenten, die sich im Laufe der Zeit aus den Mineralien gebildet haben, die bei anhaltender Trockenheit aus verdunstetem Wasser ausfallen. Das ist unter anderem Salz, weswegen auch die Evaporite einen hohen Salzgehalt haben und darum auch in der Lage sind, Feuchtigkeit aus der Luft aufzunehmen. Das Gestein ist leicht transparent, hält aber schädliche UV-Strahlung der Sonne zurück. Außerdem ist es porös, und in den winzigen Zwischenräumen finden die Mikroorganismen alles, was sie zum Leben brauchen: Wasser, Licht und Nährstoffe.

Es gibt überraschend viele Lebewesen, die sich für so einen »endolithisch« genannten Lebensstil entschieden haben. Im Inneren von Steinen findet man neben Bakterien und Archaeen auch Algen und Pilze. Man hat sie nicht nur in der Atacama gefunden, sondern überall in den verschiedensten Gesteinen der Erde. Und so wie alle Lebewesen beeinflussen sie ihren Lebensraum auch. Sie tragen zur Verwitterung des Gesteins bei, und man findet sie nicht nur in den obersten Gesteinsschichten, in die noch Sonnenlicht eindringen kann. Viele Mikroorganismen brauchen kein Licht, sondern erhalten die Energie für ihren Stoffwechsel aus den chemischen Stoffen im Gestein. Man hat Bakterien und Archaeen auch schon in Bohrkernen gefunden, die aus mehreren Kilometern Tiefe geholt worden sind. Diese »tiefe Biosphäre« braucht kein Licht, und die Lebewesen, die dort existieren, kommen auch mit den in großer Tiefe immer weiter steigenden Temperaturen klar. Erst nach circa zehn Kilometern dürfte es zu heiß für sie werden, und nicht einmal das ist absolut sicher.

Das Leben im Inneren des Gesteins unseres Planeten ist noch weitestgehend unerforscht. Aber wir wissen, dass es da ist und vermutlich zahlreicher als das Leben auf der Oberfläche der Erde. Es ist auch widerstandsfähiger; die Mikroorganismen im

Gestein haben sich optimal auf ihre Umgebung eingestellt, und kaum etwas kann sie dort stören. Selbst ein Asteroid, der auf der Erde einschlägt, könnte sie nicht erreichen. Auch wenn alle Lebewesen auf der Erdoberfläche ausgelöscht würden, bliebe die tiefe Biosphäre erhalten und würde im Laufe der Zeit dafür sorgen, dass auch der Rest des Planeten wieder besiedelt wird.

Und wenn das Leben an einem derart extremen Ort wie dem Gestein der Erde existiert, dann findet man es vielleicht auch im Untergrund anderer Himmelskörper. Bei unserer Suche nach außerirdischem Leben haben wir uns bis jetzt vor allem auf deren Oberfläche konzentriert und keinen Ort gefunden, der den lebensfreundlichen Bedingungen der Erde gleichkommt. Aber wer weiß, was wir alles finden, wenn wir uns in den Boden von Venus oder Mars hineinbohren …

31

## Aliivibrio fischeri

*Bakteriengespräche*

Bakterien sprechen miteinander. Das ist beeindruckend, da es sich um einzellige Lebewesen handelt, die keinerlei Organe haben, mit denen sie Schallwellen erzeugen können. Das, was sie sich erzählen, scheint vielleicht nicht so spannend zu sein wie die Gespräche, die wir Menschen führen. Aber man sollte keine voreiligen Schlüsse ziehen – und stattdessen vielleicht ein wenig genauer »hinhören«.

Dazu fängt man am besten beim Zwergtintenfisch *Euprymna scolopes* an. Der ist zwar nur knapp 30 Millimeter groß, kann aber nachts wunderbar leuchten. Das Licht ist nötig, weil er in der Dunkelheit auf die Jagd nach kleinen Garnelen geht. Um sich nicht als dunkle Silhouette vor der durch Mond und Sterne beschienenen Wasseroberfläche abzuzeichnen und gefressen zu werden, beginnt er als Tarnung selbst zu leuchten. Das Licht stammt allerdings gar nicht vom Tintenfisch selbst, sondern wird von Bakterien der Art *Aliivibrio fischeri* erzeugt. In der Bakterienzelle können bestimmte chemische Reaktionen ablaufen, die Energie in Form von Licht freisetzen. Nur: Wie kommen die Bakterien ins Innere der Tintenfische, und was haben sie davon, als Lampe zu arbeiten?

Die zweite Frage lässt sich leicht beantworten: Im Tintenfisch leben die Bakterien in einer geschützten Umgebung und werden von ihm mit den passenden Nährstoffen versorgt. Wesentlich komplexer ist die Antwort auf die erste Frage, und hier kommen auch die Bakteriengespräche ins Spiel. Normalerweise lebt *Aliivibrio fischeri* auch gerne ganz allein im Meerwasser, so wie jede Menge anderer Bakterien. Der Tintenfisch muss die Mikroorganismen also nicht nur irgendwie dazu bringen, seine Leuchtorgane zu besiedeln, sondern auch darauf achten, nur die richtigen Bakterien in seinen Körper zu lassen. Denn natürlich schwimmen auch jede Menge potenzielle Krankheitserreger im Wasser herum, die besser draußen bleiben sollten.

Unmittelbar nach seiner Geburt beginnt der Zwergtintenfisch damit, Wasser in Richtung seiner Leuchtorgane strömen zu lassen. Auf dem Weg dorthin trifft es auf spezielle »Wimpern«, die den Wasserstrom steuern und außerdem Rezeptoren haben, die auf chemische Stoffe in der Zellwand der Bakterien reagieren. Sie sorgen dafür, dass nicht jeder beliebige Mikroorganismus in das Innere des Tintenfisches gelangt. Ist *Aliivibrio fischeri* dann endlich am Ziel angekommen, muss es aber auch leuchten, um seinem Wirt nützlich sein zu können.

Das Licht eines einzelnen Bakteriums würde dem Tintenfisch nicht viel bringen. Nur wenn ausreichend viele Exemplare von *Aliivibrio fischeri* gemeinsam leuchten, ergibt die Zusammenarbeit Sinn. Aber woher weiß ein einzelnes Bakterium, dass genügend Artgenossen in der Nähe sind und es sich lohnt, mit dem Leuchten zu beginnen? Durch Kommunikation – die hier allerdings nicht durch Schallwellen stattfindet wie bei uns Menschen, sondern auf chemische Art und Weise. Die Bakterien setzen »Autoinduktoren« frei, also bestimmte Moleküle, die ihre Anwesenheit signalisieren. Gleichzeitig sind sie in der Lage, die Konzentration der Autoinduktoren im Wasser in ihrer Umgebung zu messen. Erst wenn sie einen bestimmten Wert überschreitet, leuchten sie auf.

Dieses Phänomen nennt man »Quorum Sensing«, und bei *Aliivibrio fischeri* wurde es 1970 erstmals beschrieben. Mittlerweile kennt man jede Menge Mikroorganismen, die über solche Signalmoleküle miteinander kommunizieren. Sie sprechen sich ab, um sich im richtigen Moment zu größeren Kolonien zusammenzuschließen, um den Wirtsorganismus zur rechten Zeit mit einer Krankheit zu infizieren oder um rechtzeitig chemische Stoffe zur Abwehr von Feinden zu produzieren. Anders als wir Menschen machen Bakterien keinen Small Talk; ihre Gespräche sind daher besonders zielgerichtet und effektiv.

32

## Phytophthora infestans

*Ein falscher Pilz macht Präsidenten*

Was haben John F. Kennedy und Joe Biden gemeinsam? Zugegeben, diese Frage ist irreführend. Natürlich haben es beide Männer ins Amt des amerikanischen Präsidenten geschafft. Beide gehören der Demokratischen Partei an. Und vermutlich gibt es noch jede Menge anderer Übereinstimmungen. Aber ebenfalls gemeinsam ist den beiden ein Mikroorganismus, der sie erst in die Lage versetzte, eines der wichtigsten politischen Ämter der Welt zu bekleiden.

Er heißt *Phytophthora infestans* und ist eine Art der »Eipilze«, bei denen es sich trotz ihres Namens weder um Eier noch um Pilze handelt – und auch nicht um Pflanzen oder Tiere. Eipilze sind winzige Lebewesen, die eng mit den Algen verwandt sind. Sie leben im Wasser oder im Boden, und *Phytophthora infestans* ist unabhängig von seiner evolutionären Herkunft ein fieser Krankheitserreger, der Pflanzen zu Leibe rückt – vor allem Kartoffeln können bei einer Infektion an der »Knollenfäule« erkranken. Ursprünglich stammt der Erreger aus Mexiko; um 1840 herum wurde er von dort nach Europa eingeschleppt. In vielen Regionen verursachte die Krankheit in den folgenden Jahren verheerende Ernteausfälle. Kein Land wurde allerdings so stark getroffen wie Irland.

Die Insel wurde damals noch von der britischen Monarchie beherrscht, und der Großteil der Landwirtschaft diente dazu, Getreide nach England zu exportieren. Die irische Bevölkerung musste sich mit Kartoffeln als Grundnahrungsmittel zufriedengeben. Dieser Zustand hatte dramatische Folgen, als *Phytophthora infestans* ab 1845 zu immer wieder auftretenden Missernten auf den Kartoffelfeldern führte. Man schätzt, dass ungefähr eine Million Menschen an der dadurch verursachten Hungersnot starben – mehr als zehn Prozent der gesamten Bevölkerung. Ungefähr zwei Millionen Menschen versuchten, dem Hunger durch Auswanderung zu entgehen; vor allem in die USA.

Zu denen, die damals das Land verließen, gehörten auch die direkten Vorfahren von John F. Kennedy und Joe Biden. Ohne *Phytophthora infestans* wären sie nicht als Amerikaner zur Welt gekommen und hätten daher auch nicht zum Präsidenten gewählt werden können. Heute liegt die Zahl der Amerikanerinnen und Amerikaner mit irischen Vorfahren bei knapp 40 Millionen; deutlich mehr als die Bevölkerung Irlands, die bei knapp fünf Millionen liegt.

Auch dass Irland heute eine unabhängige Demokratie und kein Teil des Vereinigten Königreichs mehr ist, lässt sich indirekt auf *Phytophthora infestans* zurückführen. Die sowieso schon angespannten Verhältnisse zwischen England und Irland wurden durch die Hungersnot nicht besser. Auch während der bis 1849 andauernden Missernten wurden Getreide und andere Nahrungsmittel aus Irland nach England exportiert. Der Widerstand gegen die englische Herrschaft wuchs, auch angefeuert und unterstützt durch die mittlerweile im Ausland lebenden Iren. Nach weiteren Missernten in der zweiten Hälfte des 19. Jahrhunderts wurde der Wunsch nach Unabhängigkeit immer lauter und auch immer gewaltsamer. 1921 schließlich erlangte Irland (mit Ausnahme von Nordirland) die Unabhängigkeit und wurde zur Republik.

Natürlich wäre es viel zu einfach, diese historischen Entwicklungen einzig auf das Wirken von *Phytophthora infestans* zurückzuführen. Geschichte lässt sich nie auf einfache Ursachen und Wirkungen reduzieren, sondern ist das Produkt aus der komplexen Wechselwirkung jeder Menge unterschiedlicher Faktoren. Die Geschichte von Joe Biden, John F. Kennedy und der Unabhängigkeit Irlands zeigt aber dennoch, dass Mikroorganismen in der Lage sind, unsere Zivilisation auch in großem Maßstab zu beeinflussen. Wir sollten uns nie zu sicher sein, dass wir unser Schicksal alleine in der Hand haben. Die winzigen Lebewesen mögen für unsere Augen unsichtbar sein – aber sie sind uns zahlenmäßig überlegen und können es jederzeit mit uns aufnehmen.

33

## Haloferax mediterranei

*Streit beim Virenschneiden*

Eine zentrale Entdeckung, die die moderne Biologie maßgeblich beeinflusst hat, fand 1993 an der Universität Alicante in Spanien statt. Obwohl es anfangs gar nicht danach aussah, denn der spanische Mikrobiologe Francisco Mojica hielt die Sache zuerst für einen Fehler. Während seiner Doktorarbeit untersuchte er Mikroorganismen, die nicht weit entfernt von der Universität in den Salzlagunen von Santa Pola lebten. Es waren Archaeen der Art *Haloferax mediterranei,* die kein Problem mit der hohen Salzkonzentration in ihrem Lebensraum hatten. Als er ihre DNA untersuchte, stieß er auf ein unerwartetes Phänomen. Die komplexe Struktur, die die Erbinformation der Lebewesen trägt, ist aus »Nukleobasen« aufgebaut. So nennt man die Moleküle, die sich dort paarweise zusammenfinden, um die berühmte Doppelhelix-Struktur zu bilden. Es gibt vier davon, deren Namen mit den Buchstaben A, G, C und T abgekürzt werden. Die Abfolge der Nukleobasen bestimmt, aus welchen Aminosäuren ein Protein zusammengebaut wird, und bildet so – sehr vereinfacht erklärt – den »genetischen Code«.

Als Mojica einen Abschnitt der DNA seiner Archaeen entschlüsselte, fand er Bereiche, die er nicht erklären konnte. Zuerst dachte er, seine Methode, die Abfolge der Nukleobasen sichtbar zu machen, sei fehlerhaft: Zwischen dem, was wie normale DNA aussah, fand er immer wieder Bereiche, in denen die gleiche Abfolge von etwa 30 Buchstaben wiederholt wurde. Aber dieses sich wiederholende Muster in der DNA war real, und Mojica machte sich daran herauszufinden, welche Rolle es für die Archaeen spielte.

Das dauerte einige Jahre – bis 2005 sowohl er als auch unabhängig von ihm arbeitende Forschungsteams vermeldeten, dass sich zwischen den Mustern auch DNA-Stücke fanden, die man aus Viren kannte. Mittlerweile hatte das Phänomen auch schon die etwas kompliziert klingende Bezeichnung »CRISPR« bekommen. Das steht für den nicht weniger mühsamen Begriff »Clustered Regularly Interspaced Short Palindromic Repeats« (auf Deutsch: »Gruppierte regelmäßig unterbrochene Abschnitte sich wiederholender kurzer DNA-Sequenzen«).

Daraus erwuchs eine faszinierende Vermutung: Die seltsamen Sequenzen könnten eine Art von Immunsystem für das Archaeon darstellen. Wenn es von einem Virus angegriffen wird, baut es einen Teil von dessen DNA in sein eigenes Erbgut ein und markiert ihn durch das sich wiederholende Muster. So schafft es sich ein Archiv aller früheren Angreifer und ist beim nächsten Mal vorbereitet. Damit es mit diesen DNA-Daten aber etwas anfangen kann, braucht es auch noch ein passendes Abwehrsystem. Das wird mit einem Enzym erledigt, das die Abkürzung »Cas9« trägt und in der Lage ist, DNA-Stränge zu zerschneiden. Wenn es zu einem Angriff durch Viren kommt, wird aus dem CRISPR-Archiv zuerst ein kleines Informationspaket gebastelt und mit ein paar anderen Nukleobasen verbunden, die Cas9 bei dessen Arbeit unterstützen. Das Ganze verbindet sich mit dem Enzym, und es macht sich auf die Suche nach dem Stück Viren-DNA, das zu dem CRISPR-Segment aus dem Archiv passt. Sobald es fündig geworden ist, wird es zerschnitten – und damit wird auch das angreifende Virus unschädlich gemacht.

Das ist an sich schon eine sehr bemerkenswerte Fähigkeit. Dann aber fand man heraus, wie man sich diese Immunabwehr der Mikroorganismen für andere Zwecke zunutze machen kann. Denn es ist prinzipiell nicht schwer, das Cas9-Enzym nicht nur Viren zerschneiden zu lassen, sondern beliebige Stellen einer DNA. Dazu muss man ihm nur die nötigen Informationen mit einem passenden CRISPR-Segment zukommen lassen. Kennt man die Abfolge der Nukleobasen einer DNA, kann man sie mit dieser CRISPR/Cas9-Methode ganz gezielt an einer vorher ausgewählten Stelle zerschneiden, andere Nukleobasen einfügen oder sie auf andere Art verändern. Anders gesagt: CRISPR/Cas9 erlaubt es uns, die DNA und die darauf gespeicherte genetische Information so zu modifizieren, wie wir wollen.

In der Praxis ist das alles natürlich sehr viel komplizierter. Aber 2011 gelang es der französischen Mikrobiologin Emmanuelle Charpentier und der amerikanischen Biochemikerin Jennifer Doudna, mit CRISPR/Cas9 die DNA von Bakterien gezielt zu verändern. Im Jahr 2020 bekamen sie dafür den Nobelpreis für Chemie. Und damit könnte die Geschichte auch schon zu Ende sein und die große Revolution der Biologie beginnen. Aber CRISPR/Cas9 ist nicht nur eines der beeindruckendsten neuen Werkzeuge der Wissenschaft, sondern zeigt auch eindrucksvoll die Komplexität der Forschungsgeschichte, die hinter einer solchen Entdeckung steckt.

Francisco Mojica war nicht der Erste, der die CRISPR-Sequenzen fand. Sie wurden schon 1987 von dem japanischen Doktoranden Yoshizumi Ishino entdeckt und 1991 noch einmal von niederländischen Forscherinnen und Forschern. Niemand wusste von der Arbeit der anderen, und man kann durchaus darüber diskutieren, wer nun wirklich der Erste war. Aber in Japan verfolgte man die seltsamen Wiederholungen in der DNA nicht weiter, im Gegensatz zu Mojica (und auch das niederländische Forschungsteam behielt die CRISPR-Sequenzen im Auge). Als dann später Charpentier und Doudna die neue CRISPR/Cas9-Methode präsentierten, taten sie das in einer wissenschaftlichen Arbeit, die im Juni 2012 veröffentlicht wurde. Schon im April hatte aber eine Arbeitsgruppe aus Litauen ähnliche Ergebnisse bei einer Fachzeitschrift eingereicht, die dort aber zuerst abgelehnt und erst im September öffentlich publiziert werden konnten. Und nur wenige Monate später zeigte der amerikanische Neurowissenschaftler Feng Zhang, wie man CRISPR/Cas9 nicht nur bei Bakterien, sondern auch in den Zellen anderer Lebewesen einsetzen kann, womit die Methode ihr revolutionäres Potenzial erst so richtig entfalten konnte.

Das ist prinzipiell keine ungewöhnliche Situation. Die Zeit, in der große Entdeckungen von einzelnen Personen in isolierter Arbeit getätigt werden konnten, sind vorbei. Heute arbeitet man gemeinsam, und niemand kann ein Forschungsthema für sich »reservieren«. Meistens ist es auch kein großes Problem, wenn unterschiedliche Arbeitsgruppen kurz nacheinander zu ähnlichen Ergebnissen kommen. Wenn es aber um etwas derart Revolutionäres wie CRISPR/Cas9 geht, sieht die Sache ein wenig anders aus. Hier geht es nicht nur um wissenschaftlichen Ruhm, sondern auch um handfeste wirtschaftliche Interessen. Die industriellen Anwendungen sind kaum zu überblicken: Mit einer praktischen Methode der Genmanipulation kann man neue Medikamente entwickeln, robuste und ertragreiche Pflanzen züchten, Mikroorganismen so verändern, dass sie Biotreibstoff produzieren, oder gezielte Gentherapien zur Heilung von Erbkrankheiten ersinnen. Die Möglichkeiten sind schier grenzenlos, und es ist wenig überraschend, dass sich im Zuge der Entdeckung von CRISPR/Cas9 ein jahrelanger, bis heute heftig geführter Streit um Patente zwischen den einzelnen Arbeitsgruppen entwickelt hat. Die Archaeen wären vermutlich sehr verwundert, was wir Menschen so alles mit ihrem Immunsystem anstellen …

34

## Langsames Bienenlähmungsvirus

*Albert Einstein und das Bienensterben*

»Wenn die Biene einmal von der Erde verschwindet, hat der Mensch nur noch vier Jahre zu leben. Keine Bienen, keine Pflanzen, keine Tiere, keine Menschen mehr«: Das soll Albert Einstein gesagt haben, und der war immerhin einer der bedeutendsten Wissenschaftler in der Geschichte der Menschheit. Wie viele andere Aussagen, die ihm zugeschrieben werden, stammt aber auch dieses Zitat nicht von ihm. Trotzdem hört und liest man es immer wieder; die Kombination aus Einsteins Genie und düsterer Weltuntergangsprognose ist wohl zu verlockend. Vor allem weil die Bienen durchaus mit Problemen zu kämpfen haben.

Wobei wir damit meistens die Insekten der Art *Apis mellifera* meinen, die »westliche Honigbiene«. Sie ist für unsere Wirtschaft als Honigproduzent durchaus relevant, aber doch nur eine von geschätzt mehr als 20 000 Bienenarten auf dem Planeten. Und wie alle Lebewesen haben auch die Bienen mit Krankheitserregern zu kämpfen. Man kennt ein paar Dutzend Mikroorganismen und Parasiten, die die Honigbiene befallen können, und darunter sind auch einige auf diese Insekten spezialisierten Viren. Sie tragen recht grafische Bezeichnungen wie »Flügeldeformationsvirus«, »Sackbrut-Virus« oder »Langsames Bienenlähmungsvirus«. Letzteres wurde 1974 in England entdeckt und kann auch Hummeln und Raupen infizieren. Wie die grausige Bezeichnung vermuten lässt, führt das Virus zur Lähmung in den vorderen Beinpaaren einer Biene und dadurch schließlich zum Tod.

Das Langsame Bienenlähmungsvirus gehört zu den vielen Ursachen, die für das sogenannte Bienensterben verantwortlich sind. Mit diesem Begriff wird in der Regel der weltweite Rückgang der Honigbiene bezeichnet, der in der Form so allerdings gar nicht existiert. Bienenvölker sterben, aber nicht kontinuierlich und nicht global. Stattdessen kommt es immer wieder zu regionalen Ausbrüchen der »Colony Collapse Disorder«, wie das gehäufte Absterben ganzer Bienenstöcke auch genannt wird. Auslöser dafür sind sehr oft Viren wie das Langsame Bienenlähmungsvirus, das von der Varroamilbe übertragen wird. Diese winzigen Parasiten sind auf der ganzen Welt verbreitet und leben in Bienenstöcken oder auf den Bienen selbst. Sie befallen die Bienenlarven, saugen deren Blut und schwächen so die daraus schlüpfenden Insekten. Viel größer ist aber der negative Effekt der Viren, die die Milben in sich tragen. Wenn eine komplette Bienenkolonie stirbt, sind die Varroamilben meist nur indirekt verantwortlich, indem sie für die großflächige Verbreitung der Viren gesorgt haben.

Colony Collapse Disorder tritt meistens saisonal auf, und neben den Viren und anderen Bienenkrankheiten gehört vermutlich auch der Einsatz von Insektenvernichtungsmitteln in der Landwirtschaft zu den Ursachen. Die wirtschaftliche Bedeutung der Honigbiene sorgt einerseits dafür, dass sie kaum völlig aussterben kann – solange es Menschen gibt, die Honig kaufen, wird die Imkerei sich darum kümmern, dass immer neue Bienenvölker gezüchtet werden. Andererseits befördern wir mit unserer Landwirtschaft aber auch die Ausbreitung von Krankheiten. Die Monokulturen auf den Feldern sind aus Bienensicht große Wüsten ohne Nahrung. Es reicht nicht mehr, einfach Bienenstöcke in die Landschaft zu stellen; zur industriellen Produktion von Honig müssen die Stöcke quer durchs Land transportiert werden, immer dorthin, wo gerade passende Pflanzen blühen. Und so, wie die Reisefreudigkeit der Menschen die Verbreitung von Krankheitserregern begünstigt, tut das auch der Transport der Bienen.

Wenn man von einem echten »Bienensterben« sprechen will, dann eher in Bezug auf die Wildbienen. Die meisten von ihnen sind mittlerweile selten oder gehören zu den gefährdeten Arten. Und auch wenn sie wirtschaftlich nicht so bedeutsam sind, spielen sie trotzdem eine wichtige Rolle für das Ökosystem. Auch sie bestäuben Pflanzen und sind dabei nicht so empfindlich wie die Honigbienen. Ihr Verschwinden würde aber nicht – wie das falsche Einstein-Zitat behauptet – das Ende der Menschheit einläuten. Viele Pflanzen werden auch durch den Wind bestäubt, darunter auch einige der für unsere Ernährung wichtigen Getreidearten. Andere Pflanzen nutzen Vögel, Käfer, Schmetterlinge oder sogar Fledermäuse als Bestäuber. Daraus folgt aber selbstverständlich nicht, dass wir uns nicht mehr um die Bienen kümmern müssen. Ihr Fehlen wäre ein harter Schlag für die Biodiversität, und es sollte keine erfundenen Zitate brauchen, um sie zu erhalten.

35

## Bacillus permians

*Die Suche nach Unsterblichkeit*

Der bisher älteste Mensch der Welt ist die Französin Jeanne Calment, die am 4. August 1997 im Alter von 122 Jahren starb. Das ist beeindruckend, aber nur ein Wimpernschlag gegen die 250 Millionen Jahre, die *Bacillus permians* hinter sich hatte, als er im Jahr 2000 von amerikanischen Forschern in einem Salzkristall entdeckt wurde. Es war ein durchaus sensationeller Fund: Der Kristall stammt aus 250 Millionen Jahre alten Gesteinsschichten im Süden des US-Bundesstaats New Mexico. In ihm eingeschlossen fand sich eine kleine Menge an Salzlake, und darin wurde das Bakterium *Bacillus permians* gefunden. Oder genauer gesagt: die Sporen des Bakteriums. Bestimmte Mikroorganismen können sogenannte »Dauerstadien« bilden, vergleichbar mit den Samen einer Pflanze. Während die Pflanze selbst schon längst gestorben ist, kann das Samenkorn oft erstaunlich lange Zeiträume scheinbar reglos überdauern, um dann unter den richtigen Bedingungen wieder zu keimen und eine neue Pflanze zu bilden. Die Sporen der Bakterien haben einen sehr geringen Gehalt an Wasser, was sie äußerst widerstandsfähig gegen Hitze, Kälte oder Austrocknung macht. Auch andere widrige Umweltbedingungen stecken sie gut weg und können lange Zeit überleben. Und wenn die Bedingungen dann wieder freundlicher sind, kann aus der Spore ein neues Bakterium entstehen.

Dass Sporen 250 Millionen Jahre überdauern und danach noch in der Lage sind, lebende Bakterien hervorzubringen, war selbst für die Fachwelt überraschend. Und so ungewöhnlich, dass sehr schnell Kritik an der Entdeckung vorgebracht wurde. Denn das Innere eines Kristalls, verborgen inmitten einer mehrere Hundert Meter tief unter der Erde liegenden Gesteinsschicht, scheint nur auf den ersten Blick ein sicherer Ort für ein Bakterium oder seine Spore zu sein. Auf den zweiten Blick ist es dort durchaus der ein oder anderen Gefahr ausgesetzt – zum Beispiel der natürlichen radioaktiven Strahlung des Gesteins. Die muss zwar nicht besonders stark sein, aber sie ist vorhanden, und 250 Millionen Jahre sind eine lange Zeit. Mehr als genug, damit die Strahlung die Struktur der DNA, also des Trägers der Erbinformation, zerstören oder das Erbmaterial der Mikroorganismen verändern kann.

Dass die Sporen trotzdem so lange unbeschadet überlebt haben sollen, ist außergewöhnlich genug. Noch überraschender war der Befund, den Dan Graur und Tal Pupko von der Universität Tel Aviv wenige Monate nach der Entdeckung des scheinbar unsterblichen Mikroorganismus veröffentlichten. Sie hatten die DNA von *Bacillus permians* mit der eines anderen Bakteriums verglichen, das ebenfalls eine Vorliebe für salzige Umgebungen hat. *Virgibacillus marismortui* lebt unter anderem im Toten Meer, und man kann durchaus erwarten, dass es *Bacillus permians* sehr ähnlich ist. Die untersuchten DNA-Proben waren sich aber nicht nur ähnlich, sie waren fast identisch. Das lässt sich nun aber nur schwer mit dem hohen Alter des Bakteriums aus dem Salzkristall in Einklang bringen, denn bei jedem Lebewesen gibt es im Laufe der Zeit auch zufällige Veränderungen in der DNA. Diese Mutationen führen dazu, dass sich unterschiedliche Arten entwickeln können – genau das ist das Prinzip der Evolution. Und mithilfe dieser Veränderungen kann man auch zeitlich datieren, wann sich diese Arten voneinander getrennt haben. Die enorme Ähnlichkeit der beiden Salz liebenden Bakterien deutet jedoch darauf hin, dass sie sich erst vor vergleichsweise kurzer Zeit auseinanderentwickelt haben. Was aber der Behauptung widerspricht, dass eines der beiden für 250 Millionen Jahre in einem Salzkristall eingeschlossen war.

Die Entdecker von *Bacillus permians* haben sich sehr große Mühe gegeben, ihre Geräte und Proben zu sterilisieren, um Verunreinigungen zu verhindern. Aber vielleicht waren die Sporen doch nicht so alt wie gedacht. Es ist nicht unmöglich, dass sich die Bakterien erst lange nach der Bildung des Kristalls dort angesiedelt haben. Oder es kam doch zu einer Kontamination bei der Untersuchung. Die Überlebensfähigkeit von Mikroorganismen ist immer noch nicht vollständig verstanden. Wir wissen, dass sie zäh sind und extreme Lebensräume besiedeln können. Wir wissen, dass ihre Sporen lange Zeiträume überdauern können. Wie lange sie es aber tatsächlich schaffen, ist unbekannt.

Leider – denn die Antwort auf diese Frage birgt jede Menge Potenzial für fantastische Entdeckungen. Wenn Bakterien wirklich Jahrmillionen überleben können, tief eingeschlossen in Gestein und sicher vor äußeren Einflüssen: Dann wäre es für sie vermutlich auch kein Problem, im Inneren von Asteroiden von Stern zu Stern zu fliegen. Oder sogar den Raum zwischen den Galaxien zu überbrücken.

36

## Nanoarchaeum equitans

*Leben mit einem fremden Körper*

*Nanoarchaeum equitans* heißt übersetzt so viel wie »der reitende Urzwerg«. Tatsächlich ist dieser Vertreter der Archaeen winzig, und das in mehr als nur einer Hinsicht. Und er »reitet« wirklich – auf einem anderen Archaeon, nämlich auf *Ignicoccus hospitalis*. Es gehört einiges dazu, wenn man in der fremden Welt der Archaeen und ihren extremen Lebensräumen mit Seltsamkeit auffallen will. Aber *Nanoarchaeum equitans* meistert diese Aufgabe bravourös.

Entdeckt wurde *Ignicoccus hospitalis* von deutschen Forscherinnen und Forschern in Proben, die am Kolbeinseyrücken genommen wurden. Dieses 500 Kilometer lange Gebirge befindet sich am Meeresboden nördlich von Island. Die geologisch aktive Region beherbergt einige sogenannte Black Smoker, also heiße Quellen am Grund der Tiefsee. Ungefähr 90 Grad Celsius war das Wasser dort heiß, wo die Bodenproben genommen wurden. Es war eigentlich keine große Überraschung mehr, dass auch dort Leben existiert. Dass die aus unserer Sicht ungemütlichen Orte der Erde für zähe Mikroorganismen der ideale Lebensraum sind, war bekannt. Mit der Entdeckung von unbekannten Archaeen-Arten war also schon fast zu rechnen. Sehr viel überraschender war aber das, was man bei der Untersuchung von *Ignicoccus hospitalis* zutage förderte.

Unter dem Elektronenmikroskop waren kleine runde Kügelchen zu sehen, die sich an die Außenseite des Archaeons geheftet hatten. Bei genauerer Untersuchung stellten sich diese Anhängsel selbst als eine neue Archaeen-Art heraus. Sie ist nur 400 Nanometer groß und damit deutlich kleiner als die meisten anderen Archaeen und Bakterien. So lag es nahe, ihm den Namen *Nanoarchaeum* zu geben. Damals wurden alle Archaeen in drei Abteilungen sortiert. Der neue Zwerg passte nirgendwo so richtig hinein; die Untersuchung seiner DNA zeigte, dass er sich so sehr von den anderen Archaeen unterschied, wie die Archaeen sich selbst von Bakterien, Tieren und Pflanzen unterschieden. *Nanoarchaeum equitans* schien der erste Vertreter einer ganz neuen Abteilung von Archaeen zu sein.

Um zu leben, braucht es nicht nur Temperaturen zwischen 70 und 110 Grad Celsius, es muss außerdem noch Schwefel vorhanden sein; außerdem verträgt der Organismus keinen Sauerstoff. Aber selbst wenn sich – wie im Fall der unterseeischen Quellen – eine solche Umwelt findet, ist *Nanoarchaeum equitans* noch nicht zufrieden. Alleine kommt es nicht durch, es braucht einen Partner. Als man die DNA des Archaeons untersuchte, stellte man fest, dass sie – so wie der Organismus selbst – winzig war. Die Erbinformation von uns Menschen besteht aus ungefähr drei Milliarden Molekül-Paaren. Einige Lebewesen haben mehr, andere weniger – aber so wenig wie bei *Nanoarchaeum equitans* hatte man damals noch nie beobachtet. Nur 491 000 Paare wurden dort gefunden, was eigentlich nicht ausreichen dürfte, um ein vernünftiges Leben zu führen.

Tut es aber doch: Denn statt die für das Überleben nötigen Stoffe selbst zu produzieren, scheint *Nanoarchaeum equitans* biologische Werkzeuge von *Ignicoccus hospitalis* mit zu nutzen. Es beeinflusst den Stoffwechsel des größeren Archaeons, um sich all das zu holen, was es braucht. Ob es sich dabei um eine parasitäre Beziehung handelt oder um eine Symbiose, ob also der Kleinere den Größeren ausbeutet oder beide etwas davon haben, ist noch unbekannt.

Der auf seinem größeren Archaeen-Partner »reitende Urzwerg« hat jedenfalls eine geniale Strategie zum Überleben gefunden. Er muss sich nicht darum kümmern, in einer unwirtlichen Umgebung mit seltsamen chemischen Reaktionen die nötige Energie zum Leben zu bekommen. Sondern kann sich einfach an einen schon existierenden Stoffwechsel dranhängen. Bis jetzt wurden noch keine weiteren *Nanoarchaeum*-Arten entdeckt. Aber die Welt ist groß für ein so kleines Lebewesen, und wer weiß, welche unwahrscheinlichen Orte es dank seiner ausgelagerten Anpassungsfähigkeit noch erobert hat.

37

## Vibrio paxillifer

*Preisgekrönter Algensprengstoff*

Für die Erforschung von Bakterien, Viren und anderen Mikroorganismen wurden im Laufe der Zeit jede Menge Nobelpreise vergeben. Da ist es nur passend, dass die Mikroben auch indirekt dafür verantwortlich sind, dass es diese prestigeträchtige Auszeichnung überhaupt gibt. Der Stifter des Preises war Alfred Nobel, ein Schwede. Das, was ihn reich genug machte, um jedes Jahr große Summen an Forscherinnen und Forscher zu verteilen, hat aber ein Däne das erste Mal beobachtet. »Von einem sonderbaren Wesen im Meerwasser, welches aus kleinen Stäbgen, durch deren mancherley Stellung es verschiedene Gestalten bildet, zu bestehen scheinet«, berichtete der dänische Zoologe Otto Friedrich Müller 1782 schon im barocken Titel seiner Arbeit. Auf den folgenden Seiten beschreibt er dieses seltsame »Stäbchentier« genauer. Er fragt sich, ob es ein einzelnes Lebewesen ist oder eine Kolonie aus mehreren Lebewesen. So ganz sicher war er sich nicht, hielt aber ein einzelnes Tier für wahrscheinlicher. Womit er sich gleich doppelt geirrt hat. Bei dem Lebewesen, dem er damals den Namen *Vibrio paxillifer* gegeben hat (und das heute *Bacillaria paxillifera* genannt wird), handelt es sich nicht um ein Tier, sondern um eine Alge. Sie kann sich fortlaufend teilen und die so entstehenden Klone ihrer selbst aneinanderreihen, um eine lange, stabförmige Kolonie zu bilden. Aber auch wenn Müller damals noch nicht wusste, was er da entdeckt hatte, wurde *Vibrio paxillifer* die Grundlage, um die Klasse der »Kieselalgen« zu definieren.

Seit dem 18. Jahrhundert sind diese Mikroorganismen intensiv erforscht worden – was unter anderem auch daran liegt, dass sie einen enorm ästhetischen Anblick bieten. Die Einzeller hüllen sich in ein Skelett aus Siliciumdioxid, das je nach Art höchst unterschiedliche, aber immer sehr beeindruckende Formen bilden kann. Sie tun das, um sich zu schützen – müssen aber dann doch irgendwann einmal sterben. Das Skelett sinkt auf den Boden des Meeres oder des Sees, in dem sie gelebt haben, und kann dort im Laufe der Zeit dicke Ablagerungen bilden. Wenn das Wasser sich dann durch geologische Vorgänge zurückzieht, bleibt die Schicht aus toten Kieselalgen zurück. So war es auch in der norddeutschen Lüneburger Heide. Vor ungefähr 120 000 Jahren bildeten sich dort während einer Wärmeperiode in der gerade herrschenden Eiszeit jede Menge große Gewässer voll mit Kieselalgen. Dann kam das Eis zurück, das Wasser verschwand, und als die nächste Warmzeit anbrach, blieb eine dicke Schicht an Kieselalgen übrig. Die wurde aber erst 1836 entdeckt, als ein Bauer einen Brunnen grub. Zuerst wusste man nicht, was man mit dem seltsamen weißen Material anfangen sollte. Man entdeckte dann aber schnell jede Menge Möglichkeiten, den neuen Bodenschatz gewinnbringend zu nutzen.

»Kieselgur«, wie das Material aus den Skeletten der toten Algen genannt wurde, ist sehr porös. Mit seiner großen Oberfläche kann es Wasser und andere Materialien absorbieren und wird daher als Filtermaterial eingesetzt. Man kann es auch als Insektizid verwenden, da es den Tieren die Feuchtigkeit entzieht und sie so tötet. Es wird als Rieselhilfe benutzt, zur Wundheilung oder beim Bierbrauen. Den ersten und prominentesten Einsatzzweck fand aber Alfred Nobel. Der lernte 1850 den italienischen Chemiker Ascanio Sobrero kennen, der kurz zuvor das Nitroglycerin erfunden hatte. Dieser neue Sprengstoff war mächtig, aber auch enorm gefährlich. Schon kleine Erschütterungen können ihn zur Explosion bringen, und es gab jede Menge schwere Unfälle. Nobel war trotzdem fasziniert davon und suchte nach einem Weg, den Sprengstoff zu verbessern. Auch er musste schmerzlich erfahren, wie gefährlich Nitroglycerin ist: Bei einer Explosion in seinem Labor im Jahr 1864 starben fünf Personen, darunter auch sein Bruder Emil. Der Durchbruch gelang erst 1867. Die Gefäße, in denen das flüssige Nitroglycerin transportiert wurde, mussten natürlich möglichst gut gepolstert werden. Dazu wurde Kieselgur verwendet, was aber nicht verhinderte, dass eine der Flaschen doch einmal brach. Als sich Nitroglycerin und Kieselgur vermischten, entstand eine breiige Masse, die Alfred Nobel inspirierte. Er stellte gezielte Experimente zur optimalen Mischung von Sprengstoff und Algenskeletten an, und das Resultat war: Dynamit. So zumindest lautet die weitverbreitete Legende; wie Nobel wirklich auf seine Idee kam, ist nicht gesichert.

Auf jeden Fall war der neue Sprengstoff aus Kieselgur wesentlich sicherer und einfacher zu handhaben. Nobel ließ sich seine Erfindung patentieren, vertrieb sie auf der ganzen Welt und wurde reich. Er starb im Jahr 1896, konnte aber schon 1888 einen versehentlich veröffentlichten Nachruf auf sich in der Zeitung lesen. Er war mit »Der Kaufmann des Todes ist tot« überschrieben, und Nobel war schockiert. Er wollte definitiv nicht als derjenige in die Geschichte eingehen, der mit seinen Erfindungen den Krieg noch tödlicher gemacht hatte (und tatsächlich wurde sein Dynamit auch so gut wie nie dafür eingesetzt). Er gründete also eine Stiftung, die sein Vermögen nach seinem Tod verwalten und jedes Jahr einen nach ihm benannten Preis verleihen sollte. An Menschen, die auf den Gebieten der Physik, Chemie, Physiologie oder der Medizin und der Literatur »der Menschheit den größten Nutzen erbracht haben«, sowie einen speziellen Friedenspreis für die Person, die »am besten auf die Verbrüderung der Völker und die Abschaffung oder Verminderung stehender Heere« hingearbeitet habe.

Die Nobelpreise haben sich im Laufe der Zeit zur höchsten wissenschaftlichen Auszeichnung entwickelt. Und das alles nur, weil vor langer Zeit jede Menge winzige Algen gelebt haben und gestorben sind.

## 38

## Malignalitaloptereosis

*Die Hexe und der Zauberer*

Im Zeichentrickfilm *Die Hexe und der Zauberer* (Originaltitel: *The Sword in the Stone*) kämpft der Zauberer Merlin in einem magischen Duell gegen die Hexe Mim, um den jungen Arthur zu retten, der später König von England werden soll. Der Wettkampf zwischen Hexe und Zauberer besteht aus einer Reihe von Verwandlungen: Mim wird zum Krokodil, um Merlin zu beißen; der verwandelt sich aber noch rechtzeitig in eine Schildkröte mit hartem Panzer. Danach wird er zu einem Hasen, nur um von Mim als Fuchs verfolgt zu werden. Der Kampf geht weiter, bis sich ein Ziegen-Merlin plötzlich vor einem gewaltigen Feuer speienden Drachen wiederfindet. Mim ruft sich siegessicher zur Gewinnerin aus, rechnet aber nicht mit dem letzten Trick des alten Zauberers: Er wird zu einem winzigen Mikroorganismus, der bei der Hexe die Krankheit »Malignalitaloptereosis« auslöst (auf Deutsch: »Merlinis Merlinitis«). Die Symptome sind: Fleckenbildung, Hitzewallungen und Schüttelfrost, heftiger Schnupfen und Fieber. Mim muss krank das Bett hüten, und Merlin hat den Wettkampf gewonnen.

Malignalitaloptereosis ist eine Erfindung des Drehbuchautors Bill Peet und existiert in der realen Welt nicht. Was den italienischen Arzt Antonio Perciaccante und seine Kollegin Alessia Coralli nicht daran gehindert hat, über die Natur dieses Krankheitserregers zu spekulieren. Angesichts der Symptome vermuten sie eine Hautausschlag bildende Krankheit wie die Masern. Was nicht unplausibel ist, denn die äußern sich tatsächlich durch Atemwegsentzündungen, Fieber und Ausschlag. Die Krankheit ist extrem ansteckend und kann bei schwerem Verlauf auch tödlich sein. Masern sind alles andere als eine harmlose »Kinderkrankheit«. Diese Bezeichnung tragen die Masern ja gerade, weil sie sich so schnell verbreiten: Man kann es kaum vermeiden, sich anzustecken, und erkrankt schon als Kind daran.

Zwischen 1956 und 1960 gab es mehr als eine halbe Million Masernfälle in den USA, und im Durchschnitt starben jährlich 450 Menschen daran; eine deutliche Verbesserung zum Anfang des Jahrhunderts, als die Todesrate noch mehr als 20-mal höher lag. Aufgrund schwerer Komplikationen mussten in den 1950er-Jahren fast 50 000 Menschen pro Jahr ins Krankenhaus eingeliefert werden. Als die Walt Disney Studios zu Beginn der 1960er-Jahre mit der Produktion an *Die Hexe und der Zauberer* begannen, waren die Masern also immer noch eine durchaus relevante Erkrankung. Eine, die aber natürlich nicht von einem geschrumpften Zauberer verursacht wird, sondern von einem

Virus mit dem wissenschaftlichen Namen Measles morbillivirus.

1954 wurde das Masernvirus erstmals von den amerikanischen Ärzten Thomas Peebles und John Enders aus dem Blut eines erkrankten Kindes isoliert, durch Enders jahrelang erforscht, und 1963 konnte der erste Masernimpfstoff entwickelt werden. Im Dezember dieses Jahres erschien *Die Hexe und der Zauberer* in den amerikanischen Kinos. Das Wissen um die Gefahr der Masern – so Perciaccante und Coralli – war in der Gesellschaft damals so weitverbreitet, dass Merlins virale List im Zeichentrickfilm durchaus plausibel erschien.

Das ist natürlich alles Spekulation und nicht ganz ernst gemeinte Forschung. Die Geschichte hat aber einen durchaus ernsten Hintergrund. Im Buch *The Sword in the Stone* aus dem Jahr 1938 von T. H. White, das als Vorlage für den Film diente, nimmt die Hexe ein deutlich schlimmeres Ende. Anstatt einfach nur ein paar Tage im Bett liegen zu müssen, stirbt Mim an Komplikationen der Krankheit. Und auch heute noch sterben immer wieder Menschen an den Masern, allein 2019 waren es laut der Weltgesundheitsorganisation WHO weltweit über 200 000 – was oft an schlechter medizinischer Versorgung liegt, aber ebenso an fehlenden Impfungen. Auch in Deutschland, Österreich und der Schweiz gibt es immer wieder lokale Masernausbrüche, so gut wie jedes Mal verursacht durch ungeimpfte Kinder. Dabei wären die Masern eine Krankheit, die wir tatsächlich ausrotten könnten. Da das Virus nur zwischen Menschen übertragen wird, würde es einfach verschwinden, wenn eine ausreichend große Menge an Personen geimpft ist. Wenn die Hexe Mim schlau genug gewesen wäre, hätte sie die Malignalitaloptereosis mit einem passenden Immunisierungszauber gekontert. Wir sollten nicht den gleichen Fehler machen, denn im Gegensatz zur Zeichentrick-Fiktion haben wir den Masern in der echten Welt keinen Hokuspokus, sondern eine schützende Impfung entgegenzusetzen.

39

## Haemophilus influenzae

*Grippale Trittbrettfahrer*

Die Influenza ist eine Krankheit, an der jedes Jahr circa 15 Prozent der gesamten Menschheit leiden. Nicht zu verwechseln ist sie mit dem grippalen Infekt, der durch eine Vielzahl von unterschiedlichen Viren ausgelöst werden kann (siehe Kapitel 93) und zumeist harmlos verläuft. Die Influenza, also die »echte Grippe«, kann einen durchaus schweren Verlauf und tödlichen Ausgang haben.

Es ist verständlich, dass man nach der Ursache dieser Krankheit forschte. Man kann also davon ausgehen, dass der deutsche Bakteriologe Richard Pfeiffer höchst erfreut darüber war, das Bakterium entdeckt zu haben, das er *Haemophilus influenzae* nannte. Schon seit 1889 konnte er es immer wieder in Abstrichen aus dem Rachenraum grippekranker Menschen nachweisen, aber erst 1892 gelang es ihm auch, das Bakterium zu isolieren und als Kultur zu züchten.

Pfeiffer war überzeugt, den Erreger der Influenza vor sich zu haben, und *Haemophilus influenzae* galt bis 1933 als Verursacher der Grippe. Erst dann fand man heraus, dass man quasi einem Trittbrettfahrer auf den Leim gegangen war. Tatsächlich wird die Influenza weder von *Haemophilus influenzae* noch von irgendeinem anderen Bakterium verursacht, sondern von einem Virus. Das Bakterium, das Pfeiffer entdeckt hatte, ist ein sogenannter »opportunistischer Erreger« und nutzt das durch die Grippe geschwächte Immunsystem aus, um seinerseits eine Infektion zu verursachen.

Aber auch ohne Grippe kann man durch das Bakterium krank werden, vor allem durch einen bestimmten Stamm, der eine Infektion mit *Haemophilus influenzae* Typ b auslösen kann. Nachdem man sich bei einem anderen Menschen durch eine Tröpfcheninfektion angesteckt hat, dauert es ein paar Tage, bevor sich Rachenraum, Mittelohr und/oder die Nasennebenhöhlen entzünden. Man bekommt Fieber, im schlimmsten Fall auch eine Bronchitis, Lungen- oder Hirnhautentzündung. Die Krankheit ist vor allem für Kinder unter fünf Jahren gefährlich. Bevor es eine Impfung dagegen gab, erkrankten ungefähr 40 von 100 000 von ihnen in Europa, in den USA lag der Schnitt sogar bei 88 von 100 000.

Zum Glück suchte sich die amerikanische Mikrobiologin Hattie Alexander *Haemophilus influenzae* in den 1940er-Jahren für ihre Forschung aus und konnte eine Impfung entwickeln, mit der sich die Sterberate von fast 100 Prozent auf weniger als 25 Prozent senken ließ. Nach einigen Weiterentwicklungen und nachdem man in den 1990er-Jahren damit begann, Kinder standardmäßig zu impfen, ist die Krankheit heute fast verschwunden. Dort, wo die medizinische Betreuung schlechter ist und Kinder nicht geimpft werden, fordert *Haemophilus influenzae* aber immer noch Opfer. Die Weltgesundheitsorganisation schätzt, dass es weltweit circa 400 000 Todesfälle pro Jahr gibt.

Fast 100 Jahre nach seiner Entdeckung durch Richard Pfeiffer hat das Bakterium ein weiteres Mal Schlagzeilen gemacht. 1990 wurde das »Human Genome Project« gegründet, ein internationaler Forschungsverbund mit dem Ziel, das menschliche Erbgut vollständig zu entschlüsseln. Sämtliche Gene, die in der DNA eines Menschen zu finden sind, sollten beschrieben werden. Dazu musste man die genaue Abfolge von circa drei Milliarden Basenpaaren bestimmen, also die konkreten chemischen »Buchstaben«, mit denen die DNA diese Gene codiert. Das war eine große und komplexe Aufgabe, und zum Üben nutzte man Organismen, die nicht ganz so kompliziert gebaut waren wie wir Menschen. Anfangs waren es überhaupt nur Viren, deren Genom man bestimmen konnte. Dann aber nutzten der amerikanische Biochemiker Craig Venter und sein Team eine neue und effektivere Methode der DNA-Analyse, und 1995 gelang es ihnen damit, das Erbgut des ersten echten Lebewesens vollständig zu decodieren: *Haemophilus influenzae*. Es war ein Meilenstein für die Erforschung des Genoms – und am Ende mussten immerhin gut 1,8 Millionen Basenpaare ausgelesen werden, um das Bakterium komplett zu beschreiben. Bis zum Abschluss des Human Genome Project war es aber trotzdem noch ein weiter Weg, das gelang erst 2003.

Eine Infektion mit *Haemophilus influenzae* Typ b haben wir dank der Entdeckung von Richard Pfeiffer und der Forschung von Hattie Alexander im Griff; die echte Virusgrippe kann man durch regelmäßige Impfungen auch halbwegs unter Kontrolle bringen – auch wenn viel zu viele Menschen immer noch darauf verzichten, sich impfen zu lassen. Nur mit der simplen Erkältung werden wir uns wohl weiter herumschlagen müssen.

40

## Emiliania huxleyi

*Eine Alge macht Geschichte*

Man muss nicht groß sein, um Geschichte zu schreiben. Aber für einen Winzling von fünf Tausendstel Millimetern ist es schon eine gewisse Herausforderung. Trotzdem hat es *Emiliania huxleyi* problemlos geschafft, unserem ganzen Planeten ihren Stempel aufzudrücken. Es handelt sich um eine Alge – allerdings keine, mit der wir beim japanischen Essen Reis und Fisch umwickeln, und auch keine der Sorte, die uns im Sommerurlaub den Badespaß vermiesen. *Emiliania huxleyi* ist eine einzellige Mikroalge – aber dennoch zu erstaunlichen Dingen fähig.

Sie kann Kohlenstoff aus dem Wasser aufnehmen, in dem sie lebt. Daraus macht sie in ihrem Inneren winzige Plättchen aus Kalk. Diese Schuppen werden nach außen transportiert und zu einem Panzer zusammengesetzt, der die gesamte winzige Alge umgibt. Diese Coccolithen bleiben auch dann zurück, wenn die Alge schon längst gestorben ist. Der Kalkpanzer sinkt auf den Grund des Meeres, sodass sich im Laufe der Zeit dicke Schichten aus Kalkgestein bilden. Die Überreste von *Emiliania huxleyi* und anderen solcher Kalkalgen können heute alle bestaunen, die zum Beispiel die berühmten Kreidefelsen der Insel Rügen oder die »White Cliffs of Dover« in Südengland besuchen.

Was *Emiliania huxleyi* darüber hinaus so wichtig für das Schicksal unseres Planeten macht, ist ihre Fähigkeit, sich unter den richtigen Umständen dramatisch zu vermehren. Sie kann fast überall leben; man findet sie in sämtlichen Meeren vom Äquator bis zu den Polarregionen. Sie kann bei einer Wassertemperatur von einem Grad Celsius ebenso überleben wie bei 30 Grad. Man findet sie an der Oberfläche der Meere und bis hinunter in 200 Meter Tiefe. Und wenn die Bedingungen richtig sind, dann vermehrt sie sich so schnell wie kaum eine andere Alge. Die Massen von *Emiliania huxleyi,* die dann entstehen, können einige Hundert Quadratkilometer des Meeres bedecken; man schätzt, dass solche Algenblüten unter den richtigen Umständen bis zu 100 000 Quadratkilometer groß werden können. Und dann sind die winzigen Einzeller auch vom Weltraum aus sichtbar. Die Kalkscheiben ihres Panzers werfen das Licht der Sonne zurück, und das kann von Satelliten aus beobachtet werden.

Mit ihrer Fähigkeit, Kalk zu bilden und nach ihrem Ableben zur Entstehung gewaltiger Gesteinsschichten beizutragen, haben die Mikroalgen die Vergangenheit unseres Planeten maßgeblich beeinflusst. Und sie helfen uns auch heute noch dabei, diese Vergangenheit genauer zu erforschen. Denn in den Kalk werden auch Spurenelemente aus der Umgebung mit eingebaut, und wenn man die in den alten, von den Algen gebildeten Gesteinsschichten untersucht, lässt sich herausfinden, wie Umweltbedingungen, Wasserqualität und Klima damals beschaffen waren.

*Emiliania huxleyi* spielt auch eine wichtige Rolle im Kohlendioxid-Kreislauf der Erde. Als sogenannte »biologische Kohlenstoffpumpe« bindet sie während der Photosynthese große Mengen des Treibhausgases Kohlendioxid, das nach ihrem Ableben auf den Meeresboden sinkt und auf Dauer aus der Atmosphäre entfernt wird. Die Algen räumen also quasi den Dreck weg, den wir in die Atmosphäre pusten.

Wenn man genauer hinschaut, dann sind die Mikroalgen aber auch selbst nicht gerade klimafreundlich. Denn das Kalziumkarbonat, das sie bilden, um ihre Panzer zu bauen, macht das Meerwasser sauer, und das wiederum kann zu einer vermehrten Freisetzung von Kohlendioxid führen. Umgekehrt machen auch wir Menschen den winzigen Algen das Leben nicht leichter. Das Kohlendioxid, das wir in viel zu großen Mengen in die Atmosphäre abgeben, macht die Ozeane ja ebenfalls sauer. Und es behindert *Emiliania huxleyi* dabei, ihre Kalkskelette zu bilden. Wir verringern dadurch ihre Fähigkeit, Kohlendioxid dauerhaft aus der Atmosphäre zu entfernen – und verschlechtern damit die Situation für alle Beteiligten. Dass die Deutsche Botanische Gesellschaft *Emiliania huxleyi* im Jahr 2009 zur »Alge des Jahres« gewählt hat, ist zwar absolut gerechtfertigt, aber leider auch kein großer Trost für den in Bedrängnis geratenen Mikroorganismus, der immerhin unseren Planeten mitgestaltet hat.

41

## HCoV-B814

*Coronaschnupfen*

HCoV-B814 ist die Bezeichnung für ein Coronavirus. Allerdings nicht DAS Coronavirus, das seit Dezember 2019 die gesamte Welt in eine Pandemie gestürzt hat. Es gibt nämlich jede Menge unterschiedliche Coronaviren, und die meiste Zeit über haben sie uns Menschen zwar durchaus ein wenig gestört, ohne dabei aber großes Aufsehen zu erregen. Ihre Geschichte beginnt 1965 im Südwesten von England. Dort erforschte die »Common Cold Unit« ab 1946 den Schnupfen. Diese Krankheit, die medizinisch korrekt »Rhinitis« genannt wird, ist zwar eine durchaus nervige Nasenschleimhautentzündung, verschwindet aber in den meisten Fällen nach einiger Zeit von selbst. Trotzdem wollte man wissen, was genau für den Ausbruch eines Schnupfens verantwortlich ist. Man nahm also Proben vom Nasensekret verschnupfter Freiwilliger und untersuchte sie auf Viren, Bakterien und andere Mikroben. Die meisten konnte man tatsächlich identifizieren, aber knapp ein Drittel der Schnupfenfälle ließen sich keinem bekannten Krankheitserreger zuordnen.

Eine dieser Proben (von einem Jungen mit typischen Schnupfensymptomen) enthielt ein Virus, dem man die Bezeichnung »B814« gegeben hatte. Wer damit infiziert war, bekam Schnupfen. Im Gegensatz zu anderen »Schnupfenviren«, die man schon kannte, ließ sich B814 aber durch fettlösende Flüssigkeiten, zum Beispiel Seife, unschädlich machen. Das bedeutete, dass es sich um ein Virus mit einer Hülle aus Lipiden handeln musste, denn diese Stoffe lösen sich zwar in Wasser nicht auf, wohl aber in entsprechenden Seifenlösungen. Wie das Virus aber genau aussah, wusste man nicht. Diese Frage konnte die schottische Virologin June Almeida erst ein paar Jahre später beantworten.

Sie entwickelte eine völlig neue Methode, um Viren mit einem Elektronenmikroskop sichtbar zu machen. Die Idee war simpel: Man brauchte nur die passenden Antikörper, die die Viren angreifen und zum Verklumpen bringen; und diese deutlich größeren Virenklumpen ließen sich dann entsprechend einfacher beobachten. Die ablaufenden chemischen Reaktionen zu verstehen und die neue Methode einsatzbereit zu machen war allerdings jede Menge Arbeit – am Ende war Almeida jedoch erfolgreich. Sie stellte fest, dass die Viren erstens tatsächlich von einer Hülle umgeben waren und dass sie zweitens zu einer bisher unbekannten Virenfamilie gehören mussten. An der Common Cold Unit entdeckte man unterdessen weitere Viren, die alle eine ähnlich charakteristische Hülle aufwiesen – ausgestattet mit einer Art Kranz voll spitzer Fortsätze. Der Anblick erinnerte die Forscherinnen und Forscher an die äußerste Schicht der Sonnenatmosphäre, die ebenfalls solche Auswüchse zeigt. Als Almeida und ihre Kolleginnen und Kollegen die Entdeckung 1968 veröffentlichten, schlugen sie daher vor, die Virusfamilie nach dem astronomischen Fachbegriff für diesen Teil der Sonne zu benennen: Coronaviren.

HCoV-B814 war das erste bekannte Coronavirus, das auch den Menschen infizieren kann. Weitere Forschung konnte mit diesem Virus allerdings nicht durchgeführt werden, da die ursprüngliche Probe verloren ging und somit auch nicht mehr mit anderen Coronaviren verglichen werden kann. Denn im Laufe der Zeit hat man insgesamt sieben weitere »humane Coronaviren« entdeckt, die die eher unspektakulären Bezeichnungen HCoV-229E, HCoV-HKU1, HCoV-NL63, HCoV-OC43, MERS-CoV, SARS-CoV und SARS-CoV-2 tragen. Alle verursachen Atemwegserkrankungen beim Menschen. Bis 2002 beschränkte sich das aber hauptsächlich auf Schnupfen, und nur in seltenen Fällen waren schwerere Erkrankungen wie Lungenentzündung oder Bronchitis die Folge.

Im November 2002 verbreitete sich jedoch von Südchina aus eine Pandemie, die durch ein im Frühjahr 2003 identifiziertes neues Coronavirus ausgelöst worden war. Es bekam den Namen SARS-CoV, für »Severe Acute Respiratory Syndrome Coronavirus«. Und die durch dieses neue Virus ausgelöste Erkrankung verlief tatsächlich deutlich schwerer als ein simpler Schnupfen. An dem »schweren akuten Atemwegssyndrom« starben bis Juli

2003 immerhin 774 Menschen. 2012 tauchte im Mittleren Osten ein weiteres Coronavirus auf, das eine Krankheit mit potenziell tödlichem Verlauf verursachen kann. Am »Middle East Respiratory Syndrome-related Coronavirus (MERS-CoV)« starben bis Januar 2020 knapp 2500 Menschen. SARS-CoV und MERS-CoV sorgen immer noch für Erkrankungen und Todesfälle; in den Schatten gestellt wurden sie aber durch den Ausbruch der SARS-CoV-2-Pandemie im Dezember 2019. Schon im September 2020 überstieg die Zahl der Todesfälle durch dieses neue Coronavirus die Millionengrenze. Aus den harmlosen »Schnupfenviren« war eine globale Gesundheitskatastrophe geworden.

Die Familie der Coronaviren umfasst fast 50 Spezies. Neben den sieben humanen Coronaviren kennt man somit noch Dutzende weiterer, die andere Lebewesen befallen. Als Ursprung der meisten humanen CoVs, inklusive der Vorläufer von SARS-CoV und SARS-CoV-2, gelten Fledermäuse. Ihr Immunsystem scheint gegen diese Viren gewappnet zu sein, von ihnen können die Viren aber auf andere Tiere überspringen, dort mutieren und dann in einer für uns gefährlichen Variante den Menschen befallen. Diesen Prozess beschleunigen wir durch die immer weiter fortschreitende Zerstörung von Ökosystemen, die Wildtiere aus ihrer eigentlichen Umgebung vertreibt und in Kontakt mit Menschen bringt. Schon vor dem Ausbruch der SARS-CoV-2-Pandemie hat man damit gerechnet, dass früher oder später ein extrem ansteckendes und gefährliches Coronavirus auftauchen wird. Und SARS-CoV-2 wird ziemlich sicher auch nicht das letzte Coronavirus gewesen sein, das uns zu schaffen macht. Die Zeiten, in denen wir diese Virenfamilie nur als Schnupfenerreger zu fürchten hatten, sind vorbei.

42

## Thiomargarita namibiensis

*Das größte Bakterium der Welt*

Bakterien sind winzig. Da helfen selbst gute Augen nichts, und auch mit einer Brille kommt man nicht weit. Um sie zu finden und zu untersuchen, benötigt man zumindest ein Mikroskop. Deswegen konnte Antoni van Leeuwenhoek die ersten Bakterien auch erst im 17. Jahrhundert, nach der Erfindung des Mikroskops, entdecken (siehe Kapitel 2). Ein typisches Bakterium ist circa einen Mikrometer groß, also ein millionstel Meter, ungefähr 60-mal kleiner als der Durchmesser eines menschlichen Haares. Insofern ist es nicht verwunderlich, was die deutsche Mikrobiologin Heide Schulz-Vogt über ihre Entdeckung aus dem Jahr 1999 erzählt: »Als ich davon berichtete, nahmen mich meine Kollegen zuerst nicht ernst, denn die Bakterien waren so riesig.« Und »riesig« ist in dem Zusammenhang tatsächlich das richtige Wort. Die Bakterien, die sie fand, waren bis zu 0,75 Millimeter groß. Das ist ungefähr so groß wie der Punkt am Ende dieses Satzes. Und so wie den Punkt kann man auch diese Bakterien mit bloßem Auge und ohne Hilfsmittel beobachten.

Aus Sicht eines normal großen Bakteriums müssen die von Schulz-Vogt entdeckten Lebewesen erschreckend groß erscheinen. Ungefähr so wie einem durchschnittlich großen Menschen ein Artgenosse mit einer Körpergröße von über einem Kilometer erscheinen würde! Aber trotz ihrer für die Welt der Mikroben gewaltigen Ausmaße waren die Riesen schwer zu finden. Sie versteckten sich in Proben, die vom Meeresboden vor der namibischen Küste in Südwestafrika genommen wurden. Heide Schulz-Vogt, damals noch Doktorandin am Max-Planck-Institut für Mikrobiologie in Bremen, analysierte die Proben und entdeckte Mikroorganismen, die nicht nur erstaunlich groß waren, sondern noch dazu aussahen wie strahlend weiße Perlen. Sie gab ihnen den Namen *Thiomargarita namibiensis*, was wie ein sehr spezieller Cocktail klingt, aber so viel wie »namibische Schwefelperle« bedeutet. Und der Schwefel ist es auch, der dieses Bakterium neben seiner Größe so besonders macht.

Bakterien sind unter anderem deswegen so klein, weil sie ihre Nahrung normalerweise nicht aktiv aufnehmen. Sie verwerten das, was aus der Umgebung durch sie hindurch diffundiert. Wenn Bakterien zu groß werden, können sie sich nicht mehr ausreichend versorgen, und es besteht die Gefahr, dass sie verhungern.

Die Schwefelperle aus dem afrikanischen Meer hat aber einen Trick entwickelt, um trotz ihrer Größe satt zu werden. Fast ihr gesamtes Inneres besteht aus einer gewaltigen »Vakuole«, vereinfacht gesagt, einer Art Kammer, die mit Nitrat gefüllt werden kann. Denn dort, wo das Bakterium lebt – im Sediment des Meeresbodens –, gibt es keine Luft. Stattdessen benutzt das Bakterium Nitrat, um zu atmen, und braucht dafür Schwefel als Energiequelle. Nicht immer ist die Schwefelkonzentration im Meerwasser hoch genug, und damit dem Bakterium der Nitrat-Atem nicht ausgeht, muss es einen entsprechend großen Vorrat anlegen. Was es dank seiner Größe wunderbar kann.

Solange *Thiomargarita namibiensis* genügend Reserven eingelagert hat, kann es auch unter ungemütlichen Bedingungen problemlos überleben. Und nicht nur das: Die Schwefelperle kann ihre Umgebung auch mitgestalten. Neben Schwefel ist sie auch in der Lage, Phosphor als Energiequelle zu nutzen. Unter bestimmten Umständen gibt sie Phosphorverbindungen auch wieder ans Meerwasser ab. Das wiederum kann die Bildung bestimmter Mineralien fördern, aus denen am Ende »Phosphorit« entsteht, ein Gestein, das am und im Meeresboden oft zu finden ist. Je mehr Phosphorit sich bildet, desto weniger Phosphate bleiben im Meerwasser übrig. Die von den Riesenbakterien ausgelöste Gesteinsbildung sorgt also dafür, dass die Meere nicht überdüngt werden.

Schulz-Vogts Kollegen konnten am Ende doch noch von der Existenz der mit bloßem Auge sichtbaren Riesenbakterien überzeugt werden. Und auch wenn die mediale Aufmerksamkeit ob der Entdeckung des größten Bakteriums der Welt den Abschluss des Doktoratsstudiums für Heide Schulz-Vogt ein wenig stressiger gemacht hat, war sie darüber nicht unglücklich. »Ich fand es sehr nett, dass die Menschen verstanden haben, dass Bakterien etwas tun können, das so wichtig für das Ökosystem ist«, sagte sie, und da kann man ihr definitiv nicht widersprechen.

43

## Tabakmosaikvirus

*Revolutionäres Gift*

Rauchen schadet der Gesundheit. Aber der Tabak hat auf Umwegen auch für eine dramatische Revolution in der Medizin gesorgt: Er hat uns die Existenz der Viren offenbart.

Ende des 19. Jahrhunderts machte man sich vor allem in den Niederlanden Sorgen um eine seltsame Krankheit, die vor allem Tabakpflanzen befiel. Die Blätter verfärbten sich, die Pflanzen wuchsen nicht mehr so gut und waren anfälliger für Hitze und Trockenheit. Das war damals zunächst einmal ein wirtschaftliches Problem für die Tabakindustrie, und es ist wenig überraschend, dass man mit der Erforschung der mysteriösen Krankheit begann. Einer der Pioniere war dabei der deutsche Chemiker Adolf Mayer, der ab 1877 Direktor der Landwirtschaftlichen Schule im niederländischen Wageningen war. Dort wurde er von Tabakbauern auf die Krankheit hingewiesen, erforschte ihre Symptome und stellte 1885 fest, dass es sich um ein ansteckendes Phänomen handelt: Wenn man den Saft aus einer kranken Pflanze presst und in ein gesundes Tabakblatt spritzt, dann entwickelt auch das vormals gesunde Blatt die entsprechenden Symptome. Mayer bemühte sich darum, den Erreger der Krankheit zu isolieren; er filterte den Pflanzensaft, um nach Bakterien zu suchen – allerdings ohne Erfolg. Dennoch beschloss er seine Arbeit mit dem Ergebnis, dass die »Tabakmosaikkrankheit« – so genannt wegen des typischen Musters auf den verfärbten befallenen Blättern – durch ein noch unbekanntes Bakterium verursacht wird.

Der russische Doktorand Dmitri Iwanowski von der Universität St. Petersburg sah sich die Sache im Jahr 1887 genauer an. Denn mittlerweile hatte der französische Bakteriologe Charles Chamberland eine spezielle Art von Porzellanfilter entwickelt, dessen Poren fein genug waren, um alle damals bekannten Bakterien auszufiltern. Damit rückte er dem Saft befallener Pflanzen zu Leibe und stellte fest: Auch wenn nach dem Filtrieren eigentlich keine Bakterien mehr vorhanden sein dürften, wird die Krankheit immer noch übertragen. Er vermutete daher, dass die Krankheit durch ein von Bakterien freigesetztes Gift ausgelöst wird. Dann aber kam der niederländische Mikrobiologe Martinus Willem Beijerinck. Er war früher ein Kollege von Mayer in Wageningen gewesen und bereits dort auf das Problem mit dem Tabakmosaikvirus gestoßen. Ab 1898 stellte er seine eigenen Versuche dazu an und hielt zuerst ebenfalls fest, dass sich der Auslöser der Krankheit offenbar mit keiner bekannten Filtertechnik isolieren ließ. Die Idee mit dem »Bakteriengift« fand er aber auch nicht schlüssig. Denn Beijerinck konnte den Saft einer befallenen Pflanze nutzen, um die Krankheit auf eine andere zu übertragen. Mit dem Saft aus diesem neuen kranken Blatt ließ sich das Spiel wiederholen, ohne dass die Übertragung irgendwann aufhörte oder die Symptome schwächer wurden. Was auch immer für die Tabakmosaikkrankheit verantwortlich war, musste also in der Lage sein, sich zu vermehren. Beijerinck nannte es »contagium vivum fluidum« und meinte damit einen »in Wasser löslichen lebendigen Keim«. Den sperrigen Ausdruck nutzte er aber nur im Titel seiner Arbeit »Ueber ein Contagium vivum fluidum als Ursache der Fleckenkrankheit der Tabaksblätter«; im Text verwendete er dafür das Wort »Virus«. Damit legte er den Grundstein für die »Virologie« – und musste diese Wörter nicht einmal erfinden. »Virus« wurde schon im antiken Rom zur Beschreibung diverser unangenehmer Dinge verwendet und heißt übersetzt aus dem Lateinischen so viel wie »Gift«.

Zur gleichen Zeit stellten die deutschen Forscher Friedrich Loeffler und Paul Frosch ähnliche Experimente an und dabei fest, dass auch die Maul- und Klauenseuche durch ein solches »Virus« ausgelöst werden muss. In den folgenden Jahrzehnten konnte man für immer mehr Krankheiten Viren als Verursacher ausmachen. Was genau das jedoch war, was man dort entdeckt hatte, wusste man immer noch nicht: Selbst im besten Mikroskop war nichts zu sehen. Das änderte sich erst mit der Erfindung des Elektronenmikroskops. Im Jahr 1939 konnte das erste Bild des Tabakmosaikvirus gemacht werden. Jetzt wusste man, wie Viren aussehen. Aber immer noch nicht, was sie sind. Der amerikanische Chemiker Wendell Meredith Stanley konnte nachweisen, dass Viren aus Proteinen bestehen; später fand man heraus, dass sie auch genetische Information in Form von Desoxyribonukleinsäure (DNA) oder Ribonukleinsäure (RNA) enthielten.

Wenn ein Virus eine Zelle befällt, geht es sehr pragmatisch vor und lässt die Zelle für sich arbeiten. Erst schleust es seine Erbinformation ein, kapert dann die Maschinerie der Wirtszelle und lässt von ihr jede Menge Kopien seiner selbst herstellen. Diese brechen irgendwann aus der befallenen Zelle hervor und setzen die Reproduktion munter in anderen Zellen fort.

Das klingt so, als wäre ein Virus ein Lebewesen. Kein sehr nettes, zugegeben. Aber sich fortzupflanzen ist ja eigentlich genau das, was Lebewesen tun. Nur dass Viren sich nicht von selbst reproduzieren können – sie brauchen dafür immer eine fremde, lebende Zelle, die sie befallen können. Ein Virus außerhalb einer solchen Zelle ist so tot, wie Dinge nur tot sein können. Deswegen zählen Viren im Allgemeinen nicht zu den Lebewesen, auch wenn sie ihre jeweils eigene »Erbinformation« besitzen, mit der sie sich fortpflanzen können. Andererseits konnte sich die Biologie bis heute nicht auf eine Definition von »Leben« einigen, und insofern kann es durchaus sein, dass die Viren irgendwann doch zu den Lebenden gezählt werden …

Die Entdeckung des Tabakmosaikvirus hat uns aber auf jeden Fall ein völlig neues Universum der Mikrobiologie eröffnet.

Noch immer versuchen wir zu ermessen, wie fundamental der Einfluss der Viren auf das Leben tatsächlich ist – egal, ob die Dinger nun selbst lebendig sind oder nicht.

44

## Halococcus hamelinensis

*Mittendrin in der Entstehung des Lebens*

Wie das Leben auf der Erde angefangen hat, wissen wir nicht. Wir wissen aber, was das erste Leben so getrieben hat, als es einmal da war. Es hat Steine gebaut! Im Jahr 1908 fand der deutsche Geologe Ernst Kalkowsky bei seiner Forschung im Harz Gestein, das aus vielen unterschiedlichen dünnen Lagen bestand. Er nannte es »Stromatolith«, was auf Griechisch genau das bedeutet: geschichteter Stein. Er war der Meinung, dass es sich dabei um Gestein handelte, das biologischen Ursprungs ist. Heute wissen wir, dass er damit richtiglag. Stromatolithen hat man überall auf der Welt gefunden, und sie sind tatsächlich das Produkt von Lebewesen. Die ältesten bisher bekannten Stromatolithen sind älter als 3,5 Milliarden Jahre und stammen aus einer Zeit, in der das Leben auf der Erde selbst gerade erst entstanden war. Zu diesen ersten Lebewesen gehörten auch die sogenannten »Cyanobakterien«, Bakterien, die (bis auf wenige Ausnahmen) zur Photosynthese in der Lage sind. Die Cyanobakterien, um die es in diesem Kapitel geht, leben ungern allein. Sie versammeln sich und bilden »Biofilme«, die einige Millimeter dick sein können und aus den Bakterien selbst und einer Schicht aus Bakterienschleim bestehen. Diese Biofilme werden in aller

Regel in Gewässern gebildet, wo der Stoffwechsel der Bakterien dafür sorgt, dass Kohlendioxid aus dem Wasser aufgenommen wird. Dadurch wird die Umgebung alkalisch, das heißt, der pH-Wert des Wassers erhöht sich und die Flüssigkeit wird zu einer Lauge. Das führt dazu, dass der im Wasser gelöste Kohlenstoff als Kalk ausfallen kann. Kurz gesagt: Die Anwesenheit der Bakterien hat zur Folge, dass sie im Laufe der Zeit von einer Kalkschicht bedeckt werden. Dadurch sterben sie ab. In der Zwischenzeit haben sie sich aber auch vermehrt, sodass die nächste Generation nun einfach oben auf der Kalkschicht weiterleben kann. Mit der Zeit wächst die ganze Struktur an; oben leben die Bakterien, und darunter bildet sich Kalkschicht um Kalkschicht. Wenn die Bakterien am Ende komplett abgestorben sind, bleibt genau die Art von Stein zurück, die Kalkowsky als Stromatolith bezeichnet hat.

Die Stromatolithen gehören zu den ältesten Fossilien, die wir kennen; sie sind die ersten greifbaren Spuren des Lebens und die ersten erkennbaren Strukturen, die das irdische Leben konstruiert hat. Das macht sie zu einem wichtigen Forschungsobjekt. Im Jahr 1954 nahm diese Forschung eine überraschende Wende. Der australische Geologe Phillip Playford war damals im westlichen Australien unterwegs, um nach vielversprechenden Gegenden für Ölbohrungen zu suchen. Dabei fand er in der Shark Bay etwas, das verdächtig nach Stromatolithen aussah und später von Kollegen auch als solche identifiziert wurde. Das Erstaunliche: Anders als die Proben von Kalkowsky waren diese »Steine« noch lebendig. In der abgelegenen Ecke der Welt, in die es Playford verschlagen hatte, taten die Bakterien noch immer das, was sie schon vor 3,5 Milliarden getan hatten – und bauten Steine. Die lebenden Stromatolithen von Shark Bay waren die ersten, die man fand, mittlerweile wurden jedoch auch andere Vorkommen entdeckt, zum Beispiel auf den Bermudas oder in Mexiko.

Trotzdem sind die »lebenden Steine« heute selten, ganz im Gegensatz zu früheren Zeiten. Ihren Höhepunkt, was die Ausbreitung und die Artenvielfalt angeht, erlebten die Stromatolithen vor circa 1,25 Milliarden Jahren. Danach ging es bergab – und der Grund dafür war die Evolution. Mittlerweile hatte sich bereits komplexeres Leben auf der Erde entwickelt, und das fraß die Biofilme einfach auf. Deswegen findet man die modernen Stromatolithen auch vor allem in Umgebungen, wo sie genau davor geschützt sind – in sehr salzigem Wasser zum Beispiel. Dort können sie ungestört wachsen. Die Stromatolithen von Shark Bay tun das in einem mittlerweile eigens für sie eingerichteten Schutzgebiet, dem »Hamelin Pool Marine Nature Reserve«. Um nur einen einzigen Zentimeter zu wachsen, brauchen sie knapp 30 Jahre, einen Meter schaffen sie in 3000 Jahren. Manche von ihnen sind mehr als drei Meter dick.

Die Mikroorganismen, die heute noch damit beschäftigt sind, ihre Steine zu bauen, können uns dabei helfen zu verstehen, wie das Leben vor Milliarden Jahren entstanden ist. Deswegen bekommen sie auch immer wieder Besuch von Forscherinnen und Forschern. Diese untersuchen die dort lebenden Arten und stellen inzwischen immer wieder fest, dass sich die Stein bauende Mikrobenbevölkerung nicht nur auf Cyanobakterien beschränkt. Im Jahr 2002 entdeckten Falicia Goh von der Universität New South Wales und ihre Kollegen eine bis dahin völlig unbekannte Art. Kein Bakterium, sondern einen Vertreter der Archaeen, also der uralten Lebensform, die möglicherweise die erste auf der Erde war (siehe Kapitel 20). Die Neuentdeckung gehört zur Gruppe der *Haloarchaea*, die einen extrem hohen Salzgehalt in ihrer Umgebung benötigen. Aufgrund des Fundorts im Hamelin Pool wurde es *Halococcus hamelinensis* getauft.

Shark Bay ist eine abgelegene Ecke der Erde und auch heute noch nicht leicht zu erreichen. Aber wer es dennoch schafft, kann von dort aus einen Blick zurück in die Vergangenheit werfen, in eine Zeit vor 3,5 Milliarden Jahren.

45

## Klebsiella pneumoniae

*Bakteriologische Wandfarbe*

Biologinnen und Biologen malen die Bakterien, die sie erforschen, mit großer Begeisterung an. Nicht damit sie besser zur Laboreinrichtung passen oder weil ihnen das ursprüngliche Muster nicht gefällt. Sondern weil man erstaunlich viel lernen kann, wenn man die kleinen Lebewesen ein wenig einfärbt. *Klebsiella pneumoniae* zum Beispiel ist ein winziges Stäbchenbakterium, nur ein bis zwei Mikrometer lang. Es gehört zur normalen Mikrobenwohngemeinschaft, die wir Menschen in unseren Därmen mit uns herumtragen. Wenn es sich allerdings abseits des Darms herumtreibt oder auf Menschen mit geschwächtem Immunsystem trifft, dann kann es Infektionen der Harn- oder Atemwege auslösen. Und wenn man *Klebsiella pneumoniae* auf die in der Mikrobiologie übliche Weise einfärben will, dann klappt das nicht. Das Bakterium kann die Farbe nicht halten und wird deswegen »gramnegativ« genannt – was bei Weitem kein außergewöhnliches Alleinstellungsmerkmal von *Klebsiella* ist; jede Menge andere Bakterien zeigen das gleiche Verhalten. Viele andere Bakterien lassen sich dagegen sehr gut einfärben und werden »grampositiv« genannt. Es mag ein wenig seltsam erscheinen, dass die Biologie ein eigenes Klassifikationssystem entwickelt hat, um zu beschreiben, wie gut sich Bakterien einfärben lassen. Aber tatsächlich kann man mit seiner Hilfe viel über den grundlegenden Aufbau dieser Lebewesen herausfinden.

Entdeckt hat die Sache mit der Farbe der dänische Bakteriologe Hans Christian Gram. Ab 1884 arbeitete er im Städtischen Krankenhaus von Berlin und erforschte dort verschiedene Erreger der Lungenentzündung. Insbesondere interessierte er sich dafür, wie man Bakterien mithilfe von Farbe unter dem Mikroskop besser sichtbar machen konnte. Durch Zufall erfand er dabei die Technik, die heute seinen Namen trägt: die »Gram-Färbung«. Das funktioniert so: Zuerst werden die Bakterien mit dem Farbstoff Kristallviolett behandelt; ein Vorgang, der sie – wenig überraschend – violett färbt. Dann kommt eine Lösung aus Iod und Kaliumiodid dazu: Das war der Zufall bei Grams Forschung; das Zeug ist ihm einfach aus Versehen auf seine Proben gelangt. Die beiden Chemikalien reagieren miteinander, und es entsteht ein wasserunlöslicher dunkelblauer Farbstoff, der die Bakterien entsprechend einfärbt. Danach versuchte Gram die Farbe mit Ethanol (das, was wir im Alltag »Alkohol« nennen) herauszuwaschen. Zu seiner Überraschung klappte das bei manchen Bakterien – wie bei *Klebsiella pneumoniae* – sehr gut. Bei anderen Erregern der Lungenentzündung wie zum Beispiel bei *Streptococcus pneumoniae* funktionierte es nicht.

Fast alle Bakterien lassen sich in eine dieser zwei Klassen einteilen: Entweder sie können die Farbe halten oder eben nicht.

Der Grund dafür liegt in dem verborgen, was ein Bakterium von der Außenwelt trennt. Das ist zuerst einmal ein Ding, das sich »Cytoplasmamembran« nennt. Damit eine Zelle funktionieren und wachsen kann, muss einerseits Nahrung von außen hineintransportiert werden. Andererseits muss Abfall von innen nach außen gelangen können. Genau diese Vorgänge werden von der Cytoplasmamembran gesteuert. Die macht das auch recht gut, allerdings geht sie dabei auch leicht kaputt. In einer Zelle sind jede Menge Stoffe gelöst, und in ihrer Flüssigkeit herrscht ein erstaunlich hoher Druck. Der kann mehr als doppelt so hoch wie der mittlere Luftdruck auf Meereshöhe sein – in einer Zelle kann also der gleiche Druck wie in einem Autoreifen herrschen! Manche Bakterien halten sogar einem noch viel höheren Druck stand. Damit die Membran das schafft, ist sie von einer festen Zellwand umgeben, einer starren Schicht aus verschiedenen Molekülen. Und genau hier unterscheiden sich grampositive von gramnegativen Bakterien. Die Zellwand der grampositiven Bakterien ist dicker, und deswegen kann die Farbe dort gut eindringen und schlecht ausgewaschen werden. Die sehr viel dünnere Zellwand der gramnegativen Bakterien bietet der Farbe dagegen nur wenig Angriffsfläche. Dafür ist sie aber von einer zusätzlichen äußeren Membran umgeben, die wiederum eine gute Barriere gegen bestimmte chemische Substanzen bildet.

Das ist eine durchaus relevante Beobachtung, zum Beispiel dann, wenn man krankheitserregende Bakterien mit Antibiotika abtöten möchte. Was ein grampositives Bakterium umbringt, kann von der zusätzlichen Membran eines gramnegativen Bakteriums abgehalten werden. Man muss also wissen, womit man es zu tun hat. Genau deswegen beginnen mikrobiologische Untersuchungen von Bakterien oft damit, dass man sie nach dem Rezept von Gram anmalt. Ein bisschen Farbe macht auch in der Mikrobiologie alles ein wenig schöner und einfacher.

46

## Koi-Herpesvirus

*Weihnachtskarpfen für alle*

Soll man Karpfen mit Herpes infizieren? Was nach einer etwas obskuren Frage klingt, wurde 2020 in Australien ganz ernsthaft und sehr intensiv diskutiert. Dort hat die Regierung extra einen »National Carp Control Plan« aufgestellt: ein Programm, das unter wissenschaftlicher Leitung eine Lösung für das Karpfenproblem des Landes finden soll. In Europa kennen wir den Karpfen als – vor allem zu Weihnachten und Silvester – beliebten Speisefisch. Oder in der Form des Koi als bunten Aufputz in Gartenteichen und Aquarien. Und gerade weil er so beliebt ist, haben wir Menschen den Karpfen in jede Menge Gegenden eingeführt, wo er eigentlich nicht heimisch ist. Dort verbreitet er sich mit großer Begeisterung und bedroht die lokalen Ökosysteme. Vor allem in Australien hat sich der Karpfen zu einer regelrechten Plage entwickelt. Es ist also verständlich, dass man dort etwas dagegen unternehmen will. Die Methode ist allerdings umstritten.

Der National Carp Control Plan sieht vor, das »Koi-Herpesvirus« in den Gewässern freizusetzen, um die Karpfen zu töten. Dieses Virus mit dem offiziellen Namen Cyprinid herpesvirus 3 wurde Ende der 1990er-Jahre entdeckt, als man Massensterben unter Karpfen in Deutschland, Israel, den USA und anderen Ländern untersuchte. Es gehört zur Gruppe der Herpesviren und ist weitläufig auch mit den Herpes-simplex-Viren verwandt, die uns Menschen befallen können. Bei uns besteht das häufigste Symptom einer Infektion aus den typischen »Fieberblasen«. Etwas unangenehmer ist Herpes im Genitalbereich, und in speziellen Fällen kann die Erkrankung auch deutlich schwerwiegender ausfallen und bis zum Tod führen. Die Karpfen haben unter ihrer Herpes-Variante deutlich stärker zu leiden: Ist eine Population einmal befallen, dann sterben typischerweise zwischen 80 und 100 Prozent aller Tiere.

Was für die Fischzucht eher unangenehm ist, erschien dem National Carp Control Plan als gute Gelegenheit: Ein derart aggressives Virus wäre ideal geeignet, um die Karpfenplage schnell in den Griff zu kriegen. Der Rest der wissenschaftlichen Gemeinschaft war davon aber eher weniger begeistert. Den Bedarf einer Regulation der Karpfenpopulation bestritt man zwar nicht, den Einsatz von Viren zu diesem Zweck dagegen sehr wohl. Computersimulationen zeigten, dass sich die Tiere vergleichsweise schnell erholen würden. Selbst wenn nur ein paar Prozent einer Population immun gegen das Virus sind, reicht das aus, um die Zahl der Karpfen bald wieder rasant ansteigen zu lassen. Ein einziges Weibchen kann mehr als 10 Millionen Eier pro Jahr legen – da ist die Wiederbevölkerung kein Problem. Man hätte also durch das Koi-Herpesvirus nicht viel gewonnen, würde sich aber jede Menge Probleme einhandeln. Was passiert zum Beispiel mit den toten Fischen? Millionen Tonnen davon würden in den australischen Flüssen vor sich hin verwesen und das Ökosystem dadurch eventuell stärker schädigen, als es die lebendigen Tiere getan hätten. Und auch wir Menschen könnten

Probleme bekommen: Die Flüsse speisen Teile der Trinkwasserversorgung, und solche Mengen an toten Tieren sind ein gesundheitliches Risiko.

Dass man sehr genau nachdenken sollte, bevor man absichtlich ein extrem tödliches Virus auf Tiere loslässt, ist eigentlich selbstverständlich. Denn selbst wenn es heute den Menschen direkt nicht gefährlich werden kann, muss das nicht so bleiben. Es kommt immer wieder vor, dass ein Virus mutiert und den Wirt wechselt. Solchen »Emerging Viruses«, wie der Fachbegriff dafür lautet, haben wir z. B. die Grippe oder die COVID-19-Pandemie zu verdanken. Der Sprung eines Virus von einem Fisch zum Menschen ist aufgrund der biologischen Unterschiede recht unwahrscheinlich, aber nicht unmöglich, und es sind durchaus Fälle bekannt, bei denen sich Säugetiere mit Fischviren infizierten – zum Beispiel Schweine, an die Fischabfälle verfüttert wurden.

Es gibt andere Methoden, mit denen sich das Karpfenproblem beheben ließe. Sie sind aufwendiger und zeitintensiver als eine künstliche Seuche. Man müsste zum Beispiel die Ökosysteme renaturieren und so umgestalten, dass sich die Karpfen dort nicht mehr so wohlfühlen. Aber wir Menschen haben schon genug mit unseren eigenen Viren zu tun. Wir sollten jedes Risiko vermeiden, neue Quellen für Pandemien zu schaffen.

47

## Pyrococcus furiosus

*Der rasende Feuerball*

Was machen zwei deutsche Mikrobiologen am Strand in Italien? Wie viele andere Urlauber haben auch Gerhard Fiala und Karl Stetter von der Universität Regensburg im Sand gebuddelt. Allerdings mit wissenschaftlichem Auftrag und auf der Suche nach unbekannten Mikroorganismen. Anfang der 1980er-Jahre wurden am Strand der kleinen italienischen Insel Vulcano, die, wie der Name nahelegt, im Wesentlichen aus einem immer noch aktiven Vulkan besteht, Bodenproben genommen. Der Geologie entsprechend kann es dort sehr heiß werden, und die Bodenschicht, aus der die Proben stammen, hatte eine Temperatur, die zwischen 90 und 100 Grad Celsius lag. Nicht unbedingt die optimale Umgebung für Lebewesen, sollte man denken. Tatsächlich aber fanden Fiala und Stetter einen noch unbekannten Mikroorganismus mit erstaunlichen Eigenschaften.

Was sie später in ihrem Labor entdeckten, war ein Archaeon, ein winziger Einzeller, knapp ein millionstel Meter groß und von der Form einer Beere mit jeder Menge schmalen Anhängseln. Wirklich interessant wurde es, als die beiden Forscher die optimalen Bedingungen für das neu entdeckte Lebewesen untersuchten. Es begann erst dann zu wachsen, wenn die Temperatur 70 Grad erreichte. Und am schnellsten reproduzierte sich das Archaeon bei einer Temperatur von 100 Grad; hier verdoppelte sich die Anzahl der Mikroben in nur 37 Minuten. Auch bei 103 Grad ging es ihnen noch gut, erst als es noch heißer wurde, hatten sie genug. Um die Form, die Liebe zu hohen Temperaturen und seine rasante Fortpflanzung gleichermaßen angemessen zu beschreiben, gab man dem Archaeon den Namen *Pyrococcus furiosus*, was so viel wie »rasender Feuerball« bedeutet.

Auch wenn *Pyrococcus furiosus* nicht der erste bekannte Mikroorganismus war, der sich bei Temperaturen von 100 Grad am wohlsten fühlt, ist er aufgrund seiner Fähigkeit zum schnellen Wachstum bald zu einem der am besten erforschten geworden: Wenn man nur wenig mehr als eine halbe Stunde warten muss, bis sich die Anzahl der Exemplare verdoppelt hat, spart man viel Zeit in der Wissenschaft.

Forschungsbeschleunigend hat der rasende Feuerball auch anderweitig gewirkt. Bei der Untersuchung des Archaeons hat man sich auch seine DNA-Polymerase genauer angesehen. Das ist ein Enzym, das einzelne Moleküle zu einer Kette verbinden kann. In diesem Fall zu einer ganz speziellen Kette: der Desoxyribonukleinsäure (DNA). Die DNA ist der Träger der Erbinformation in allen Lebewesen und vielen Viren. Diese Information muss ständig vervielfältigt werden, und genau das kann die DNA-Polymerase hervorragend, sie ist sozusagen das Kopiergerät der genetischen Information. Das wiederum macht dieses Enzym für die Forschung so interessant. Mit einem einzelnen DNA-Strang fängt man nämlich bei der Arbeit im Labor nicht viel an, man braucht mehr davon, um vernünftige Analysen durchführen zu können.

Ein Verfahren, um genau das zu bewerkstelligen, wurde 1983 vom amerikanischen Biochemiker Kary Mullis entwickelt. Die »polymerase chain reaction (PCR)« nutzt die Polymerase, um ein ganz bestimmtes DNA-Stück zu vervielfältigen. Man kann davon innerhalb von kurzer Zeit Milliarden von Kopien anfertigen; damit das klappt, muss die Probe aber immer wieder erhitzt und abgekühlt werden. Die Polymerase, die Mullis ursprünglich dafür verwendete, konnte die hohen Temperaturen aber nicht aushalten. Das Enzym musste immer wieder ersetzt werden, was den Prozess sehr verlangsamte. Dann aber fand man Bakterien, die in fast kochend heißem Wasser überleben konnten und über entsprechend hitzebeständige DNA-Polymerasen verfügten. Die PCR-Methode wurde dadurch schneller und konnte automatisiert werden – war jedoch auch anfällig für Fehler, da die Polymerase der Bakterien immer wieder Moleküle falsch verknüpfte.

Die DNA-Polymerase von *Pyrococcus furiosus* aber war nicht nur ebenso hitzebeständig wie die der Bakterien, sondern hat zusätzlich einen Korrekturmechanismus, der die Zahl der Fehler deutlich senkte. Dank der DNA-Polymerase aus den Hitze liebenden Archaeen konnte die PCR-Methode ein weiteres Mal verbessert werden – eine Methode, die übrigens nicht nur für irgendwelche obskuren Untersuchungen eingesetzt wird, sondern zum Herzstück der modernen Mikrobiologie zählt. Immer dann, wenn DNA untersucht werden muss – in der Forensik, bei der Diagnose von Krankheiten, der Entschlüsselung des Erbguts und in vielen anderen Bereichen –, kommt die PCR zum Einsatz. Mullis hat für seine Methode völlig zu Recht im Jahr 1993 den Chemie-Nobelpreis bekommen – sie ist bis heute eines der wichtigsten Werkzeuge der biologischen Forschung.

Wir haben längst noch nicht alle Potenziale ausgeschöpft, die *Pyroccocus furiosus* zu bieten hat. Seine Gene könnten dabei helfen, Pflanzen so zu verändern, dass sie auch bei deutlich höheren Temperaturen überleben können; ein durchaus wichtiges Projekt angesichts der immer weiter fortschreitenden Klimakrise. Die Enzyme des Archaeons werden zudem in der Industrie verwendet, um bestimmte Chemikalien herzustellen. Das Atmungssystem des Mikroorganismus ist ebenso simpel wie effektiv und gilt als möglicher Kandidat für einen Vorläufer, aus dem sich die Atmungssysteme aller anderen heutigen Lebewesen entwickelt haben. Der rasende Feuerball hat seit seiner Entdeckung ebenso viele Fragen beantwortet wie aufgeworfen. Die Wissenschaft wird noch lange Zeit viel Freude an ihm haben.

48

## Acanthochiasma fusiforme

*Die geniale Dummheit der Evolution*

*Acanthochiasma fusiforme* sieht aus, als wäre ein Haufen Essstäbchen auf den Boden gefallen und lebendig geworden. Sehr kleine Stäbchen, keines länger als ein Millimeter, die überraschend regelmäßig angeordnet sind. 20 Stachel zeigen fast mathematisch exakt ausgerichtet von der Mitte nach außen: *Acanthochiasma fusiforme* ist ein sogenanntes Strahlentierchen. Diese einzelligen Lebewesen bewohnen die obersten Wasserschichten der Ozeane, und der regelmäßige Aufbau ihres Skeletts ist bei Weitem noch nicht alles, was sie bemerkenswert macht. Die meisten der »Radiolaria«, wie die Strahlentierchen wissenschaftlich korrekt heißen, haben ein Skelett, das aus Kieselsäure besteht. Das ist eine Verbindung von Sauerstoff und Silicium, und von beidem gibt es in den Meeren reichlich. *Acanthochiasma fusiforme* aber gehört zur Gruppe der *Acantharia*, und die haben sich etwas ganz Besonderes ausgedacht: Sie bilden ihr Skelett aus einem Mineral, das unter dem Namen »Coelestin« bekannt ist und das chemische Element Strontium enthält.

Davon gibt es im Meer nur wenig. Der Strontiumgehalt des Wassers beträgt nur 0,0008 Prozent – nicht unbedingt eine Ressource, die man sich für den Bau des eigenen Skeletts aussuchen würde. Vor allem nicht, wenn man weiß, dass Coelestin wasserlöslich ist. Warum also sind die im Wasser lebenden *Acantharia* auf die Idee gekommen, ihren Körper aus einer Substanz zu bauen, die sich im Wasser auflöst und noch dazu enorm selten ist? Eine berechtigte Frage, aber auch nicht zulässig. Denn die Evolution hat keine Absicht und kein Ziel, auch wenn wir gerne in diesen Begriffen darüber sprechen. Die Strahlentierchen sind nicht im Baumarkt durch die Gänge geschlendert und haben nach den besten Materialien für ihr Skelett gesucht. Die Evolution hat sich nicht gedacht: »Vielleicht probiere ich es heute mal mit Strontium!« Evolution denkt nicht; sie ist das, was passiert, wenn man dem Zufall sehr, sehr viel Zeit gibt.

Irgendwann hat ein Einzeller in den Ozeanen der Erde durch eine zufällige Mutation die Fähigkeit gewonnen, Strontium aus dem Meerwasser aufzunehmen und daraus ein Skelett zu bilden. Im Gegensatz zu den allermeisten anderen Mutationen, die ständig überall bei allen Organismen auftreten, war diese durchaus nützlich. Denn auch wenn wenig Strontium vorhanden ist, so *ist* es zumindest vorhanden. Und es macht auch nichts, wenn sich das Skelett im Wasser wieder auflöst. Denn solange das Strahlentierchen lebt, kann es ja ständig neues Strontium aufnehmen und sein Skelett konstant renovieren. Das mag uns unpraktisch erscheinen – aber es funktioniert. Und nur darum geht es bei der Evolution. Was funktioniert, das bleibt; selbst wenn es wollte, könnte sich das Strahlentierchen nicht aktiv dazu entscheiden, sein Skelett jetzt aus einem anderen Material zu bauen.

Und es ist durchaus praktisch, dass sich *Acanthochiasma fusiforme* für diesen seltsamen Baustoff entschieden hat. Wenn es stirbt, dann sinkt sein Skelett mitsamt Strontium in tiefere Wasserschichten und löst sich bei circa 900 Metern auf. Der Lebenszyklus dieser Lebewesen sorgt also dafür, dass Strontium aus den höheren in die tieferen Schichten des Meeres transportiert wird. Dort steht es dann für diverse chemische und geologische Reaktionen zur Verfügung; es können sich andere Mineralien bilden, die sich irgendwann selbst wieder umwandeln oder auflösen und das Strontium zurück in die oberen Schichten bringen, wo die Strahlentierchen erneut damit ihre Skelette bauen können. Die *Acantharia* sind der biologische Teil des Strontium-Kreislaufs in den Meeren. Und wir können viel von ihnen lernen. Wenn wir Menschen Strontium für unsere eigenen Zwecke gewinnen wollen – zum Beispiel für die Verarbeitung von Aluminium oder für sehr spezielle medizinische Therapien –, dann ist das ein aufwendiger Prozess, der Temperaturen von mehr als 1000 Grad Celsius benötigt. Die Strahlentierchen kriegen es aber irgendwie hin, dieses chemische Element einfach so und ohne hohe Temperaturen aus dem Meerwasser zu extrahieren. Wenn wir genau verstehen würden, wie sie das tun, könnten wir diesen Vorgang vielleicht nachbauen und das Strontium in Zukunft viel umweltfreundlicher einfach aus den Ozeanen gewinnen.

Noch haben wir dieses Geheimnis der *Acantharia* nicht enträtselt. Wir wissen eigentlich kaum etwas über sie, wenn man von ihrer speziellen Form und der Zusammensetzung ihres Skeletts absieht. Was diese Lebewesen im Meer treiben und wie ihr Lebenszyklus aussieht, ist immer noch nicht vollständig erforscht. Wir wissen nur, dass das Meer voll von ihnen ist und sie Dinge tun können, die auf den ersten Blick sehr unpraktisch aussehen, die wir aber trotzdem sehr gerne von ihnen lernen wollen.

49

## Pseudomonas fulva

*Bakterien-Barista*

Es war eigentlich nicht vorgesehen, dass wir die Samen der Kaffeepflanze ernten, rösten, mahlen, mit heißem Wasser aufgießen und den Sud trinken. Wir tun das zwar mittlerweile mit großer Begeisterung und überall auf der Welt. Koffein (das sich übrigens auch in Teeblättern und Kakaobohnen findet) ist die am häufigsten konsumierte Droge der Welt, und manche kommen ohne ihre stimulierende Wirkung morgens gar nicht erst aus dem Bett.

Aber eigentlich hat die Pflanze diese chemische Substanz als Insektizid entwickelt. Es schützt vor Schädlingsbefall und hemmt außerdem auch noch das Wachstum anderer Pflanzen in der Nähe. Ein Kaffeesamen kann so in Ruhe austreiben, ohne dabei überwuchert zu werden. Wir Menschen vertragen das »giftige« Koffein problemlos (sofern wir es nicht übertreiben). Aber ein Tier wie der Kaffeekirschenkäfer sollte eigentlich nicht existieren. Er hat sich die Kaffeepflanze als Lebensgrundlage ausgesucht und sich gerade auf den Teil spezialisiert, der eigentlich am unangenehmsten für ihn sein sollte. Er ignoriert die Blätter und Zweige und frisst sich direkt in die Kaffeekirschen (wie die »Kaffeebohne« botanisch korrekt heißt) hinein.

Die Weibchen legen ihre Eier dorthin, die Larven werden dort geboren und fressen sich von dort nach außen.

Wie dem Käfer das angesichts seiner giftigen Umgebung gelingt, konnte erst 2015 geklärt werden. Zuerst vermutete man, dass er es vielleicht irgendwie schafft, das Koffein gar nicht zu verdauen, sondern einfach auszuscheiden. Aber wie die Untersuchung der Käfer zeigte, war das nicht der Fall. Die Lösung musste anderswo gesucht werden – und in diesem Fall war das im Darm der Tiere. Man fand dort 19 verschiedene Bakterienarten. 14 davon waren in der Lage, auf einem koffeinhaltigen Nährmedium zu überleben. Einer Bakterienart schien es besonders gut zu gefallen. Das war *Pseudomonas fulva,* und als man sich die DNA dieses Bakteriums genauer ansah, entdeckte man ein Gen, mit dem es ein Enzym herstellen kann, das in der Lage ist, Koffein abzubauen.

Das macht das Bakterium nicht aus reiner Freundlichkeit den Kaffeekirschenkäfern gegenüber. So ein Koffeinmolekül besteht aus Kohlenstoff, Wasserstoff, Sauerstoff und Stickstoff. Sind diese Atome zu Koffein verbunden, dann kann *Pseudomonas fulva* damit nicht viel anfangen. Mit den einzelnen chemischen Elementen aber schon; nachdem es so ein Molekül zerlegt hat, kann es die Einzelteile als Nahrung benutzen. Und weil sich das hilfreiche Bakterium in seinem Darm um das Pflanzengift kümmert, kann der Käfer ungestört sein Leben in der Kaffeebohne führen. *Pseudomonas fulva* wiederum nutzt die einmalige Gelegenheit, einen »Lebensraum« besiedeln zu können, in dem es so viel Koffein gibt wie kaum irgendwo sonst auf der Welt. Alle profitieren von diesem Arrangement – bis auf die Kaffeepflanze.

Tatsächlich ist der Käfer mit seiner bakteriellen Superkraft der größte Schädling des Kaffeeanbaus und verursacht jedes

Jahr Ernteausfälle von ein paar Millionen Euro. Er bedroht nicht nur die Kaffeepflanze, sondern auch die Lebensgrundlage all derer, die ihr Geld mit dem Anbau von Kaffee verdienen. Man kann dem Käfer natürlich mit klassischen Insektiziden zu Leibe rücken und tut das auch. Daran sterben dann aber auch jede Menge andere Insekten, die dem Kaffee eigentlich gar nichts Böses wollen. Aus ökologischen Gründen wäre es daher sinnvoll, einen anderen Weg zu finden, den Kaffee vor dem Käfer zu schützen. *Pseudomonas fulva* kann so ein Ansatzpunkt sein: Anstatt den Käfer mitsamt Darmbakterien umzubringen, könnte man auch versuchen, nur die bakteriellen Koffeinjunkies auszurotten. Ohne sie kann dann auch der Käfer nichts mehr mit den Kaffeepflanzen anfangen.

Ob diese Methode realisierbar ist, wissen wir noch nicht. Ebenso wenig, ob wir damit nicht vielleicht noch gröbere Folgen für das Ökosystem verursachen. Am Ende kann man Käfer und Bakterien ihre Liebe zum Kaffee ja auch irgendwie nicht verübeln. Uns Menschen geht es ganz genauso.

50

## Pyrobaculum calidifontis

*Eine bessere Welt dank Archaeenpower*

*Pyrobaculum calidifontis* heißt so viel wie »Feuerstäbchen aus der heißen Quelle«. Das beschreibt sowohl seine Form – länglich – als auch den Fundort: eine heiße Quelle auf den Philippinen. Es fühlt sich wohl in der Hitze, im Jahr 2002 hat man entdeckt, dass es auch bei Temperaturen von mehr als 90 Grad

Celsius in der Lage ist, Wasserstoffperoxid unschädlich zu machen. Und um die Relevanz dieser Fähigkeit zu verstehen, muss man ein wenig ausholen.

Haben Sie schon einmal darüber nachgedacht, wie viel Wasser verbraucht wird, um ein T-Shirt herzustellen? Ungefähr 2500 Liter; je nach Art der Berechnung und der Produktion sogar noch viel mehr. Wasser wird beim Anbau von Baumwolle ebenso benötigt wir zur Reinigung der Baumwolle nach der Ernte. Farben müssen hergestellt und jede Menge chemische Prozesse müssen durchlaufen werden, bis das Shirt irgendwann einmal fertig im Laden liegt. In einem dieser Schritte wird die Baumwolle gebleicht, und das geschieht meistens mit Wasserstoffperoxid. Diese ätzende Verbindung aus Wasserstoff und Sauerstoff ist für uns nicht unbedingt gesund, weswegen sie möglichst komplett wieder aus dem Stoff entfernt werden muss. Das geschieht normalerweise durch langes Waschen bei hohen Temperaturen. Und weil das nicht reicht, müssen die letzen Reste durch verschiedene Chemikalien abgebaut werden. Das verbraucht Energie und natürlich noch mehr Wasser.

Wasserstoffperoxid ist für so gut wie alle Lebewesen gefährlich, und deswegen haben auch fast alle unterschiedliche Varianten des Enzyms »Katalase« zur Verfügung. Damit kann Wasserstoffperoxid in Wasserstoff und Sauerstoff gespalten und unschädlich gemacht werden (wir Menschen haben Katalase vor allem in unserer Leber). Wie gut die Katalase in der Lage ist, ihre Arbeit zu machen, hängt aber von der speziellen Version ab, die wiederum von den Bedingungen bestimmt wird, in denen die Lebewesen existieren. Womit wir jetzt wieder bei *Pyrobaculum calidifontis* wären: Es handelt sich um ein Archaeon, und so wie viele andere Vertreter der Archaeen gehört es zu den »Extremophilen«, also den Lebewesen, die sich in sehr extremen Umgebungen eingerichtet haben. Wer in fast kochend heißem Quellwasser lebt, braucht natürlich auch Enzyme, die unter genau solchen Bedingungen optimal funktionieren. Deswegen sind die Archaeen (und andere extremophile Mikroorganismen) mittlerweile ein enorm interessantes Forschungsfeld nicht nur für die Biologie, sondern auch für die Industrie geworden.

Archaeen müssen in der Lage sein, chemische Reaktionen im Inneren ihrer Zellen auch bei hohen Temperaturen effizient ablaufen zu lassen. Oder auch wenn es eiskalt ist. Sie müssen in extrem trockenen, extrem salzigen, extrem sauren oder anderweitig unwirtlichen Umgebungen zurechtkommen. Und so widerstandsfähig, wie die Mikroorganismen sind, so widerstandsfähig sind auch die Enzyme, die sie am Leben halten. Das können wir für unsere Zwecke nutzen: Viele industrielle chemische Reaktionen können viel einfacher unter Verwendung mikrobieller Enzyme durchgeführt werden. Die salzigen und mit Unmengen an Farbstoffen verdreckten Abwässer der Textilindustrie sind für so gut wie alle Lebewesen giftig. Aber trotz allem gibt es Archaeen und Bakterien, für die dort fast optimale Bedingungen herrschen. Sie können die Färbemittel abbauen und das Wasser reinigen. Ganz ohne den Einsatz von Chemikalien, die vielleicht selbst wieder umweltschädlich wären.

In der sogenannten »Weißen Biotechnologie« wird versucht, durch die gezielte Nutzung von Mikroorganismen möglichst viele industrielle Prozesse zu verbessern. Sie sollen nicht nur kostengünstiger und nachhaltiger, sondern auch umweltfreundlicher werden. Archaeen wie *Pyrobaculum calidifontis* sind dafür das ideale Forschungsfeld: Sie haben einen gewaltigen Vorsprung, wenn es um die Entwicklung biochemischer Verfahren geht. Sie haben sich vor Milliarden von Jahren auf einer Erde entwickelt, die deutlich lebensfeindlicher war, als sie es heute ist. Sie haben gelernt, jede noch so kleine Nische für ihr Überleben zu nutzen. Im Laufe der Evolution haben sie Unmengen an chemischen Tricks entwickelt, die sie uns beibringen können. Eine sauberere, energie- und wassersparendere Technik zur Produktion von Kleidung ist da nur eine von unzähligen Möglichkeiten.

Wir können biologische Kunststoffe herstellen, jede Menge in der Industrie benötigte Chemikalien von speziellen Bakterien oder Archaeen produzieren lassen, sie dazu verwenden, um Abwässer und giftige Abfallprodukte zu säubern, und vieles mehr. Die potenziellen Anwendungen werden immer zahlreicher: Wir haben gerade erst angefangen, die beeindruckenden Fähigkeiten der Archaeen zu verstehen, und noch längst nicht alle von ihnen entdeckt. Wer weiß, wozu die noch unbekannten Arten in der Lage sein werden.

51

## Salmonella-Virus P22

*Briefträger für Genpost*

Wie kriegt man genetische Information von einem Lebewesen zum anderen? Wir Menschen lösen dieses Problem durch Sex und vererben unseren Kindern einen Teil unserer DNA. Das nennt sich »vertikaler Gentransfer« und wird auch von jeder Menge anderer Lebewesen praktiziert. Es gibt aber auch noch eine zweite Variante, den »horizontalen Gentransfer«, bei dem genetisches Material von einem Organismus direkt in ein anderes schon existierendes Lebewesen übertragen wird. Aber auch das muss man erst mal hinkriegen, und die Natur hat drei verschiedene Möglichkeiten für diesen Vorgang entwickelt.

Zwei Mikroorganismen können das zum Beispiel durch direkten Zellkontakt erledigen. Sie kommen sich nahe, sie berühren sich, und dann wird DNA von einem Lebewesen in das andere übertragen. Was ein wenig klingt wie der klassische Sex, aber ohne Verschmelzung von Geschlechtszellen wie Eiern und Spermien abläuft und deswegen als »Parasexualität« bezeichnet wird. Neben diesem Vorgang der sogenannten »Konjugation« gibt es auch noch die »Transformation«. Bestimmte Bakterien sind in der Lage, freie DNA-Teile aufzunehmen und einfach in ihre eigene Erbinformation einzubauen. Wenn sie irgendwo auf ein außerhalb einer Zelle herumschwimmendes Stück DNA treffen, können sie es für sich nutzen – was praktisch ist, um sich schnell an verändernde Umweltbedingungen anzupassen.

Eine sehr spektakuläre dritte Möglichkeit des horizontalen Gentransfers haben der amerikanische Mikrobiologe Joshua Lederberg und sein damaliger Student Norton Zinder im Jahr 1952 entdeckt. Für ihr Experiment nutzten sie das Bakterium *Salmonella typhimurium*, von dem sie zwei leicht unterschiedliche Stämme züchteten. Stamm 1 hatte eine Mutation, durch die er nicht mehr in der Lage war, die Aminosäure Histidin zu erzeugen. Stamm 2 konnte dagegen kein Tryptophan produzieren. Da sie diese Aminosäuren für das Wachstum aber dringend benötigen, konnten diese Bakterien also nur auf jenem Nährmedium wachsen, das zusätzlich die Aminosäure enthielt, die sie selber nicht synthetisieren konnten. Zinder und Lederberg wählten diese speziellen Bakterien-Stämme, um sie leichter auseinanderhalten zu können. So mussten nur ihre Nährmedien entsprechend behandelt werden, damit entweder nur der eine oder der andere Stamm dort wuchs.

Das eigentliche Experiment fing damit aber erst an. Zinder und Lederberg nahmen ein U-förmiges Rohr, in dessen Mitte sich ein Filter befand, der Bakterien nicht passieren ließ. In den einen Schenkel des Rohres kam Stamm 1, in den anderen Stamm 2. Durch den Filter war ausgeschlossen, dass Bakterien in direkten Kontakt miteinander treten und genetisches Material per Konjugation austauschen. Trotzdem dauerte es nur ein paar Stunden, bis die beiden Forscher im Rohr Bakterien fanden, die sowohl Histidin als auch Tryptophan produzieren konnten. Irgendwie musste es den beiden Stämmen gelungen sein, DNA auszutauschen. Der Prozess der Transformation schied allerdings ebenfalls aus, denn nirgendwo im ganzen Rohr war freie DNA zu finden. Was man allerdings nachweisen konnte, waren Viren der Art, die heute den Namen Salmonella-Virus P22 trägt. Es handelt sich um Bakteriophagen, also Viren, die sich darauf spezialisiert haben, Bakterien zu befallen. Und da sie deutlich kleiner sind, hatten sie kein Problem, den Filter zu passieren.

Wenn ein Virus ein Bakterium infiziert hat, überträgt es zuerst seine eigene DNA in die Zelle seines Wirts. Dabei kann die DNA des Bakteriums zerstört werden, und das Virus nutzt die fremde Maschinerie der Bakterienzelle, um seine eigene DNA zu vervielfältigen und neue Viren zu produzieren. Dabei kann es aber auch passieren, dass, quasi aus Versehen, ein Stück der Bakterien-DNA in die Erbinformation der neuen Viren eingebaut wird. Und wenn so ein Virus dann ein anderes Bakterium befällt, dann wird natürlich auch dieses Stück auf die nächsten Bakterienzellen übertragen.

Oder etwas einfacher gesagt, das Virus arbeitet wie ein Briefträger. Und genau das konnten Lederberg und Zinder nachweisen: Stamm 1 konnte eine spezielle Aminosäure nicht selbst synthetisieren, bekam diese Fähigkeit aber von Stamm 2 übertragen und umgekehrt.

Dieser Prozess der »Transduktion« ist natürlich praktisch für Bakterien. Aber dank der Entdeckung von Zinder und Lederberg haben auch wir Menschen gelernt, ihn für uns zu nutzen. Wir können damit gezielt bestimmte DNA-Stücke in andere Zellen bringen und damit zum Beispiel Impfstoffe entwickeln. Dafür nimmt man genetische Informationen, die einen charakteristischen Teil eines Krankheitserregers beschreiben, und steckt sie in ein Virus (natürlich eines, das für uns Menschen ungefährlich ist). Dieser »virale Vektor« überträgt dann die gewünschte DNA in unsere Zellen, wo aus ihr der entsprechende Teil des Erregers zusammengebaut wird. Dadurch werden wir nicht krank, weil es sich eben nur um einen Teil handelt und nicht den kompletten Organismus. Unser Immunsystem kann nun aber Abwehrmechanismen gegen diese Komponente entwickeln, und sollte es irgendwann einmal auf den vollständigen Erreger treffen, wird es ihn daran erkennen und parieren. Viren können eben manchmal auch ziemlich nützlich sein.

52

## Vampyrella lateritia

*Schrecken der Algenwelt*

Wenn Algen sich Gruselgeschichten erzählen würden, dann hätte *Vampyrella lateritia* darin vermutlich eine Hauptrolle. Entdeckt hat diese einzellige Amöbe der polnisch-russische Biologe Leon Cienkowski im Jahr 1865. Sie lebt auf der ganzen Welt in Seen und Teichen, ist kugelförmig, hat eine orangerote Farbe und macht Jagd auf Fadenalgen. Beobachtet man das Treffen von *Vampyrella* und Alge unter dem Mikroskop, dann versteht man auch, woher die Amöbe ihren Namen hat.

Der Einzeller hat jede Menge kleiner »Füße«, sogenannte Pseudopodien. Genau genommen sind es nur lange, fadenartige Ausstülpungen der Zelle, die länger und kürzer werden können. Damit stakst *Vampyrella* am Zellkörper der Alge entlang, was für sich genommen schon recht gruselig aussieht. Irgendwann aber bleibt sie stehen, bohrt ein Loch in die Algenzelle und beginnt, deren Inhalt auszusaugen. So sieht es zumindest aus, und genau diesem Umstand verdankt die Amöbe auch ihren Vampirnamen. Tatsächlich muss gar nicht gesaugt werden; das Innere der Algenzelle steht nämlich unter Druck, und sobald *Vampyrella* ein Loch gemacht hat, strömt das Innere der Alge in mehreren fast schon explosiven Schüben hinaus. Ist das Opfer komplett ausgesaugt, werden die Nährstoffe verdaut: *Vampyrella* heftet sich dabei an der leeren Algenzelle fest, bildet eine Zyste – also eine Blase –, umgibt sich mit einer etwas dickeren Membran und verharrt vorerst bewegungslos. In ihrem Inneren beginnt aber die Fortpflanzung, die Amöbe teilt sich, und aus der Zyste schlüpfen zwei bis vier neue Amöben, die sich auf die Suche nach neuen Algenopfern machen.

Die zum Vampirthema passende rötliche Färbung wird durch unverdaute Bestandteile der Algen verursacht. Viele von ihnen enthalten Farbstoffe aus der Klasse der Carotinoide, die unter anderem auch die Karotten orange färben. Neben *Vampyrella lateritia* gibt es noch einige andere Arten von Amöben mit gleicher Ernährungsweise. Manche »saugen« neben Algen auch an Pilzen, Bakterien oder Fadenwürmern. Recht viel ist über die knapp 30 *Vampyrella*-Arten allerdings nicht bekannt. Man weiß noch nicht einmal genau, ob und wie sie miteinander verwandt sind. Trotzdem (oder vielmehr: deswegen) wurde *Vampyrella* im Jahr 2015 von der Deutschen Gesellschaft für Protozoologie zum »Einzeller des Jahres« ausgerufen.

Das erste Lebewesen, das diesen Titel tragen durfte, war im Jahr 2007 *Paramecium,* das »Pantoffeltierchen«. Man hat es ausgewählt, weil es »der bekannteste Einzeller« sei, was durchaus stimmen mag, aber angesichts der generellen Unbekanntheit der winzigen Lebewesen in der breiten Öffentlichkeit nicht viel bedeuten muss. Genau das will die Jury mit ihrer jährlichen Kür ja ändern, und zu Recht. Das Pantoffeltierchen etwa ist ein wichtiger Organismus, mit dessen Hilfe sich die Qualität von Gewässern beurteilen lässt. Verschiedene Arten zeigen unterschiedlich starke Grade an Verschmutzung an. Man kann sie übrigens auch als Fischfutter für Jungfische im Aquarium verwenden (was die Gesellschaft für Protozoologie aber vermutlich nicht so gut findet) und auch als ideale Versuchsobjekte für den Biologieunterricht, da sie sich sehr einfach kultivieren lassen.

Auf die Bedeutung der Einzeller hinzuweisen ist auf jeden Fall ein verständliches Anliegen. Wir können sie zwar ohne Mikroskop nicht sehen; die Rolle, die sie in den Ökosystemen unseres Planeten spielen, darf man dennoch keinesfalls unterschätzen. Vor allem auch nicht mit Blick in die Zukunft. Bestimmte *Vampyrella*-Arten etwa könnten dabei helfen, den Einsatz von konventionellen Pestiziden zu vermeiden. Die Gruppe der »Rostpilze« zum Beispiel befällt Getreide- und andere Nutzpflanzen, und es ist schwer, sie vernünftig zu bekämpfen. Manche *Vampyrella*-Amöben aber leben im Boden und ernähren sich nicht von Algen, sondern von Pilzen. Vielleicht schützen also in Zukunft einzellige Vampire unsere Pflanzen vor dem Verderben.

53

## Stenotrophomonas maltophilia

*Topfpflanzen im OP?*

Wenn man etwas wirklich sauber haben will, muss man ordentlich putzen. Das klingt nicht nach einer großen Erkenntnis, tatsächlich war die Einführung hygienischer Maßnahmen vor allem in der Medizin aber eine enorme Revolution. Heute mag uns das absurd erscheinen, aber noch bis ins 19. Jahrhundert hinein waren Krankenhäuser nicht unbedingt sehr saubere Orte. Dass man medizinische Instrumente vor und nach dem Gebrauch reinigt, eine Operation nicht mit schmutziger Kleidung durchführt oder sich beim Umgang mit Kranken die Hände sorgfältig waschen sollte: All das sah man damals als nicht unbedingt notwendig an. Der österreichisch-ungarische Arzt Ignaz Semmelweis wies in der Mitte des 19. Jahrhunderts zum ersten Mal nach, dass die Menschen in den Spitälern nicht nur an den Krankheiten starben, die sie ins Krankenhaus gebracht hatten, sondern dass diese Krankheiten auch vom medizinischen Personal aufgrund mangelnder Hygiene zwischen den Patientinnen und Patienten übertragen wurden. Sein Vorschlag, das durch regelmäßiges Händewaschen und Desinfektion zu vermeiden, wurde allerdings mit wenig Begeisterung aufgenommen. Dass Mikroorganismen wie Bakterien auch Krankheiten übertragen können, war damals noch nicht bekannt, und man verwehrte sich dagegen, selbst die Ursache von Patientenleiden zu sein.

Heute wissen wir um den Wert der Hygiene. Gerade in Krankenhäusern wird besonders auf eine »keimfreie« Umgebung geachtet. Die ist allerdings nicht so leicht zu erreichen, wie man denken würde. Und sie ist zudem auch nicht immer wünschenswert. Bakterien, Viren und andere Mikroorganismen sind sehr gut darin, sich an veränderte Umweltbedingungen anzupassen. Sie können sich schnell reproduzieren und ganze Generationen in wenigen Tagen durchlaufen. Wenn sie sich fortpflanzen, kommt es – wie bei allen Lebewesen – immer wieder zu Mutationen, und wenn die sich als hilfreich erweisen, setzen sie sich durch. Oder anders gesagt: Wenn man sich um größtmögliche Sauberkeit bemüht, entfernt man durch die hygienischen Maßnahmen vielleicht große Mengen an Mikroben, sorgt aber gleichzeitig dafür, dass sich die hartnäckigsten Vertreter ihrer Arten am Ende sehr viel besser verbreiten können als zuvor. Die Konkurrenz wurde wegdesinifziert, und der resistente Rest hat freie Bahn. Aus den gleichen Gründen hat der immer intensivere Einsatz von Antibiotika die Zahl der resistenten Bakterien in die Höhe schnellen lassen.

Wie es mit der Widerstandsfähigkeit der Mikroben genau aussieht, haben die deutsche Biologin Gabriele Berg und ein internationales Forschungsteam im Detail untersucht. Sie haben zum einen Proben aus Intensivstationen und Reinräumen genommen, wo sehr genau auf eine möglichst sterile Umgebung geachtet wird. Außerdem wurden auch diverse öffentliche und private Gebäude unter die Lupe genommen, in denen nur im üblichen Ausmaß geputzt wird. Bakterien fanden sich überall, auch in Intensivstationen und den Reinräumen. Einen relevanten Unterschied gab es aber bei der Artenvielfalt. Die Bakteriengemeinschaft, also das sogenannte »Mikrobiom«, war dort am vielfältigsten, wo am wenigsten Wert auf Sterilität gelegt wurde. Das ist nicht unbedingt überraschend – die genaue Zusammensetzung der jeweiligen Mikrobiome war es aber schon. Wo viele verschiedene Bakterienarten zusammenleben, fand man deutlich weniger multiresistente Keime als da, wo die Vielfalt durch regelmäßige Desinfektion reduziert worden war.

In gewissem Sinne passen die unterschiedlichen Bakterien aufeinander auf und achten darauf, dass keine Art die Überhand gewinnt und sich exzessiv ausbreiten kann. Wird ein Raum aber immer rigoros stark gereinigt, dann fehlt die Konkurrenz. Ein Bakterium, das bei der Studie zum Beispiel immer wieder in den Reinräumen gefunden wurde, ist *Stenotrophomonas maltophilia.* Es ist gegen viele gebräuchliche Antibiotika resistent, und auch wenn es an sich nicht besonders gefährlich ist, kann es gerade bei Menschen mit schwachem Immunsystem sehr schwere und schwer behandelbare Infektionen auslösen – bei Menschen also, die man vor allem in Krankenhäusern antrifft.

Aus der Studie von Gabriele Berg und ihrem Team folgt natürlich nicht, dass man die Hygiene wieder vernachlässigen soll. Es ist weiterhin wichtig, in kritischen Umgebungen auf größtmögliche Sauberkeit zu achten. Aber dort, wo absolute Sterilität nicht zwingend nötig ist, würde es sich vielleicht lohnen, die Artenvielfalt der Bakterien zu schützen. Das ließe sich zum Beispiel durch regelmäßiges Lüften erreichen, weil so ein Kontakt zwischen den Innenräumen und der Außenwelt stattfände. Oder, und auch das wurde von Berg in einer früheren Studie festgestellt, indem man Pflanzen in den Innenräumen aufstellt. Sie bieten Lebensraum für die unterschiedlichsten Bakterien und fördern die Vielfalt des Mikrobioms der Räume, in denen sie sich befinden. Gleichzeitig reduzieren sie auf diese Weise die Ausbreitung resistenter Keime. Komplizierte Operationen sollen in Zukunft natürlich nicht in einem Wald aus Topfpflanzen stattfinden. Aber ein wenig mehr Grün würde den Krankenhäusern (und dem Rest der Welt) mit Sicherheit nicht schaden.

## 54

## Trebouxia jamesii

*Ein Lob der Flechte*

*Trebouxia jamesii* ist eine Alge. Nicht die Art von Alge, mit der man Sushi umwickelt; dafür wäre sie zu klein. Es handelt sich um einen Einzeller, nur knapp 10 bis 15 millionstel Meter groß. Und im Gegensatz zu dem, was man sich normalerweise unter Algen vorstellt, findet man *Trebouxia jamesii* auch nicht im Meer, sondern fast überall sonst: an Bäumen, auf Steinen, an alten Mauern, in der Natur, aber auch mitten in der Stadt. Die Alge ist Teil einer Wohngemeinschaft und bildet zusammen mit einem Pilz eine sogenannte »Flechte«.

Wer nicht zufällig »Lichenologie«, also die wissenschaftliche

Erforschung der Flechten, studiert hat, wird dazu neigen, die Flechten zu übersehen. Und auf den ersten Blick sieht das Zeug, das auf Bäumen oder Steinen wächst, auch eher schäbig als beeindruckend aus. Mal gräulich-grünlich, mal gelb-braun-rötlich, immer irgendwie ein wenig schmutzig, aber auf den zweiten Blick vor allem: höchst beeindruckend! Dazu muss man sich die Flechten aber ein wenig genauer anschauen.

Zum Beispiel *Lecanora conizaeoides:* Diese Flechte besteht aus einem Pilz, der von *Trebouxia jamesii* besiedelt wird. Oder besser gesagt: Pilz und Alge haben sich zu einer dauerhaften Lebensgemeinschaft zusammengetan, zum beiderseitigen Vorteil. Die Algen können Licht in Energie umwandeln, also Photosynthese betreiben. Damit produzieren sie Nährstoffe, die auch dem Pilz zur Verfügung gestellt werden. Der freut sich über diese Nahrung, die er selbst nicht herstellen kann, und revanchiert sich bei der Alge mit einem geschützten Zuhause. Eingebettet in den Pilzkörper ist sie äußeren Schwankungen der Temperatur oder der Feuchtigkeit nicht so stark ausgesetzt, und die potenziell schädliche UV-Strahlung der Sonne erreicht sie dort auch nicht.

Flechten können an Orten wachsen, wo sonst kaum etwas wächst. Und sie sind erstaunlich zäh: *Lecanora conizaeoides* etwa kann von allen bekannten Flechten die höchsten Werte an Schwefeldioxid in der Luft tolerieren. Deswegen wächst sie vor allem dort, wo die Luftverschmutzung besonders hoch ist. Wenn alle anderen Flechten an unserem Dreck schon zugrunde gegangen sind, kann sich *Lecanora conizaeoides* erst so richtig breitmachen. Tatsächlich gehen die Bestände momentan aber langsam wieder zurück – weil wir uns mittlerweile effektiver um die Qualität unserer Luft kümmern.

2005 hat man Flechten der Art *Rhizocarpon geographicum* (die sogenannte Landkartenflechte) sogar ins Weltall geschossen und dort einem Leben im Vakuum ausgesetzt – ganze zehn Tage lang, bevor es wieder zurück zur Erde ging. Dort zeigte sich, dass dieser Ausflug der Flechte kaum etwas ausgemacht hat. Andere Experimente haben gezeigt, dass bestimmte Flechten auch unter den Bedingungen ausharren können, die auf dem Mars herrschen. Was nicht bedeutet, dass dort welche wachsen. Aber vielleicht könnten wir in Zukunft ein paar dieser außergewöhnlichen Lebewesen auf dem Mars ansiedeln und so den ersten Schritt tun, um den Planeten ein wenig lebensfreundlicher für uns zu machen.

Mehr als zehn Prozent der Erdoberfläche sind von Flechten besiedelt. Und auch wenn sie unscheinbar sind, haben wir Menschen sie im Lauf der Geschichte doch schon zu verschiedensten Zwecken genutzt. Manche Arten sind essbar, auch wenn sie vielleicht nicht immer unseren kulinarischen Ansprüchen genügen. Wenn in Notzeiten jedoch sonst nichts da ist, sind sie eine willkommene Alternative. Da gibt es zum Beispiel *Lecanora esculenta,* die vor allem in Wüsten vorkommt und dank ihres süßlich-mehligen Geschmacks zum Backen von Brot verwendet werden kann. Das biblische »Manna«, das den Israeliten angeblich während ihrer 40-jährigen Wanderschaft durch die Wüste als Nahrung gedient hat, könnte durchaus das Produkt einer solchen Flechte gewesen sein. Es lässt sich natürlich darüber diskutieren, wie realitätsnah ein religiöser Mythos interpretiert werden muss. *Lecanora esculenta* wird trotzdem auch die »Manflechte« genannt.

Doch auch noch heute begleiten uns Flechten in unserem Leben, etwa wenn wir uns ein paar Tabletten mit »Islandmoos« gegen Husten aus der Apotheke holen. Anders als der Name vermuten lässt, handelt es sich dabei nicht um Moos, sondern um die Flechte *Cetraria islandica*. Die »Rentierflechte« *Cladonia rangiferina* wächst vor allem im hohen Norden, wo sie – mangels anderer Pflanzen – die Hauptnahrungsquelle der Rentiere darstellt. Aus Flechten der Gattung *Usnea* (»Baumbart«) haben wir die Usninsäure gewonnen, die antibiotisch wirkt, also das Wachstum von Mikroorganismen hemmen kann. Wir haben aus den Flechten Farbstoffe gewonnen (zum Beispiel das blauviolette »Lackmus«, das auch als Säure-Indikator in der Chemie benutzt wird). Und es ist durchaus damit zu rechnen, dass wir in den Flechten noch weitere spannende Chemikalien entdecken. Denn zusammen schaffen Pilz und Alge ganz außerordentliche Dinge, die sie alleine nicht bewerkstelligen könnten. Für ihre eigene Verteidigung stellen sie jede Menge »Flechtensäuren« her, die auch das Gestein auflösen können, auf dem sie wachsen – langsam zwar, aber unerbittlich, und so tragen die Lebewesen auch dazu bei, dass aus Felsen fruchtbarer Boden wird.

Flechten wachsen langsam, oft nicht einmal einen Millimeter pro Jahr. Dafür können sie extrem alt werden, weit über 1000 Jahre. Was ein weiteres Mal sehr nützlich für uns Menschen ist: Wenn etwa ein Gletscher schmilzt und »frische« Steine aus seinem Eis auftauchen oder wenn Erdbeben Gestein aus der Tiefe an die Oberfläche transportieren, dann können wir die sich dort ansiedelnden Flechten nutzen und anhand ihres Alters bestimmen, wie lange das Erdbeben her ist oder wie schnell der Gletscher schmilzt. Flechten speichern Schwermetalle und radioaktives Material in ihrem Gewebe, und mit ihrer Hilfe können wir überwachen, wie sehr wir im Laufe der Zeit die Umwelt verschmutzen.

Nicht alle Flechten bestehen aber aus Pilzen und Algen. Manchmal bildet sich die Lebensgemeinschaft auch aus Pilzen und Bakterien, die zu Photosynthese in der Lage sind. So oder so handelt es sich um eine der bemerkenswerten Kooperationen in der Geschichte der Lebewesen. Wir sollten den Flechten mehr Aufmerksamkeit schenken.

## 55

## Mycoplasma laboratorium

*Minimales Leben im Labor*

Wir wissen nicht, wie das Leben auf der Erde entstanden ist. Wir haben mittlerweile zwar eine recht gute Vorstellung davon, wie die ersten Lebewesen auf unserem Planeten ausgesehen haben könnten (siehe Kapitel 18) und wie sie sich im Laufe der Zeit zu der Vielfalt der Tiere, Pflanzen, Pilze und Mikroorganismen entwickelt haben, die heute existieren. Aber wie aus unbelebten Stoffen das erste echte Leben hervorgegangen ist, entzieht sich unserer Kenntnis bis heute. Wir wissen nicht einmal genau, wie die Minimalausstattung eines Lebewesens aussieht.

*Mycoplasma laboratorium* war der Versuch, genau das zu verstehen. Dieses Bakterium kommt so in der Natur nicht vor; es ist nicht von selbst im Laufe der Evolution entstanden, sondern sollte in einem Labor erschaffen werden. Es ist selbstverständlich kein völlig künstlich erzeugtes Lebewesen: Wüssten wir, wie das geht, dann verstünden wir auch den Ursprung des Lebens. Der erste Schritt der Arbeitsgruppe um den amerikanischen Biochemiker Craig Venter lag darin, das sogenannte Minimalgenom zu identifizieren, also die kleinstmögliche Menge an genetischer Information, die nötig ist, damit ein Organismus wachsen und sich fortpflanzen, also leben kann. Dafür diente *Mycoplasma genitalium* als Ausgangsmaterial, ein Bakterium, das bei uns Menschen die Schleimhaut der Ausscheidungs- und Geschlechtsorgane befallen und dort Entzündungen hervorrufen kann. Es wurde aber nicht deswegen ausgewählt, sondern weil es damals (im Jahr 2006) das kleinste bekannte Genom hatte. Dieses Genom wurde im nächsten Schritt entschlüsselt, das heißt, man untersuchte, welche Gene für den Organismus lebensnotwendig sind und auf welche er eigentlich verzichten könnte. Vereinfacht gesagt, zerstörte das Team um Venter gezielt Gene von *Mycoplasma genitalium* und sah nach, was passiert.

Gene sind jene Abschnitte auf der DNA, die bestimmte regulatorische Funktionen haben oder die Information für die Produktion von Proteinen tragen. *Mycoplasma genitalium* besitzt 482 solcher Protein codierender Gene, aber nur 382 davon stellten sich im Versuch als lebensnotwendig heraus. Bei über einem Viertel der Gene war jedoch gar nicht klar, welche Funktion sie überhaupt übernahmen. Das Team um Craig Venter ging daher noch einen Schritt weiter: Sie stellten künstlich ein Genom von *Mycoplasma genitalium* her und bauten somit die komplette Erbinformation im Labor nach. Mit der »Erschaffung« von Leben hat das allerdings nichts zu tun, die DNA ist ja nur ein chemisches Molekül. Das Gleiche führten Venter und sein Team auch bei anderen Bakteriengenomen durch. Diese künstlich erzeugten Genome packten sie dann in die Zelle eines anderen Bakteriums, dessen eigenes Genom sie zuvor entfernt hatten. Nach anfänglichen Schwierigkeiten gelang es Craig Venter, im Labor ein »synthetisches« Bakterium herzustellen, das in der

Lage war, sich zu vermehren – und somit ganz offensichtlich höchst lebendig war.

In der Realität ist das Leben aber bei Weitem nicht so simpel aufgebaut, wie es angesichts dieser kurzen Beschreibung des Experiments den Anschein hat. Lebewesen, selbst Bakterien, die nur aus einer einzigen Zelle bestehen, sind nicht einfach nur komplexe Maschinen, an deren Bauteilen man herumbasteln kann. Jedes Lebewesen ist durch Evolution entstanden, die nie auf ein konkretes »Ziel« hinarbeitet. Die DNA aller Lebewesen wird in den Zellen immer wieder kopiert, repariert und gegebenenfalls an Nachkommen weitergegeben. Äußere Einflüsse und simple Fehler bei den Kopier- und Reparaturvorgängen verursachen ständig Änderungen in der DNA. Per Zufall führen manche dazu, dass ein Lebewesen ein klein wenig besser an seine Umgebung angepasst ist. Es kann sich vielleicht ein wenig schneller fortbewegen und mehr Nahrung sammeln. Oder ein bisschen mehr Hitze oder Kälte aushalten als die anderen. Dieser Vorteil führt dazu, dass es sich schneller und öfter fortpflanzen und so die Veränderung weitergeben kann.

Die Zusammenhänge zwischen den Veränderungen in der DNA, den Proteinen, die von ihr produziert werden, und den konkreten Auswirkungen auf die Lebensfähigkeit des Organismus sind allerdings komplex. Manche Gene haben mehrere Aufgaben; viele wirken auf eine Weise zusammen, die sich nicht vorhersagen lässt. Selbst wenn es so aussieht, als hätte ein Gen keine essenzielle Funktion, kann es dennoch überlebenswichtig sein. In einem Interview mit dem Deutschlandfunk erklärte Craig Venter die Probleme auf diese Weise: »Wenn Sie nichts von Flugzeugen wüssten und lassen einfach das rechte Triebwerk weg, dann könnte die Maschine immer noch fliegen und landen. Das Gleiche gilt für das linke Triebwerk. Daraus schließen Sie: Sowohl das rechte als auch das linke Triebwerk sind nicht unbedingt notwendig. Dass das nicht stimmt, merken Sie erst, wenn Sie beide Triebwerke weglassen.«

Beim »Minimalgenom« von *Mycoplasma laboratorium* gibt es immer noch mehr als genug Gene, von denen niemand weiß, wozu sie eigentlich gut sind. Man weiß nur, dass das Bakterium ohne sie nicht überleben kann. Wir haben noch längst nicht verstanden, wie das Leben funktioniert. Und wie es entstanden ist, wird vorerst ein Rätsel bleiben müssen.

56

## Nosema bombycis

*Die Ursache der Krankheit*

Was macht uns krank? Jede Menge natürlich: Wenn mir zum Beispiel jemand ein Schwert in den Bauch sticht, ist die Ursache meines darauf folgenden Unwohlseins recht eindeutig zu identifizieren. Wenn man aber scheinbar aus dem Nichts heraus »einfach so« krank wird, steht man zumeist erst einmal vor einem Rätsel, vor allem in jener Zeit, als man noch nicht über das heutige medizinische Wissen verfügte. Alles Mögliche wurde im Laufe der Geschichte als Krankheitsursache in Betracht gezogen. Astrologische Einflüsse der Sterne, der Zorn der Götter oder »giftige Ausdünstungen« aus dem Boden. Letzteres war lange Zeit die populärste Theorie, von der griechischen Antike setzte sich der Glaube an diese »Miasmen« bis weit ins Mittelalter und die frühe Neuzeit fort.

Man dachte zum Beispiel, Krankheiten wie die Pest würden durch üble Dünste in der Luft übertragen und dass man sich durch Isolation vor ihnen schützen könne. Man legte auch Sümpfe trocken und entfernte stinkende Abwässer und Abfall in der Hoffnung, die giftigen Dünste so loszuwerden. Das funktionierte durchaus, aber aus den falschen Gründen. Heute wissen wir, dass nicht schlechte Luft für Infektionskrankheiten verantwortlich ist, sondern Mikroorganismen, die sich – unter anderem auch durch die Luft – von Mensch zu Mensch verbreiten.

Als Begründer dieser »Keimtheorie« wird oft der französische Wissenschaftler Louis Pasteur genannt. In der zweiten Hälfte des 19. Jahrhunderts erforschte er eine Krankheit, die Seidenraupen befiel, mit katastrophalen Folgen für die Seidenindustrie. Pasteur sah, dass die befallenen Raupen von kleinen Pusteln übersät waren, die er zuerst nur für ein Symptom der Krankheit hielt. Später aber fand er heraus, dass die erkrankten Raupen diese Pusteln auch auf die Eier übertrugen, die sie legten, und so die Krankheit verbreiteten. Heute wissen wir, dass die Krankheit von einem einzelligen Pilz herrührt: *Nosema bombycis.* Die Keimtheorie war zu diesem Zeitpunkt aber alles andere als neu.

Im Laufe der Zeit gab es immer wieder Gelehrte, die keine Ausdünstungen, sondern »Keime« als Ursache von Krankheiten vermuteten. Als Antoni van Leeuwenhoek im 17. Jahrhundert dann die ersten Mikroorganismen unter dem Mikroskop beobachtete (siehe Kapitel 2), lag die Vermutung nahe, dass es sich dabei um diese Keime handeln könnte. Fast 70 Jahre vor Pasteurs Arbeit mit den Seidenraupen beschäftigte sich der italienische Forscher Agostino Bassi ebenfalls mit diesen Tieren und ihren Krankheiten. Bei der als »mal del segno« bezeichneten Erkrankung entstand auf den befallenen Tieren eine weiße, pudrige Schicht, von der man glaubte, dass sie – und damit die Krankheit – einfach spontan entstünde. Bassi war von der damals vorherrschenden Theorie der »Spontanzeugung« allerdings nicht überzeugt. Er führte entsprechende Experimente durch, die aber ohne Erfolg blieben. Erst als er gesunde Raupen mit dem weißen Pulver zu infizieren versuchte, kam er zu brauchbaren Ergebnissen. Durch mikroskopische Untersuchungen konnte er außerdem zeigen, dass es sich bei dem weißen Staub um die Sporen eines Pilzes handelte.

Es war jedoch die Arbeit Pasteurs, die der Keimtheorie zum Durchbruch verhalf. In einem mittlerweile berühmten Experiment konnte er die Idee der »Spontanzeugung« endgültig widerlegen. Man hatte es zuvor durchaus für möglich gehalten, dass Mikroorganismen spontan aus unbelebter Materie entstünden. Ließ man zum Beispiel Lebensmittel verrotten, so fanden sich in ihren Überresten sehr schnell sehr viele kleine Lebewesen. Pasteur machte es sich zur Aufgabe, deren Entstehung schlüssig zu erklären. Dazu nahm er eine Flasche mit einem schmalen, zuerst nach oben und dann wieder nach unten gebogenen Hals. Die Nährlösung, die sich darin befand, kochte er auf und ließ die Flasche dann unverschlossen stehen. Staub und Mikroorganismen konnten nicht eindringen, da sie in der Biegung des Flaschenhalses stecken blieben. Das Gleiche tat er mit einer zweiten Flasche, die eine normale Öffnung ohne Biegung hatte. Nach einiger Zeit konnte er dort eine Schicht aus Schimmel und Bakterien sehen – während die erste Flasche, wie erwartet, rein geblieben war. Damit hatte er den Beweis erbracht, dass Bakterien und andere mikroskopisch kleine Lebewesen nicht aus dem Nichts entstanden, sondern in der Luft und um uns herum existieren. Und dort, wo sie brauchbare Bedingungen finden, können sie sich vermehren – und dann auch ohne Mikroskop sichtbar werden.

Louis Pasteurs Forschung war noch wesentlich umfangreicher, und gemeinsam mit seinem Zeitgenossen Robert Koch (siehe Kapitel 21) legte er die Grundlage für die moderne Mikrobiologie. Sie haben uns ein für alle Mal gezeigt, was wirklich hinter der »schlechten Luft« steckt.

57

## Bakteriophage M13

*Virenbatterie*

Bakteriophage M13 befällt das Bakterium *Escherichia coli* und ist für uns Menschen ungefährlich. In Zukunft kann uns das Virus aber vielleicht dabei helfen, unsere Technik effektiver und umweltfreundlicher zu gestalten – zum Beispiel bei der Konstruktion von Batterien. Wenn etwa Autos nicht mehr mit fossilen Brennstoffen angetrieben werden, sondern mit Strom, dann müssen dafür jede Menge Batterien gebaut werden. Die sollten idealerweise oft und sehr schnell aufladbar sein. Und wenn der Herstellungsprozess möglichst umweltfreundlich abläuft, wäre das auch nicht schlecht.

Ein typischer Lithium-Ionen-Akku besteht – vereinfacht gesagt – aus einer elektrisch negativ geladenen »Anode« und einer elektrisch positiv geladenen »Kathode«. Zwischen beiden fließen elektrisch geladene Lithiumatome in einer leitenden Flüssigkeit hin und her. Je nachdem, an welchem Ende sie sich gerade befinden, kann die Batterie durch Strom von außen geladen werden oder gibt Strom nach außen ab. Damit das möglichst effizient funktioniert, müssen nicht nur Anode und Kathode aus den richtigen Materialien bestehen, die Struktur dieser Materialien sollte auch möglichst geordnet sein, damit die geladenen Teilchen sich auf dem kürzesten Weg hindurchbewegen können.

Es läuft also alles darauf hinaus, dass wir die Struktur der Batteriebauteile auf einer molekularen oder gar atomaren Ebene beeinflussen müssen. Es gibt entsprechende chemische und physikalische Prozesse, um einzelne Moleküle quasi gezielt zu größeren Strukturen heranwachsen zu lassen. Aber die finden oft bei hohen Temperaturen statt (was viel Energie braucht) und benötigen giftige Chemikalien. Und selbst damit fällt das Ergebnis nicht so gut aus, wie man es sich wünschen würde.

Genau das ist der Punkt, an dem uns die Viren zu Hilfe kommen könnten. Einzelne Moleküle zu manipulieren ist genau das, worin diese Mikroorganismen wirklich gut sind. Damit ein Virus einen Wirt befallen kann, muss er sich mit speziellen Proteinen an seiner Oberfläche an die passende Stelle einer Zelle binden können. Genau diese Fähigkeiten können wir für unsere Zwecke nutzen – und genau das ist das Forschungsprojekt, das die amerikanische Materialwissenschaftlerin Angela Belcher vom Massachusetts Institute of Technology seit mehr als 20 Jahren entwickelt. Man muss die Viren gentechnisch so verändern, dass sie nicht mehr auf die Moleküle an der Oberfläche einer Zelle reagieren, sondern auf die Atome, die man gerne zusammensetzen will. Zum Beispiel Graphit und Cobaltoxid, die üblicherweise als Materialien für die Anoden und Kathoden einer Batterie verwendet werden.

Bringt man diese genmanipulierten Viren dann mit den entsprechenden Baustoffen zusammen, fangen sie an, sich daran zu binden und sich regelrecht darin einzuhüllen. Die Viren bauen so die Kathoden und Anoden für uns, und alles, was sie dazu brauchen, ist ein wenig Wasser bei Raumtemperatur, in dem alles herumschwimmen kann. Der Produktionsprozess läuft ganz ohne schädliche Chemikalien ab und verbraucht kaum Energie.

Die Technik ist allerdings noch lange nicht marktreif. Die »Virenbatterien« funktionieren, aber noch nicht besser als die, die auf herkömmliche Weise produziert werden. Das Potenzial ist aber auf jeden Fall vorhanden; nicht nur was neue Batterien angeht. Andere Viren wurden schon zum Bau von winzigen Goldkristallen eingesetzt, aus denen sich ebenso winzige Transistoren oder andere elektronische Bauteile konstruieren lassen. Man kann die Viren dazu bringen, extrem dünne Drähte zu spannen oder Solarzellen zu bauen. Es wird noch einiges an Arbeit nötig sein, um die Mikroorganismen auf die richtige Weise arbeiten zu lassen und die Prozesse so weit nach oben zu skalieren, dass sie auch industriell einsetzbar sind. Aber nach all den Krankheiten, mit denen Viren uns Menschen im Laufe der Zeit gequält haben, ist es an der Zeit, dass sie sich mal nützlich machen.

58

## Haloferax volcanii

*Das unangenehme Ende der Nahrungskette*

Alles, was lebt, muss irgendwann einmal sterben. Und in der Natur findet dieser Tod sehr oft im Magen eines anderen Lebewesens statt. Wir Menschen werden zum Glück eher selten gefressen. Andere Tiere müssen sorgfältiger aufpassen, nicht als Mahlzeit zu enden. Und nicht nur Tiere: Dass Pflanzen, Pilze und Algen auf dem Speiseplan vieler Lebewesen stehen, ist hinlänglich bekannt, aber auch Bakterien dienen als Nahrungsquelle. An so einer Mikrobe ist zwar nicht viel dran, aber wenn man selbst klein genug ist, kann man schon satt werden. Jede Menge Amöben und winzige Krustentiere im Meer fressen Bakterien; immerhin gibt es ja genug davon. Sie können sich enorm schnell fortpflanzen, sind außerdem recht gut darin, Nährstoffe aus der Umgebung aufzunehmen, und stellen daher eine durchaus gehaltvolle Mahlzeit dar.

Lange Zeit wusste man allerdings nicht, ob das untere Ende der Nahrungskette ausschließlich von Bakterien besetzt ist oder ob auch die Archaeen eine Rolle spielen. Seit der Identifizierung dieser großen Klasse an Lebewesen in den 1970er-Jahren hat man zwar festgestellt, dass sie wichtige ökologische Nischen besetzen und nicht ausschließlich in extremen Lebensräumen existieren. Aber viele Archaeen pflanzen sich nur langsam fort, sodass die Frage, ob sie sich als Nahrungsquelle überhaupt eignen, unbeantwortet blieb.

Bis 2012, als eine amerikanische Forschungsgruppe auf das

erste Lebewesen stieß, das sich von Archaeen ernährt. Es handelt sich um winzige Ringelwürmer, die überall in den Meeren leben. Eine spezielle Art hat man in der Tiefsee vor Costa Rica in Spalten von Gestein entdeckt. Dort leben auch Archaeen, die das aus dem Meeresboden austretende Methan als Energiequelle nutzen. Die Forscherinnen und Forscher vermuteten, dass die Mikroorganismen den Würmern als Nahrung dienten, und überprüften das im Labor. In einem Experiment wurde ihnen einerseits »normale« Nahrung vorgesetzt, in dem Fall Reiskörner und Spinatblätter. Andererseits auch Archaeen: Auf dem Menü standen *Halobacterium salinarium* und *Haloferax volcanii.* Beide Arten fand man zuerst in extrem salzhaltigen Umgebungen wie dem Toten Meer (siehe Kapitel 81), wo sie sich – im Gegensatz zu den meisten anderen Lebewesen – richtig wohlfühlen. Die Würmer allerdings waren von der Überlebensfähigkeit der Archaeen wenig beeindruckt. Sie fraßen die beiden Mikroorganismen mit dem gleichen Appetit wie die pflanzliche Nahrung. Selbst als man sie auf eine reine Archaeen-Diät setzte, kamen sie problemlos damit klar.

Die Entdeckung, dass auch Archaeen Teil der Nahrungskette sind, hat Auswirkungen auf unser Verständnis der großen ökologischen Zusammenhänge. Da sie unter anderem das Methan aufnehmen, das aus dem Gestein des Meeresbodens austritt, spielen sie eine wichtige Rolle bei den Zyklen, die die Menge an Treibhausgasen in unserer Atmosphäre regulieren. Wenn sie nun aber selbst als Nahrung dienen, muss auch das berücksichtigt werden. Je mehr Archaeenfresser es gibt, desto mehr Methan gelangt ins Wasser und in die Atmosphäre. Leider ist es nicht leicht, die Fressfeinde der Mikroorganismen zu identifizieren. So ein Archaeon hinterlässt ja keine Knochen, die man finden könnte. Der Nachweis, dass die Archaeen gefressen werden, gelang daher nur mit einem Trick: Erst als die Forscherinnen und Forscher der Spur des Methans folgten, konnten sie zeigen, dass es zuerst von den Archaeen aufgenommen wurde und dann – mitsamt der Mikroorganismen – im Inneren der Würmer landete.

Ebenso schwer war der Nachweis einer weiteren außergewöhnlichen Nahrungsquelle. Viren stellen, mit großem Abstand, die zahlenmäßig größte Gruppe der Organismen auf der Erde. Trotzdem war kein Lebewesen bekannt, das sie als Nahrung nutzt. Sie sind ja noch einmal deutlich kleiner als Bakterien und Archaeen – mehr als ein paar Moleküle sind da als Mahlzeit nicht zu holen. 2020 aber wurden die ersten »Virenfresser« entdeckt: *Picozoa* und *Choanoflagellaten*, beides einzellige Lebewesen. *Picozoa* wurden erstmals vor der Küste der Insel Helgoland gefunden und sind mit einer Größe von wenigen Mikrometern die kleinsten bekannten frei im Wasser lebenden Wesen. Sie sind so winzig, dass sie nicht einmal Bakterien fressen können. Ihr »Mund«, also die Öffnung, durch die Nahrung in das Innere der Zelle gelangt, ist zu klein dafür. Für Viren aber ist er groß genug; und aus Sicht eines sehr kleinen Einzellers stellen sie eine durchaus schmackhafte Nahrung dar. Die Phosphor- und Stickstoffatome, aus denen so ein Virus vor allem besteht, sind gute Nährstoffe.

»Das Leben findet einen Weg«, sagt Jeff Goldblum in seiner Rolle als Chaostheoretiker im Film *Jurassic Park*. Das stimmt – vor allem wenn es darum geht, etwas zu essen zu finden.

59

## Cladosporium sphaerospermum

*Schimmlige Raumfahrt*

Das Weltall ist ein unfreundlicher Ort. Wenn wir zu anderen Planeten reisen und uns dort vielleicht sogar niederlassen wollen, haben wir vor allem ein großes Problem. Genau genommen haben wir jede Menge große Probleme, aber insbesondere eines, das man auf keinen Fall vernachlässigen darf: die Strahlung. Ein Stern wie unsere Sonne gibt nicht nur Licht und Wärme ab, sondern schickt auch einen stetigen Strom hochenergetischer Teilchen aus seinen äußeren Atmosphärenschichten hinaus ins All. Auf der Erde ist diese »kosmische Strahlung« kein großes Problem; wir werden vom Magnetfeld unseres Planeten und von seiner Atmosphäre weitestgehend geschützt. Dieser Schutzschild fehlt im Weltall, und ein längerer Aufenthalt ist für alle Lebewesen gefährlich.

Ein Flug zum Mars würde mehrere Monate dauern, und während der ganzen Zeit wäre die Besatzung der kosmischen Strahlung ausgesetzt. Und auch wenn das Ziel endlich erreicht ist, ändert das nichts am Problem. Im Gegensatz zur Erde fehlt dem Mars ein Magnetfeld, und seine Atmosphäre ist so dünn, dass sie eigentlich kaum vorhanden ist. Um nicht an den Folgen der Strahlenschäden zu sterben, müssen wir uns sowohl im All als auch auf der Oberfläche des Mars irgendwie schützen.

Vorschläge dazu wurden im Laufe der Zeit viele unterbreitet. Auf dem Mars (oder dem Mond, der ebenso wenig Schutz vor der Strahlung bietet) könnte man sich tief in den Boden graben und unterirdische Habitate bauen. Eine ausreichend dicke

Schicht Gestein würde uns dann schützen. Beim Flug durchs All funktioniert das natürlich nicht. Man müsste ein Raumschiff also mit entsprechend dicken Wänden auskleiden, Abschirmungen aus Blei konstruieren oder ähnlich materialintensive Ansätze wählen. Das würde das Schiff aber sehr schwer machen, was die Menge an benötigtem Treibstoff erhöht und damit auch die Kosten. Man hat daher zum Beispiel vorgeschlagen, etwa das Trinkwasser der Besatzung in den Wänden zu lagern, wo es als Abschirmung dienen und nach dem Verbrauch durch die anfallenden Fäkalien und den Urin der Crew ersetzt werden kann. Das könnte funktionieren, klingt aber etwas unappetitlich. Genau wie auch ein anderer Vorschlag: die Verwendung von Schimmelpilzen als Strahlenschutz.

Hier auf der Erde freuen wir uns meist eher wenig, wenn wir Schimmel auf der Wand entdecken. Im All und auf dem Mars könnte er dagegen lebenswichtig sein. In den Jahren nach der Nuklearkatastrophe von Tschernobyl im Jahr 1986 fand man in unmittelbarer Nähe des verstrahlten Reaktors über 200 Pilzarten, darunter auch den mikroskopisch kleinen *Cladosporium sphaerospermum*. Er ist in der Lage, sich »radiotroph« zu ernähren: So wie Pflanzen das Sonnenlicht als Energiequelle zur Photosynthese verwenden können, nutzen manche Pilze die Energie, die in radioaktiver Strahlung steckt. Sie verwenden dazu das Pigment Melanin, das die Strahlung absorbieren kann.

Die Strahlung im All unterscheidet sich aber von den üblichen Strahlungsquellen auf der Erde; sie kann sehr viel energetischer und damit auch schädlicher sein. Um zu prüfen, ob die Pilze die Bedingungen im Weltraum überleben können, wurde im Dezember 2018 ein Experiment auf der Internationalen Raumstation (ISS) durchgeführt. 30 Tage lang war *Cladosporium sphaerospermum* der kosmischen Strahlung ausgesetzt. Der Pilz wuchs in einer Schale, unter der ein Messgerät installiert war. Und tatsächlich überlebte er nicht nur, sondern war auch in der Lage, die Strahlung um circa zwei Prozent zu reduzieren. Das ist wenig; es war allerdings auch nur eine sehr dünne Schimmelschicht in einer Petrischale. Eine knapp 21 Zentimeter dicke Schicht, so die aus dem Experiment abgeleiteten Schätzungen, könnte reichen, ein Habitat auf dem Mars ausreichend zu schützen.

Eine Wohnung bedeckt von gut zwei Handbreit Schimmel klingt nicht sonderlich einladend. Gegenüber den anderen Arten des Strahlenschutzes hat der Pilz aber den Vorteil, ein lebendiges Wesen zu sein. Man muss nur eine kleine Menge davon auf den Mars transportieren, wo er dann zur gewünschten Menge heranwachsen kann. Wird der Schimmelschutzschild beschädigt, könnte er sich selbst wieder reparieren.

Es wird noch viel Forschung nötig sein, bevor wir zu anderen Planeten aufbrechen können. Vorerst werden wir uns noch auf die vergleichsweise kurzen und sicheren Besuche auf der nahen Raumstation beschränken müssen. Aber wenn wir irgendwann andere Himmelskörper besiedeln, werden die Mikroorganismen uns mit Sicherheit auf die eine oder andere Weise begleiten.

60

## Nitrosopumilus maritimus

*Die Mondmilch der Höhlenbewohner*

Tief hinab in eine Tropfsteinhöhle führte der Weg der Expedition. Bis zu dem Ort, wo die »Mondmilch« zu finden ist. Was klingt wie die Beschreibung einer Schatzsuche in einem Fantasyroman, ist in Wahrheit ein wissenschaftliches Projekt der Universität Innsbruck. 2014 untersuchten Forscherinnen und Forscher das Innere der Hundalm-Eishöhle in Tirol. Die ist wegen ihrer Tropfsteine nicht nur eine Touristenattraktion, sondern auch Heimat diverser Mikroorganismen. Was dort genau lebt, wollte man durch eine Analyse der hier vorhandenen Mondmilch herausfinden. So wird eine spezielle Art von Ablagerungen aus Kalkspat genannt, die tatsächlich milchig weiß und sehr weich ist. Das Gestein hat seinen Namen, weil man vor Jahrhunderten dachte, es würde durch den Einfluss des Mondlichts entstehen. Tatsächlich hat es einen völlig anderen Ursprung, wie die mikrobiologische Höhlenexpedition zutage förderte.

Die in der Höhle gesammelte Mondmilch stellte sich als Lebensraum unterschiedlichster Mikroorganismen heraus. Man fand Bakterien und Pilze, die große Überraschung aber war die enorme Anzahl an Archaeen. Bis zu einer Million dieser urtümlichen Lebewesen befanden sich in jedem Milliliter Mondmilch, und sie dominierten die Lebensgemeinschaft in der Höhle. Als später auch Mondmilchproben aus anderen Höhlen analysiert wurden, zeigte sich dort das gleiche Bild: Durchschnittlich die Hälfte der Mikroben waren Archaeen.

Dieser Befund ist aus mehreren Gründen überraschend. Zuerst einmal sind Gesteinsablagerungen in Höhlen nicht unbedingt der offensichtlichste Lebensraum für Mikroorganismen. Dort ist es dunkel, es ist kalt, und es gibt so gut wie keine Nährstoffe. Dass man dort so eine diverse Population an Bakterien und Archaeen finden kann, war nicht zu erwarten. Je nachdem, ob man die Oberfläche der Mondmilch betrachtete oder ihr Inneres, fand man verschiedene Arten. Die Archaeen hingegen waren überall mehr oder weniger dieselben. Verwunderlich war auch nicht die Art der Archaeen, die man fand, sondern dass sie hier überhaupt anzutreffen waren, denn für Lebewesen, die normalerweise siedend heißes Wasser, trockene Salzseen oder durch Schwermetalle belastete Gewässer als Lebensraum bevorzugen, schien die Wand einer Höhle tatsächlich fast ein wenig zu gemütlich.

Der Fund der Mondmilch-Exemplare zeigt, dass Archaeen keine mikrobiologischen Adrenalinjunkies sind, die man nur an den extremsten Orten der Erde findet. Sie scheinen sich auch überall sonst angesiedelt zu haben, und es ist zu erwarten, dass wir noch sehr viel mehr von ihnen finden, wenn wir uns die Mühe machen, nach ihnen zu suchen. In Gemeinschaften wie den Mikroorganismen in der Mondmilch dürfte ihnen vielleicht sogar eine Schlüsselrolle zukommen. Einige der dort vorhandenen Arten können Wasserstoff verwerten und Methan herstellen, was wiederum als Nahrungsgrundlage für die restlichen Organismen dient. Andererseits konnte man zeigen, dass durchaus im Laufe der Zeit auch ein paar Nährstoffe von außen durch die Gesteinsschichten der Höhle gesickert sein könnten.

Die Erforschung der Höhlen-Archaeen wird sich noch ein bisschen länger mit dem Konjunktiv arrangieren müssen. Bis jetzt ist es noch nicht gelungen, sie auch im Labor zum Wachsen zu bringen – was, wie immer in der Biologie, notwendig ist, wenn man sie vernünftig untersuchen will. Deswegen muss auch die Frage nach ihrem Ursprung vorerst offen bleiben. Irgendwie müssen sie ja in die Höhle gelangt sein. Sie könnten von Menschen eingeschleppt worden sein, was aber unwahrscheinlich ist, da der entsprechende Teil der Hundalm-Höhle erst 1984 entdeckt wurde. Sie könnten auch durch Wind und Wasser hineingetragen worden sein. Der Nachweis von Archaeen der Art *Nitrosopumilus maritimus* in der Mondmilch ist ein Indiz für diese Möglichkeit, denn wie ihr Name schon andeutet, gehören sie zu einer Gruppe von Mikroorganismen, die man ansonsten überall auf der Welt im Wasser findet. Und wenn sie sich endlich im Labor vermehren lassen, kann man vielleicht auch eindeutig klären, was sie mit der Entstehung der Mondmilch zu tun haben. Ihr Stoffwechsel könnte dazu beitragen, dass sich der Kalkspat aus dem in der Höhle tropfenden Wasser löst und im Laufe der Zeit die milchigen Ablagerungen bilden kann.

Die Fragen sind zahlreicher als die Antworten. Aber, wie die Forscherinnen und Forscher aus Innsbruck in ihrer Arbeit festhalten: 90 Prozent der irdischen Biomasse sind eigentlich unterirdische Biomasse. Die meisten Organismen leben unter der Erdoberfläche, und genau dort müssen wir nachsehen, wenn wir die Zusammenhänge zwischen den Lebewesen verstehen wollen. Die Mondmilch der Tropfsteinhöhle hält noch einige wissenschaftliche Schätze bereit.

61

## Mycobacteriophage Muddy

*Die rettende Aubergine*

Am 5. Juli 2010 las die Studentin Lilli Holst eine schon halb verrottete Aubergine vor dem Howard College Café der südafrikanischen Universität von KwaZulu-Natal in Durban auf. Nicht unbedingt aus Ordnungsliebe, denn sie war auf der Suche nach unbekannten Viren. Im Jahr 2002 gründete der amerikanische Mikrobiologe Graham Hatfull an der Universität Pittsburgh ein Programm, das Studierenden einen Einblick in echte biologische Forschungsarbeit ermöglichen sollte. Es geht dabei um die Suche nach Bakteriophagen, also nach Viren, die sich darauf spezialisiert haben, Bakterien zu befallen. Und wo Bakterien sind, sind auch die Phagen. Diese Viren passen sich besonders schnell an neue Bedingungen an, um immer wieder neue Bakterien befallen zu können. Es ist daher vergleichsweise einfach, neue Phagen-Stämme zu finden. Man kann im Grunde wahllos Boden- oder Wasserproben nehmen, und die Chancen stehen gut, dort auf eine Variation eines Phagen zu stoßen, die bisher noch nie beschrieben worden ist.

Als »Opfer« für den neu entdeckten Bakteriophagen hat man sich *Mycobacterium smegmatis* ausgesucht. Einerseits, weil es sich recht schnell fortpflanzt, was praktisch für die Forschungsarbeit ist. Andererseits auch, weil es für uns Menschen eher harmlos ist und daher im Labor ohne große Vorsichtsmaßnahmen benutzt werden kann. Es gehört zu den normalen Bewohnern unseres Körpers und lebt dort vor allem im Genitalbereich, kann aber auch überall auf der Welt im Boden gefunden werden.

Im Labor werden die Proben dann untersucht, die neu entdeckten Viren auf *Mycobacterium smegmatis* losgelassen, und die Studierenden lernen, wie man ihre DNA analysiert. Haben sie einen neuen Stamm gefunden, dürfen sie ihn benennen, und die Daten werden in einer wissenschaftlichen Fachzeitschrift veröffentlicht. Unter dem Namen »Science Education Alliance-Phage Hunters Advancing Genomic and Evolutionary Science (SEA-PHAGES)« wurden überall auf der Welt mittlerweile ein paar Tausend neue Viren katalogisiert, darunter auch einer, der auf der von Lilli Holst gesammelten Aubergine gefunden wurde. Sie hat ihrem Phagen den Namen »Muddy« gegeben, wie man in einem 2013 veröffentlichten Artikel lesen kann, zusammen mit den Daten für 62 andere neu entdeckte Phagen.

Die Popularität von SEA-PHAGES ist verständlich: Wann kann man während des Studiums schon echte wissenschaftliche Forschung betreiben und unbekannte Organismen entdecken? Im Fall des Mycobacteriophagen Muddy, wie das Virus aus der Aubergine offiziell heißt, nimmt die Geschichte aber noch eine dramatische Wendung. 2017 wurde Hatfull von einem Krankenhaus in London kontaktiert. Eine 15-jährige Patientin hat dort eine Lungentransplantation erhalten. Dafür bekam sie auch Medikamente, die ihr Immunsystem schwächten, um zu verhindern, dass das neue Organ vom Körper abgestoßen wird. Das führte allerdings leider zu einer lebensbedrohlichen bakteriellen Infektion. Die Keime waren gegen die üblichen Antibiotika resistent und eine entsprechende Behandlung daher nicht möglich. Die Krankheit schritt immer weiter fort, und das Leben der Patientin war ernsthaft in Gefahr. In einem letzten Versuch, es doch noch zu retten, wurde Graham Hatfull als Experte für Bakteriophagen um Rat gefragt.

Er machte sich in der riesigen Datenbank von SEA-PHAGES auf die Suche und fand tatsächlich einen aussichtsreichen Virus, der die Bakterien im Körper der Patientin befallen könnte: Mycobacteriophage Muddy war zumindest im Labor in der Lage, die Mikroorganismen in kurzer Zeit zu vernichten. Hatfull suchte weiter und fand zwei zusätzliche Phagen. Auch ZoeJ und BPs, ebenfalls von Studierenden entdeckt, konnten die Bakterien des kranken Mädchens bekämpfen. Die Viren wurden mit ein paar genetischen Modifikationen ausgestattet, um sie im Kampf gegen die Mikroorganismen noch effektiver zu machen, und dann im Londoner Krankenhaus eingesetzt. Zuerst nur in vorsichtigen Tests und geringer Menge. Als aber alles ohne Probleme verlief, wurde der Phagen-Cocktail intravenös verabreicht – und tatsächlich besserte sich der Zustand der Patientin nach kurzer Zeit massiv.

Diese »Phagentherapie« wurde übrigens schon zu Beginn des 20. Jahrhunderts erforscht; als dann aber die Antibiotika entdeckt wurden, verlor man schnell das Interesse an dieser Art der Bakterienbekämpfung. Die zunehmenden Resistenzen der Mikroorganismen gegen die gängigen Medikamente haben die Phagen nun wieder zurück in den Fokus der Forschung gerückt. Noch werden sie kaum eingesetzt; es gibt auch noch zu viele offene Fragen zur Wirksamkeit und zu den Risiken. Aber wenn die Geschichte von Lilli Holst und der verrottenden Aubergine eines gezeigt hat, dann dass wir potenzielle Heilmittel wirklich überall finden könnten.

62

## Acidianus two-tailed virus

*Heiße Quellen machen aktiv*

ATV oder Acidianus two-tailed virus kann, was kaum ein anderes Virus kann: nämlich aktiv sein! Gut, die meisten Viren sind durchaus nicht faul und schaffen es ab und zu sogar, die gesamte Menschheit lahmzulegen. Aber dazu brauchen sie Hilfe – von selbst macht so ein Virus gar nichts. Ein Virus, das herumliegt, liegt eben herum, und es bleibt so lange inaktiv, bis es in Kontakt mit der lebendigen Zelle eines Wirts kommt. In dieser kann es seine Erbinformation einschleusen und auf diesem Weg die in den Zellen vorhandene Maschinerie nutzen, um Kopien seiner selbst zu produzieren. Aber weil Viren genau das ohne eine fremde Wirtszelle nicht können, gelten sie im Allgemeinen auch nicht als Lebewesen.

Im Jahr 2005 wurde jedoch ein Virus gefunden, das mehr Aktivität zeigte als seine Artgenossen. Aufgetaucht ist es in einer seltsamen und extremen Umgebung. Westlich von Neapel befindet sich die kleine italienische Stadt Pozzuoli, in der es heiße Quellen gibt, die bereits seit der Antike als Heilbäder genutzt werden. Das durch den Vulkanismus in der Gegend aufgeheizte Wasser kann nicht nur Temperaturen von mehr als 90 Grad Celsius erreichen, sondern ist auch noch leicht schwefelig sauer. Und trotzdem findet man auch dort Lebewesen, zum Beispiel die Archaeen der Art *Acidianus convivator*. Sie fühlen sich in der extremen Umgebung wohl, müssen sich aber trotz allem mit Virusinfektionen herumärgern. Denn wie Forscherinnen und Forscher bei einer Untersuchung der Archaeen in den heißen Quellen entdeckten, gibt es ein Virus, das sich darauf spezialisiert hat, sie zu befallen. Seine Form ähnelt der einer Zitrone mit zwei Schwänzen an den beiden spitzen Enden. Als man das Virus isolierte und im Labor kultivierte, zeigte es allerdings ein recht überraschendes Verhalten.

Zuerst ließ man infizierte Archaeen-Zellen bei 75 Grad wachsen, und die Viren, die aus ihnen hervorbrachen, waren noch ohne Schwänze. Diese entwickelten die Viren erst in den nächsten acht Tagen. Als man nun schwanzlose Viren aus den Zellen isolierte und bei Temperaturen von 4 Grad lagerte, tat sich gar nichts. Auch nach Monaten blieben sie winzige Zitronen ohne Fortsätze. Erhöhte man die Temperatur aber auf 75 Grad, dann entwickelten sich langsam die beiden Fortsätze. Und das in völliger Abwesenheit der Archaeen-Wirtszellen! Bei Temperaturen zwischen 85 und 90 Grad fühlten sich die Viren offensichtlich extrem wohl und brachten die Schwanzentwicklung in nur einer Stunde hinter sich.

Man kannte bis dahin zwar schon einige Viren, die zu ähnlicher Formveränderung in der Lage waren. Diese konnten das nur unter ganz bestimmten Bedingungen, zum Beispiel dann, wenn sie kurz vor der Infektion standen und schon in Kontakt mit einer Wirtszelle waren. Eine Entwicklung wie die des ATV, komplett ohne Einfluss einer lebendigen Zelle, hatte man noch nie beobachtet. Vermutlich helfen die beiden Schwänze dem Virus in den heißen Quellen dabei, neue Wirte zu finden. Andere Virenarten befallen zwar auch Archaeen in ähnlich unfreundlichen Umgebungen. Sie halten sich dabei aber fast ausschließlich innerhalb der befallenen Zellen beziehungsweise deren Nachkommen auf.

Das außerordentliche Verhalten von Acidianus two-tailed virus macht es nicht unbedingt einfacher, die Position der Viren innerhalb mikrobiologischer Klassifikationen einzuschätzen. Sie sind nicht zu unabhängigem Leben fähig und daher nicht das, was man normalerweise als »lebendig« bezeichnen würde. Aber sie sind offensichtlich deutlich komplexere Nicht-Lebewesen, als man bisher dachte.

63

## Methanobrevibacter smithii

*Quelle der Darmwinde*

Archaeen sind so zahlreich wie Bakterien, und so wie ihre Mikrobenverwandten haben sie auch den Menschen als Lebensraum für sich entdeckt. Die Archaeen verhalten sich uns gegenüber allerdings ein wenig höflicher; im Gegensatz zu den Bakterien ist bis jetzt noch keines von ihnen aufgetaucht, das uns aktiv krank machen kann (siehe Kapitel 11). Indirekt sind die Archaeen aber auf jeden Fall in der Lage, unsere Gesundheit zu beeinflussen.

In unserem Darm leben Mikroorganismen mit einem Gesamtgewicht von bis zu eineinhalb Kilogramm. Das meiste davon sind Bakterien, aber auch ein Archaeon mit dem Namen *Methanobrevibacter smithii* treibt sich gern in unseren Eingeweiden herum. Es ist rundlich, nur knapp einen Mikrometer groß und fühlt sich bei einer Temperatur um die 37 Grad Celsius richtig wohl. Es lebt davon, Wasserstoff und Kohlendioxid in Methan und Wasser umzuwandeln. Das liefert Energie für den Stoffwechsel des Archaeons – und darüber hinaus jede Menge Methan, das sich seinen Weg aus unserem Darm suchen muss.

Was es im Allgemeinen auch problemlos schafft. Dieses Methan ist übrigens nicht für den typischen Geruch einer Flatulenz verantwortlich; der stammt von anderen Stoffen im Darmwind, zum Beispiel von Schwefelwasserstoff. Methan selbst ist geruchlos, aber sehr gut brennbar – weswegen man einen Furz auch anzünden kann (aber nicht sollte …).

Die Rolle von *Methanobrevibacter smithii* im menschlichen Körper beschränkt sich aber nicht darauf, uns mit brennbaren Abgasen auszustatten. Es könnte der Grund dafür sein, warum manchen Menschen der Kampf mit dem Übergewicht so schwerfällt, während andere problemlos schlank bleiben. Grundsätzlich hängt das Über- und Untergewicht eines Menschen natürlich damit zusammen, ob er oder sie mehr Energie durch Nahrung aufnimmt, als durch Bewegung verbraucht wird, oder eben nicht. Aber auch die Darmflora, also die Mikroorganismen in unseren Eingeweiden, spielt hierbei eine Rolle. Sie helfen uns mit ihrem Stoffwechsel dabei, die Nahrung, die wir essen, zu verdauen und effizient zu verwerten. Denn nicht alles, was wir vom Teller in den Mund schaufeln, kann der Körper direkt verwerten. Manche Stoffe müssen erst durch unsere winzigen Untermieter »vorverdaut« werden, bevor wir uns daran bedienen und sie für unseren Stoffwechsel nutzen können.

Die Artenvielfalt in unserem Darm bestimmt also mit, wie viel Energie wir aus der Nahrung ziehen können – und ist damit auch mitverantwortlich dafür, ob und wie viel wir zunehmen. Insbesondere *Methanobrevibacter smithii* scheint bei diesem Prozess eine wichtige Rolle zu spielen. Zu viel Wasserstoff kann die Arbeit der Mikroorganismen stören, und je zahlreicher das Archaeon in uns vertreten ist, desto besser kann es diesen Wasserstoff entfernen und unseren Darm zum optimalen Siedlungsgebiet für bestimmte Bakterien machen. In einem Experiment aus dem Jahr 2007 konnte man zeigen, dass Mäuse mit einer großen Anzahl von *Methanobrevibacter smithii* bis zu hundert Mal mehr Mikroorganismen im Darm hatten als Tiere, denen dieses Archaeon fehlte. Die zahlreicher besiedelten Mäuse waren im Durchschnitt auch deutlich dicker als die Nager, bei denen das Archaeon den Wasserstoff nicht aufräumen konnte.

Nicht alle Menschen tragen *Methanobrevibacter smithii* im Körper. Warum es manchen fehlt, ist unklar – eventuell hat es mit der individuellen Arbeitsweise des Darms zu tun und damit, wie schnell er die Nahrung transportiert. Aber bei etwa 85 Prozent der Menschen ist es in großer Zahl zu finden, und das übrigens nicht nur im Darm, sondern auch in den Ausscheidungen, im Bauchnabel, der Vagina oder dem Zahnfleisch. Ob das Archaeon wirklich unmittelbar dafür verantwortlich ist, dass manche Menschen viel einfacher dick zu werden scheinen als andere, ist aber noch nicht endgültig geklärt. Wenn wir den Zusammenhang zwischen Körpergewicht und der Artenvielfalt in unseren Eingeweiden aber erst einmal vernünftig verstanden haben, lässt sich durch eine gezielte Veränderung der Mikrobenzusammensetzung vielleicht auch direkt Einfluss auf unsere Körperfülle nehmen. Abnehmen wird man dann zwar immer noch selbst müssen. Aber wer schon mal versucht hat, dauerhaft an Gewicht zu verlieren, wird wissen, dass man dabei über jede Unterstützung dankbar ist, selbst wenn sie nur von Mikroorganismen kommt.

64

## Halomonas titanicae

*Schifffresser aus der Tiefsee*

Knapp 270 Meter lang, 28 Meter breit, 53 Meter hoch und ein Gewicht von fast 54 000 Tonnen. Das ist ein ordentlicher Brocken und nichts, was man sich mal eben für eine kleine Zwischenmahlzeit auf den Teller legt. Aber die »RMS Titanic« war ursprünglich auch nicht zum Essen gemacht, sondern sollte das tun, wozu Passagierschiffe nun einmal gebaut werden: Menschen sicher über den Ozean transportieren – was der Titanic bekanntermaßen auf tragische Art nicht gelungen ist. Das zum Zeitpunkt der Konstruktion größte Schiff der Welt kollidierte auf seiner Jungfernfahrt am 14. April 1912 mit einem Eisberg und versank im Atlantik. Seitdem liegt es 3800 Meter tief unter Wasser am Meeresboden. Und wird langsam, aber sicher aufgefressen.

Diese Erkenntnis verdanken wir – indirekt – dem Kino. Im Jahr 1991 tauchten zwei russische U-Boote zum Wrack der Titanic, um dort Aufnahmen für den IMAX-Film *Titanica* zu machen. Und weil man schon mal dort war, kümmerte man sich auch gleich ein wenig um die Forschung. Man nahm unter anderem Proben der sogenannten »Rusticles«. Diese »Rostzapfen« bilden sich gerne an tief im Meer versunkenen Objekten aus Stahl oder Schmiedeeisen, und ein paar davon wurden – mit allen nötigen Vorkehrungen – an die Oberfläche gebracht und in einem Labor untersucht. Die Ergebnisse haben ein wenig auf sich warten lassen, aber kaum 20 Jahre später konnten Forscherinnen und Forscher um Cristina Sánchez-Porro von der Universität Sevilla die Entdeckung eines bis dahin unbekannten Bakteriums verkünden. Es heißt *Halomonas titanicae,* und es fühlt sich in der kalten und dunklen Tiefsee äußert wohl.

Mikroorganismen halten es auch an Orten aus, an denen wir längst nicht mehr überleben können. Dort, wo sich die Titanic derzeit befindet, ist es nicht nur stockfinster, es herrscht auch ein 375-mal höherer Druck als an der Wasseroberfläche. Zudem ist der Salzgehalt des Wassers extrem hoch. Normalerweise ist das ein Problem für Lebewesen: In ihren Zellen befindet sich ebenfalls Wasser, und dieses Wasser kann die Zellwände auch durchdringen. Im Wasser gelöste Stoffe – wie zum Beispiel Salz – können das jedoch nicht. An sich wäre das kein Problem, gäbe es da nicht das Phänomen der »Osmose«. Sind zwei Flüssigkeiten mit unterschiedlicher Salzkonzentration durch eine Zellwand getrennt, dann fließt Wasser von der Seite mit niedriger Konzentration zur Seite mit höherer Konzentration, so lange, bis die Verdünnung auf beiden Seiten gleich ist – was aber zu Schwierigkeiten führen kann, wenn die Unterschiede zu groß sind. Im schlimmsten Fall führt die Osmose dann zur Zerstörung der Zelle.

Bakterien wie *Halomonas titanicae* haben mit Salz allerdings kein Problem. Sie können einen Stoff produzieren, der offiziell (S)-2-Methyl-3,4,5,6-tetrahydropyrimidin-4-carbonsäure heißt, aber meistens (und vernünftigerweise) »Ectoin« genannt wird. Ist die Salzkonzentration zu hoch, dann bildet das Bakterium genau diesen Stoff, um dem Verlust von Wasser vorzubeugen. Das Ectoin hält die Salzkonzentration im Gleichgewicht, ohne dabei die biochemischen Abläufe in der Zelle durcheinanderzubringen. Mit diesem Trick kann nicht nur *Halomonas titanicae* in der Tiefsee überleben. Auch die Kosmetikindustrie nutzt die befeuchtenden Eigenschaften von Ectoin, um Hautcremes und andere Pflegeprodukte besonders wirksam zu machen.

Mit Schutz vor Salz ist es aber in der Tiefsee nicht getan. Von irgendetwas muss so ein Mikroorganismus auch leben. Für Photosynthese ist es zu dunkel, und um als Raubtier vorbeischwimmende Fische zu reißen, ist das Bakterium zu klein. Ein die Extreme liebender Organismus wie *Halomonas titanicae* hat aber auch dafür eine Lösung: Es ernährt sich von Eisen. Oder, etwas korrekter gesagt: Es ist in der Lage, Eisen in Rost umzuwandeln und aus diesem Prozess Energie zu gewinnen. Normalerweise nutzen diese »Eisenoxidierenden Mikroorganismen« Eisen, das aus verschiedensten Quellen ins Wasser gelangt und dort in kleinsten Partikeln gelöst ist. Aber wenn einem so ein fetter Brocken wie die Titanic präsentiert wird, sagt man auch nicht Nein.

Seit 1912 knabbern die Bakterien also an dem versunkenen Schiff, und man schätzt, dass es bis zum Jahr 2030 bis zur kompletten Zerstörung aufgefressen sein wird. Was schlecht für die Titanic ist, aber eine relevante Information für uns Menschen. Denn einerseits liegen ja nicht nur durch Hollywood-Blockbuster berühmt gewordene Schiffe auf dem Grund des Meeres, sondern auch jede Menge andere Wracks. Die können sich aus vielen Gründen störend auf ihre Umgebung auswirken, und aus ökologischer Sicht wäre es oft besser, es gäbe sie nicht. Andererseits bauen wir ganz gezielt metallische Strukturen ins Meer, Ölbohrplattformen oder Windkraftanlagen zum Beispiel, bei denen wir uns wünschen, dass sie keinen Schaden nehmen. Forschung an Bakterien wie *Halomonas titanicae* kann uns also helfen, dafür zu sorgen, dass nur das aufgefressen wird, was auch aufgefressen werden soll …

65

## Hanseniaspora opuntiae

*Das Terroir der Schokolade*

In die frisch geerntete Frucht eines Kakaobaumes zu beißen ist keine gute Idee. Seine Beeren sind zwar bis zu 20 Zentimeter lang und können bis zu einem halben Kilogramm wiegen. Aber die äußere Schale ist dick, hart, ledrig und schmeckt kein bisschen nach Schokolade. Im Inneren der Beere findet man weißes, schleimiges Fruchtfleisch, das tatsächlich sehr fruchtig schmeckt und das man frisch zu einem Saft verarbeiten kann. Und dann sind da noch bis zu 60 bräunliche Samen pro Frucht. Äße man sie gleich, würden sie allerdings scharf und bitter schmecken. Um aus den Samen des Kakaobaums die Grundlage für unsere Schokolade zu machen, braucht es die Hilfe von Mikroorganismen.

Der erste Schritt, der nach der Ernte der Früchte erfolgt, ist die Fermentation. Das mag überraschend klingen, denn die meisten werden dabei wohl eher an die Vergärung von Trauben zu Wein, das Brauen von Bier oder auch die Herstellung von Sauerkraut denken. Aber ohne Fermentation geht es auch bei der Schokolade nicht.

Für die Produktion der Schokolade bedeutet dies, dass eine ausgewogene Zusammensetzung der richtigen Mikroorganismen nötig ist. Die frischen Kakaobohnen sind noch von Fruchtfleisch umgeben. Der darin enthaltene Zucker ist die ideale Nahrung für Hefepilze, die bei den warmen Temperaturen in den typischen Anbaugebieten auch gleich damit beginnen, die weiße Masse zu zersetzen und in Alkohol umzuwandeln. Der wiederum wird von Bakterien abgebaut, und die dabei entstehenden Säuren zersetzen das Fruchtfleisch. Bei diesen chemischen Reaktionen entstehen auch die typischen Aromastoffe des Kakaos. Am Ende des Prozesses ist die Kakaobohne vom Fruchtfleisch befreit und wird getrocknet, um die Säuren wieder zu entfernen.

Wie der Kakao am Ende schmeckt, hängt einerseits natürlich von den unterschiedlichen Fermentationstechniken ab und davon, wie weit man die Bohnen fermentieren lässt. Es kommt aber auch darauf an, welche Mikroorganismen am Werk sind. Angesichts der wirtschaftlichen Bedeutung des Kakaos ist es daher kein Wunder, dass sich die Wissenschaft dieser Frage immer wieder angenommen hat. Bei einer Untersuchung der Hefen der Kakaobohnen hat man zum Beispiel eine deutlich größere Vielfalt entdeckt als bei den Weinhefen. *Hanseniaspora opuntiae* ist nur eine von vielen, die die Kakaobohne zur Schokolade machen. Auch die klassische Back- und Bierhefe *Saccharomyces cerevisiae* findet man sehr häufig. Und Unmengen anderer Hefestämme, je nach Anbaugebiet und den unterschiedlichen Bedingungen, die dort herrschen. Die Genetikerin Aimée Dudley vom Pacific Northwest Research Institute hat im Jahr 2016 eine Studie geleitet, die die Reise der Kakaohefen rund um die Welt verfolgt hat.

Dabei stellte sie zum Beispiel fest, dass die Hefen in Mittel- und Südamerika sich aus nordamerikanischen und europäischen Hefen entwickelt haben. Die Mikroorganismen spiegeln also die Besiedelung des amerikanischen Kontinents wider, und Dudley vermutet, dass die sich mit dieser Migration ebenfalls ausbreitende Weinproduktion die Grundlage für die Vielfalt der Kakaohefen war. Mit der Weinherstellung gelangten auch die europäischen Hefepilze nach Amerika, wo sie – je nach regionalen Gegebenheiten – neue Stämme bilden konnten. Und da bei der Kakaoproduktion im Gegensatz zum Wein nur sehr selten gezielt bestimmte Reinformen von Hefen verwendet werden, können sie hier eine Vielfalt an Aromen und Geschmäckern produzieren.

Sollten Mikroorganismen irgendwann einmal eine Image-Kampagne starten, um – abseits ihrer Rolle als Krankheitserreger – auf die positiven Seiten ihrer Existenz für uns Menschen hinzuweisen, könnten sie mit dem Hinweis auf die Schokoladenproduktion vermutlich in allen Bevölkerungsschichten die höchsten Beliebtheitswerte erzielen.

66

## Pseudomonas syringae

*Bakterien in der Schneekanone*

Wenn die Skigebiete in Europa trotz Klimawandel und steigender Temperaturen immer noch weiße Pisten bereitstellen, dann geht das nur mit Beschneiungsanlagen. Die sorgen auch dann für Schnee, wenn nichts vom Himmel fällt. Ebenso sollten sie eigentlich für ein schlechtes Gewissen sorgen, denn ihr Verbrauch an Wasser und Energie ist enorm. Für den künstlichen Schnee in den Alpen wird pro Jahr so viel Energie aufgewendet, wie 130 000 Haushalte mit je vier Personen verbrauchen. Das viele zusätzliche Schmelzwasser schädigt die Böden. Und dann sind da noch die Bakterien …

Damit aus flüssigem Wasser der feste Schnee zum Skifahren wird, muss man es zum Gefrieren bringen. Sind die Temperaturen tief genug, geht das quasi von selbst. Wenn nicht, kann man nachhelfen. Und zwar mit *Pseudomonas syringae*, einem Bakterium, das vor allem als Pflanzenschädling bekannt ist. Das Wasser in den Zellen mancher Pflanzen kann normalerweise durchaus auch bei Temperaturen von circa -10 Grad Celsius noch flüssig sein. So etwas nennt man eine »unterkühlte Flüssigkeit«, und sie wird deswegen nicht zu Eis, weil ihr der richtige Anreiz dafür fehlt. Eiskristalle bilden sich immer dann am einfachsten, wenn ein sogenannter Kristallisationskeim vorhanden ist. Das sind winzige Partikel, diverse Verunreinigungen, die man so gut wie immer im Wasser findet, weswegen es auch fast immer gefriert, wenn die Temperatur unter null Grad sinkt. Fehlen diese Keime aber, kann flüssiges Wasser auch deutlich kühler werden.

*Pseudomonas syringae* hat nun an seiner Oberfläche Strukturen, die es dem Wasser ganz besonders einfach machen, zu Eis zu gefrieren. Befällt es Pflanzen, dann können dort schon bei knapp unter null Grad Frostschäden auftreten. Die Zellen platzen auf, und das Bakterium kann die austretenden Nährstoffe als Nahrung verwenden. Sein Talent als Kristallisationskeim hilft ihm auch bei der Verbreitung. Es kann vom Wind hoch hinauf in die Atmosphäre getragen werden. Dort befinden sich Wassertröpfchen, die unterkühlt und daher noch flüssig sind. Dank *Pseudomonas syringae* können sie zuerst zu winzigen Eiskristallen gefrieren, an die sich immer weitere Kristalle anlagern, bis am Ende große Hagelkörner entstehen. Sie sinken zu Boden, und je nach Temperatur tauen sie auf und fallen als Regen, Schnee oder eben Hagel auf die Erde. Dort schmelzen sie, und die Bakterien können neue Lebensräume besiedeln.

Bakterien sind natürlich nicht die einzigen Kristallisationskeime; auch Pflanzenpollen, Rußpartikel oder feinste Sandkörner können diese Rolle übernehmen. Aber beim Einsatz von Schneekanonen sind sie besonders beliebt. Sie werden dem Wasser für die Beschneiungsanlagen zugesetzt und sorgen dafür, dass der Schnee aus der Kanone auch bei Temperaturen erzeugt werden kann, bei denen das sonst nicht möglich wäre. Die Bakterien werden zwar abgetötet, landen aber dennoch mit dem Schnee überall in der Landschaft. Welchen Einfluss das auf die Tier- und Pflanzenwelt und die menschliche Gesundheit hat, ist noch nicht völlig klar.

In den USA, in Kanada, Japan, der Schweiz oder Norwegen ist der Einsatz solcher »Snow-Inducer« zugelassen, und dort verwendet man sie auch seit Jahrzehnten. In Deutschland und Österreich ist man da noch ein wenig zurückhaltender, dort sind die Zusätze derzeit noch verboten. Aber auch wenn die Forschung irgendwann zu dem Schluss kommt, dass der Einsatz von Bakterien zur Produktion von Kunstschnee tatsächlich unbedenklich ist – die Probleme, den Massentourismus in Skigebieten angesichts des Klimawandels aufrechtzuerhalten, bleiben. Vielleicht sollten wir uns damit abfinden, das Skifahren durch andere Aktivitäten zu ersetzen. Wandern ist ja auch recht schön.

67

## Deinococcus radiodurans

*Blinder Passagier*
*auf dem Weg durchs All*

Im Jahr 2000 luden Forscherinnen und Forscher der Universität Arizona die Patronen eines Gewehrs mit Bakterien. Nicht um eine neue Art der biologischen Kriegsführung zu entwickeln. Sie wollten herausfinden, ob das Leben auf der Erde vielleicht von einem anderen Planeten zu uns gekommen ist. Diese Idee wird »Panspermie« genannt, und sie ist nicht neu. Der Erste, der sich wissenschaftlich konkret darüber Gedanken gemacht hat, war zu Beginn des 20. Jahrhunderts der schwedische Wissenschaftler und Nobelpreisträger Svante Arrhenius (der den Nobelpreis allerdings für seine Arbeiten zur Chemie erhalten hat). Er war der Meinung, dass »Sporen« vom Wind bis in die obersten Schichten der Erdatmosphäre getragen werden und von dort in den Weltraum gelangen können. Dort können sie dann – vielleicht angetrieben durch den Druck des Sonnenlichts – andere Planeten erreichen.

Es klingt wie so oft nach einer Idee, die mehr mit Science-Fiction zu tun hat als mit der Realität. Aber je mehr man über Mikroorganismen herausfand, desto weniger absurd erschien sie. Die Bedingungen im All sind zwar lebensfeindlich. Aber wir wissen heute, dass es durchaus Lebewesen gibt, die damit zurechtkommen (siehe Kapitel 5). Ein besonders zäher Vertreter der mikroskopischen Welt ist *Deinococcus radiodurans*. Dieses Bakterium wurde 1956 entdeckt, als man untersuchte, wie man Konservendosen durch radioaktive Bestrahlung möglichst keimfrei und damit länger haltbar machen kann. Aber selbst als man die Lebensmittel einer Strahlungsdosis aussetzte, die alles hätte umbringen sollen, was man damals kannte, verdarb das Fleisch in den Dosen. Eine genaue Analyse offenbarte eine noch unbekannte Art von Bakterien, die offensichtlich sehr viel mehr Strahlung aushält als andere Lebewesen. Tatsächlich überlebt *Deinococcus radiodurans* radioaktive Strahlung, die mehr als tausendmal höher ist als das, was uns Menschen innerhalb weniger Tage töten würde.

Damit wäre es für eine Reise durchs All perfekt gerüstet. Denn der Weltraum ist nicht nur luftleer und extrem kalt. Außerhalb der schützenden Atmosphäre ist man auch der kosmischen (radioaktiven) Strahlung ausgesetzt, die von den nuklearen Reaktionen im Inneren der Sonne und der restlichen Sterne erzeugt wird. Sie beschädigt die DNA der Lebewesen. Das zähe Bakterium steckt die Strahlung jedoch locker weg, ebenso wie alles andere, was der Weltraum so zu bieten hat. Bei einem Experiment auf der Internationalen Raumstation wurde *Deinococcus radiodurans* ein ganzes Jahr lang dem All ausgesetzt. Es hat überlebt, und angesichts dieser Fähigkeiten ist es kein Wunder, dass es in der Wissenschaft den Spitznamen »Conan, das Bakterium« bekommen hat.

Der Grund für seine Widerstandsfähigkeit liegt auch in einem extrem effizienten Mechanismus zur Reparatur seiner DNA. Bis zu 500 schadhafte Stellen kann *Deinococcus radiodurans* gleichzeitig ausbessern, weit mehr als andere Mikroorganismen. Es kann lange Phasen der Trockenheit und tiefer Temperaturen überdauern und ist damit weit besser geeignet, durchs All zu reisen, als wir Menschen.

Im Gegensatz zu den Raketen, die wir mittlerweile bauen können, fehlt dem Conan-Bakterium aber das passende Fortbewegungsmittel. Genau hier kommt nun das Experiment mit den bakteriengefüllten Patronen ins Spiel. Es kommt immer wieder vor, dass große Brocken aus dem All auf der Oberfläche eines Planeten einschlagen. Ist die Kollision heftig genug, kann Gestein des Planeten bis ins All hinausgeschleudert werden und im Laufe der Zeit seinerseits auf einem anderen Himmelskörper einschlagen. Das wäre ein Weg, wie Bakterien oder andere Mikroorganismen durchs All reisen könnten – sofern sie die auftretenden heftigen Kräfte überstehen. Bei einem Einschlag werden sie in Sekundenbruchteilen massiv abgebremst bzw. auf dem Weg hinaus ins All beschleunigt. Bei Experimenten mit Zentrifugen konnte gezeigt werden, dass *Deinococcus radiodurans* durchaus in der Lage ist, entsprechend hohe Beschleunigungswerte zu überleben. Aber so eine Zentrifuge braucht eine gewisse Zeit, um auf die nötige Geschwindigkeit zu kommen. Um einen realistischen Fall mit schnellerer Abstoppung zu untersuchen, wurde das Experiment mit den Gewehrkugeln entwickelt. Nicht alle Bakterien überlebten den Versuch. Aber doch genug, dass die Idee der Panspermie per Asteroid weiterhin zumindest möglich erscheint.

Solange wir keine konkreten Mikroorganismen auf anderen Himmelskörpern entdecken, werden wir nicht herausfinden können, ob das Leben auf der Erde wirklich aus dem All zu uns gekommen ist. Vielleicht finden wir draußen im All aber auch höchst irdisches Leben. Denn auch die Erde hat im Laufe der Zeit jede Menge Bruchstücke ihrer selbst an den Weltraum verloren. Computersimulationen legen nahe, dass seit ihrer Entstehung immerhin 100 Milliarden Kilogramm irdisches Gestein auf dem Mars gelandet sein müssen. Wer weiß, welche Passagiere da mit dabei waren.

## 68

## Mimivirus-dependent virus Sputnik

*Virusvirus*

Ob Viren Lebewesen sind oder nicht, ist in der Biologie umstritten. Sicher ist nur, dass Viren alle bekannten Gruppen von Lebewesen befallen können. Egal, ob Säugetiere oder Vögel, ob Pflanzen oder Pilze, ob Bakterien oder Archaeen: Irgendwo gibt es ein Virus, das sich darauf spezialisiert hat, diesen besonderen Wirt zur Fortpflanzung auszunutzen. Und im Jahr 2008 wurde schließlich auch ein Virus entdeckt, das andere Viren befällt. Dafür muss es allerdings ein paar Umwege gehen.

Die Geschichte des »Virusvirus« beginnt 1992 im Kühlwassersystem eines Krankenhauses in der englischen Stadt Bradford. Eigentlich waren die Forscherinnen und Forscher dabei, eine Amöbe zu untersuchen, die in dem dreckigen Wasser lebte. Sie entdeckten dabei aber auch ein bisher unbekanntes Virus, das sie zuerst für ein Bakterium hielten. Normalerweise sind Viren und Bakterien schwer zu verwechseln; Letztere sind deutlich größer. Aber das neue Virus war erstaunlich groß, und weil es einer Mikrobe zum Verwechseln ähnlich sah, wurde es »Mimivirus« (von »MImicking MIcrobe«) genannt. Später fand man in einem Kühlwasserturm in Paris noch ein weiteres Exemplar der Riesenviren; schon wieder eine neue Art und noch größer. Diese wurde »Mamavirus« getauft – und hatte unter dem Elektronenmikroskop eine weitere unerwartete Überraschung parat.

In diesem Fall waren es äußerst winzige Viren, die sich deutlich von den viel größeren Mamaviren unterschieden. Sie verhielten sich jedoch ganz anders, als Viren es normalerweise tun.

Die Mamaviren waren zwar groß, aber wenn man die Amöben damit infizierte, begannen sie sich dort zu reproduzieren. Wurde das kleine Virus in die Amöbe gespritzt, passierte gar nichts. Er war nicht in der Lage, sich fortzupflanzen. Das konnte es erst, wenn die Amöbe auch gleichzeitig von Mamaviren (oder Mimiviren) befallen war. Das kleine Virus ist vom großen abhängig, weswegen es offiziell die schillernde Bezeichnung Mimivirus-dependent virus Sputnik bekam. Oder kurz: »Sputnik-Virus«, weil es sich wie ein Satellit immer in der Nähe der größeren Viren aufhalten muss.

Sputnik nutzt nicht direkt die genetische Maschinerie der Amöbe, um sich fortzupflanzen, sondern geht den Umweg über das Mamavirus. Anstatt die Amöbe dazu zu zwingen, neue Mamaviren zu produzieren, baut die Amöbe in Anwesenheit der von Sputnik infizierten Viren nun neue Kopien von Sputnik. Das stört wiederum die Reproduktion der größeren Mamaviren. Sie entwickeln Deformationen, ihre Hülle wird deutlich dicker, als sie es normalerweise sein sollte, und es ist nun nicht mehr so geschickt darin, die Amöbe zu befallen. Sputnik ist also kein Partner, sondern ein echter Parasit des anderen Virus.

Mittlerweile wurden eine zweite Art solcher »Virusviren« entdeckt sowie einige andere potenzielle Kandidaten. Diese Funde haben die Diskussion über die Positionierung von Viren im System der Lebewesen neu entfacht. Wenn ein Virus durch ein anderes Virus »krank« werden kann, dann könnte man es mit gewisser Berechtigung auch als »lebendig« bezeichnen. Andererseits verweisen die meisten Forscherinnen und Forscher immer noch darauf, dass ein Virus sich nicht ohne Hilfe eines Wirts fortpflanzen kann. Ein Virus für sich alleine genommen ist völlig leblos (obwohl es auch hier Ausnahmen gibt, siehe Kapitel 62). Aber vielleicht müssen wir auch irgendwann akzeptieren, dass die Grenze zwischen »lebendig« und »leblos« nicht so scharf ist, wie wir es uns denken. Auch wir Menschen sind allein nicht lebensfähig. Wir benötigen verschiedenste Stoffe aus der Umwelt, um unseren Körper am Leben zu halten; wir brauchen die Anwesenheit anderer Lebewesen in uns (etwa die Mikroben in unserem Darm). Leben existiert entlang eines Spektrums: Manche Lebewesen sind auf vergleichsweise wenig Hilfe von außen angewiesen, manche brauchen mehr. Ob wir die Viren irgendwann doch noch am hintersten Ende dieses Spektrums in die Kategorie der Lebewesen aufnehmen, wird die Zeit zeigen.

69

## Enterobacteria-Phage T2

*Viren im Mixer*

Wie bekommt man einen Nobelpreis? Man steckt radioaktive Viren in einen Mixer! Und auch wenn es am Ende nicht ganz so simpel war, gehört das »Hershey-Chase-Experiment« zu den Meilensteinen der modernen Biologie. Es fand 1952 statt und sollte eine Frage klären, die damals ebenso fundamental wie unbeantwortet war: Was ist der Träger der Erbinformationen? Man wusste damals schon, dass ein Molekül dafür verantwortlich sein muss, genetische Informationen von einer Generation an die nächste weiterzugeben. Aber man hatte keine Ahnung, um welches es sich handelt. Die vorherrschende Meinung favorisierte die in allen Lebewesen zu findenden »Proteine«, große Moleküle, die aus Aminosäuren aufgebaut sind. Die schon 1869 entdeckte Desoxyribonukleinsäure (kurz »DNA«) sah man zwar als nicht unwichtig an, betrachtete sie aber eher als ein Molekül, das den Zellen ihre Struktur gibt – eine Art Baugerüst. Manche vermuteten allerdings, dass sie eventuell doch eine größere Rolle spielte, als man bisher dachte.

Dazu gehörten der amerikanische Mikrobiologe Alfred Day Hershey vom Cold Spring Harbor Laboratory in New York und die Biologin Martha Chase, die damals als seine Laborassistentin arbeitete. Beide entwickelten ein äußerst elegantes Experiment, in dessen Mittelpunkt ein ganz besonderes Virus stand: Enterobacteria-Phage T2. Es gehört zur Gruppe der sogenannten Bakteriophagen, wörtlich übersetzt die »Bakterienfresser«. Es handelt sich um Viren, die sich darauf spezialisiert haben, Bakterien zu befallen. T2 besteht aus einem »Kopf«, in dem DNA enthalten ist, und sitzt auf einem Schwanz, mit dessen Hilfe sich das Virus an ein Bakterium anheften kann. Hershey und Chase wussten, dass die Bakteriophagen ein Molekül in das Bakterium übertragen, das dort für die Produktion neuer Viren sorgt – so lange, bis die Bakterienzelle aufplatzt, zerstört wird und diese neue Virengeneration freisetzt. Es war aber nicht klar, ob es sich bei dem Molekül um ein Protein oder die DNA handelt.

Kopf und Schwanz des Virus bestehen aus Proteinen; es war also nicht unmöglich, dass T2 die genetischen Informationen zu seiner Reproduktion irgendwo dort speichert. Hershey und Chase wussten allerdings, dass diese Proteine immer auch Schwefelatome enthalten – im Gegensatz zur DNA, wo kein Schwefel zu finden ist, die dafür aber zwingend Phosphor enthalten muss. Sie züchteten sich also zwei ganz spezielle Gruppen von T2-Viren. Die erste erhielt als Baumaterial keine normalen Schwefelatome, sondern ein radioaktives Isotop davon. Das wird vom Virus genauso behandelt wie der übliche Schwefel und in seine Proteinstruktur miteingebaut. Mit einem Messgerät für Radioaktivität konnte man nun aber jederzeit nachweisen, wo sich das Virenprotein gerade befand. Das Gleiche taten Hershey und Chase mit einer zweiten Virenpopulation, die hingegen radioaktiven Phosphor erhielt, um die DNA zu markieren.

Die beiden führten nun mehrere Arten von Experimenten durch, das wichtigste lief aber so ab: Zuerst infizierten sie eine Gruppe von Bakterien mit den Viren, die in ihrer DNA den radioaktiven Phosphor enthielten. Die andere Bakteriengruppe bekam die Viren mit dem markierten Schwefel in ihren Proteinen. Die Viren injizierten nun »etwas« in die Bakterienzelle. Und um herauszufinden, ob dieses Etwas ein Protein oder die DNA ist, steckte man die Flüssigkeit mit den Bakterien in einen handelsüblichen Küchenmixer. Dessen vergleichsweise langsame Drehung löste die noch außen an den Bakterien haftenden Viren ab und damit auch die radioaktiv markierten Bestandteile der Viren, die nicht in die Wirtszellen injiziert wurden. Man hatte nun also zwei Proben: einmal die Bakterien mit dem, was die Viren in sie übertragen hatten; und einmal die Virenreste, die nicht in die Bakterien eingedrungen sind.

Als Hershey und Chase die Bakterien untersuchten, die von den »Schwefel-Viren« befallen worden waren, fanden sie dort kaum radioaktives Material. In der durch den Mixer abgesonderten Flüssigkeit mit den Virenresten allerdings schon. Bei den Bakterien, die von den »Phosphor-Viren« infiziert waren, verhielt es sich genau umgekehrt. Anders gesagt: Die beiden konnten nachweisen, dass es tatsächlich die DNA der Viren ist, die in die Bakterien übertragen wird und die genetische Information enthält.

Eigentlich hätte man das schon früher wissen können. Schon 1944 präsentierte der kanadische Arzt Oswald Avery mit seinen Kollegen in einem anderen Experiment den gleichen Befund. Damals war der Rest der Wissenschaft aber noch viel zu fest davon überzeugt, dass nur Proteine die Träger der Erbinformation sein konnten. 1952 war man schon ein wenig offener für neue Ergebnisse, und im Gegensatz zu Avery bemühte sich Hershey auch aktiv darum, die Kritik an seinem Experiment zu entkräften. Das Hershey-Chase-Experiment wurde schnell akzeptiert, vor allem als im folgenden Jahr James Watson, Francis Crick und Rosalind Franklin die berühmte Doppelhelix-Struktur der DNA entschlüsselten.

Alfred Hershey wurde 1969 für die Entdeckung der Reproduktionsmechanismen der Viren mit dem Medizin-Nobelpreis ausgezeichnet. Martha Chase ging leer aus.

70

## Paenarthrobacter ureafaciens KI72

*Nylonfresser gegen Kreationismus*

Im Februar 1935 erfanden die beiden amerikanischen Chemiker Wallace Hume Carothers und Julian Werner Hill eine Substanz, die korrekt als Polyhexamethylenadipinsäureamid bezeichnet werden müsste. Viel bekannter ist sie aber unter dem Namen »Nylon«. Es war die erste komplett synthetische Faser, und sie ist in Form der Nylonstrümpfe weltberühmt geworden. 40 Jahre später untersuchte eine Gruppe japanischer Biologen das Abwasser einer Nylon-Fabrik. Dabei fanden sie ein Bakterium, das in der Lage war, die bei der Produktion von Nylon entstehenden Abfallprodukte als Grundlage für seinen Stoffwechsel zu benutzen.

Das mag auf den ersten Blick nicht sehr spektakulär klingen. Man muss sich nicht lange mit Mikroorganismen beschäftigen, um zu wissen, dass sie so gut wie überall leben können, im Eis ebenso wie in kochend heißen Quellen, tief unter der Erde und auf hohen Bergen, in für uns lebensfeindlichen Umgebungen voller Salz, Säure oder Gift. Warum also nicht auch im Abwasser einer Nylon-Fabrik? Bemerkenswert ist der Fund deshalb, weil das, was die Bakterien dort als Lebensgrundlage nutzen, vor 1935 nicht existiert hat! Die chemischen Verbindungen, die in den Werken entstehen, gab es vor der Erfindung des Nylons nicht – sie sind komplett künstlich und haben keine Entsprechung in der Natur. Dass sich Mikroorganismen im Laufe der Evolution an extreme Umgebungen anpassen können, ist bekannt. Dass ihnen das Gleiche aber auch in dem kurzen Zeitraum von wenigen Jahrzehnten gelingt: Das war dann doch sehr ungewöhnlich.

Das Bakterium, das wissenschaftlich korrekt den etwas komplexen Namen *Paenarthrobacter ureafaciens KI72* trägt und den – etwas unpräzisen – Spitznamen »Nylonfresser-Bakterium« bekommen hat, zeigt uns, wie anpassungsfähig Mikroorganismen tatsächlich sind. Es war nicht einfach nur »Glück«, das die Bakterien in die Lage versetzt hat, die synthetischen Chemikalien zu nutzen. Denn es wäre ja prinzipiell vorstellbar, dass sie diese Fähigkeit schon immer gehabt haben, sie aber nie einsetzen konnten, weil wir diese Stoffe erst produzieren mussten. Vielleicht hat das Enzym, mit dem sie die Abfallprodukte der Nylon-Fabrik verdauen, ursprünglich einem ganz anderen Zweck gedient? Die Forschung am Nylonfresser hat allerdings gezeigt, dass das nicht der Fall ist. Das Enzym eignet sich für genau diese eine Aufgabe und hat sonst keine Funktion. Es muss also das Resultat einer zufälligen Mutation sein, die dem Bakterium vor 1935 nichts gebracht hätte, die es nach 1935 aber in die Lage versetzt hat, eine völlig neue Nahrungsquelle zu nutzen. Dank uns hat es durch diese Mutation plötzlich einen evolutionären Vorteil.

Das Bakterium veranschaulicht wunderbar, wie Evolution funktioniert: Mutationen treten ständig auf, doch erst wenn sie einem Lebewesen einen Vorteil verschaffen, setzt sich die neue Form durch. Das hat *Paenarthrobacter ureafaciens KI72* auch außerhalb der Mikrobiologie zu Bekanntheit verholfen. Nach seiner Entdeckung wurde es von amerikanischen Bildungsinstitutionen verwendet, um die Behauptungen der Kreationisten zu widerlegen, also der Gruppe religiöser Fundamentalisten, die an ihrem Glauben an einen »Schöpfergott« festhalten und die Veränderung von Lebewesen durch die Evolution bestreiten. Das Nylonfresser-Bakterium widerlegt diese Auffassung anschaulich: Es hat sich durch evolutionäre Anpassung weiterentwickelt, hervorgerufen durch eine genetische Veränderung.

Die Fundamentalisten lassen sich dadurch natürlich nicht beeindrucken; wären sie offen für wissenschaftliche Argumente, dann hingen sie einer wissenschaftsfeindlichen Weltanschauung wie dem Kreationismus gar nicht erst an. Was an der Realität aber nichts ändert: Wir leben in einer Welt, die einem ständigen Wandel unterworfen ist. Und deswegen müssen auch alle Lebewesen auf diesen Wandel reagieren. Die Evolution ist nicht einfach »nur eine Theorie«. Sie ist die reale Grundlage der erstaunlichen Vielfalt des Lebens.

71

## Haloquadratum walsbyi

*Salzige Quadrate*

Wenn die Astronomie Sterne katalogisiert, müssen diese sich meistens mit einer ziemlich unspektakulären Katalognummer zufriedengeben. Die ebenso zahlreichen Mikroorganismen dagegen tragen sehr viel beeindruckendere Namen. Da sie meistens lateinische oder griechische Wurzeln haben, sieht die Namensgebung für den Laien zwar oft unverständlich aus – sie verrät einem aber doch sehr schnell sehr viel. Zum Beispiel im Fall von *Haloquadratum walsbyi*: Das *halo* steht für »Salz«; *quadratum* bedeutet natürlich »quadratisch«, und »walsbyi« bezieht sich auf den britischen Mikrobiologen Anthony Walsby, der dieses Lebewesen 1980 entdeckt hat. Es handelt sich also um »Walsbys salziges Quadrat« – was ein bisschen nach einem obskuren britischen Snack klingt, tatsächlich aber ein enorm faszinierender Vertreter der Archaeen ist.

Entdeckt wurde es in einem Salzsee auf der Sinai-Halbinsel. Bekanntlich können viele Bakterien und Archaeen unter solch unwirtlichen und extremen Bedingungen gut leben. Aber *Haloquadratum walsbyi* war aus zwei Gründen bemerkenswert. Einmal wegen seiner Form: Die Archaeen sehen tatsächlich aus wie kleine Briefmarken. Es sind winzige Quadrate mit einer Seitenlänge von zwei bis fünf Mikrometern und einer Dicke von nur 0,15 Mikrometern. Außerdem haben sich die Archaeen hartnäckig einer Kultivierung im Labor widersetzt. Man kann Mikroorganismen natürlich auch dort sammeln, wo sie leben, dann in eine Forschungseinrichtung schaffen und sie da untersuchen. Aber es ist aufwendig, immer wieder neue Proben zu beschaffen, vor allem dann, wenn man sie nur an abgelegenen Orten finden kann. Insbesondere aber sind solche Proben immer auch verunreinigt. Idealerweise bemüht sich die Wissenschaft also darum, Reinkulturen anzulegen: Man züchtet die Lebewesen in einer kontrollierten Umgebung, sodass man am Ende große Mengen eines einzigen Mikroorganismus zur Verfügung hat.

Das klappt aber nur, wenn man genau weiß, welche Bedingungen ein Bakterium oder Archaeon zum Überleben braucht. Und selbst dann nicht immer. Bei *Haloquadratum walsbyi* hat man mehr als 20 Jahre lang versucht, eine Reinkultur anzulegen, und ist jedes Mal gescheitert. Man war schon fast überzeugt, dass es sich schlicht und einfach nicht kultivieren lässt – bis es Forscherinnen und Forschern aus Australien und den Niederlanden im Jahr 2004 doch gelang. Sie stellten fest, dass *Haloquadratum walsbyi* nicht nur – wie erwartet – eine sehr salzige Umgebung benötigt (mindestens 18 Prozent Salzgehalt mussten es sein, also mehr als zum Beispiel in typischer Sojasoße). Sie fanden außerdem heraus, dass sich die Archaeen umso besser vermehrten, je salziger die Umgebung war und je weniger Nährstoffe zur Verfügung standen. Das klingt paradox, ist aber logisch. Denn wie der erfolgreiche Kultivierungsversuch zeigte, braucht *Haloquadratum walsbyi* sehr lange, um sich fortzupflanzen. Es dauerte ein bis zwei Tage, bis sich die Anzahl der Archaeen verdoppelte; andere Mikroorganismen schaffen das in einer halben Stunde. Da die salzigen Quadrate also so langsam sind, ist es besser für sie, wenn sie sich mit möglichst wenig Konkurrenz herumschlagen müssen – und je salziger und nährstoffärmer, desto weniger andere Mikroorganismen können überleben.

Die erfolgreiche Kultivierung der Salz liebenden Archaeen machte es möglich, sie in aller Ruhe und Genauigkeit zu untersuchen. Warum sie flach und quadratisch sind, ist allerdings immer noch nicht ganz klar. Normalerweise findet man in der Natur ja eher formlose Gebilde beziehungsweise runde Formen. Quadrate oder Rechtecke sind die Ausnahme. Die Form von Mikroorganismen wird unter anderem auch von der Flüssigkeit in ihrem Inneren bestimmt. Es kommt dabei auf den sogenannten »osmotischen Druck« an, also darauf, wie viele Moleküle in der Zellflüssigkeit gelöst sind und wie diese Konzentration sich im Vergleich zur Menge der gelösten Moleküle in der Umgebung verhält. Sind dort mehr Stoffe gelöst als im Inneren des Mikroorganismus, dann strömt Flüssigkeit aus ihm hinaus, ansonsten verhält es sich umgekehrt. Bei den meisten Bakterien oder Archaeen fließt das Wasser in sie hinein; sie schwellen also leicht an, was ihnen eine rundliche Form verleiht. *Haloquadratum walsbyi* hingegen scheint Flüssigkeit an die sehr salzige Umgebung abzugeben und wird dadurch flacher. Die quadratische Form könnte mit den vielen kleinen gasgefüllten Bläschen zusammenhängen, die sich vor allem am Rand des Archaeons befinden. Mit deren Hilfe kann es im Wasser schweben und sich optimal positionieren, um nicht zu viel und nicht zu wenig Licht ausgesetzt zu sein. Durch die gezielte Produktion solcher Gasblasen lässt sich auch das Volumen der Zellflüssigkeit verändern, was eventuell einer der Gründe ist, wieso *Haloquadratum walsbyi* so gut mit extrem salzigem Wasser zurechtkommt. Komplett verstanden ist die Rolle der Gasbläschen bei den Salz liebenden Archaeen aber ebenso wenig wie die Form von Walsbys salzigen Quadraten.

72

## Botryococcus braunii

*Tankstopp mit Algenfett*

Unsere moderne Zivilisation basiert auf Algen. Das ist ein Problem: Vor ein paar Hundert Millionen Jahren bildeten sich auf dem Boden der damaligen Ozeane und Seen dicke Schichten aus abgestorbenen Lebewesen. Es waren vor allem Algen, die sich dort ansammelten, und weil es da unten so gut wie keinen Sauerstoff gab, konnten sie nicht verwesen. Gesteinsschicht über Gesteinsschicht formte sich über den toten Mikroorganismen, und durch den hohen Druck und die hohen Temperaturen wandelten sie sich in zähflüssige Verbindungen aus Kohlenstoff um. Vereinfacht gesagt, entstand auf diese Art das, was wir heute Erdöl nennen. Neben anderen, auf ähnliche Weise aus vorzeitlichen Pflanzen entstandenen Energiequellen wie der Kohle nutzen wir diese fossilen Brennstoffe seit der industriellen Revolution im 19. Jahrhundert immer intensiver und stillen mit ihrer Hilfe unseren immer stärker wachsenden Energiebedarf. Dadurch haben wir aber all den in den toten Mikroorganismen gebundenen Kohlenstoff in Form von Kohlendioxid wieder hinaus in die Atmosphäre entlassen. In jedem Jahr ungefähr so viel, wie sich während einer Million Jahre im Gestein der Erde gebildet hat. Das hat die natürlichen Kreisläufe durcheinandergebracht, und das Resultat ist die menschengemachte Katastrophe des globalen Klimawandels.

Diese Krise muss schnell und mit unterschiedlichsten Ansätzen gelöst werden. Dabei geht es aber definitiv nicht ohne eine neue Energiequelle, die kein Kohlendioxid mehr freisetzt. Die

Forschung konzentriert sich daher auch auf sogenannte »Biokraftstoffe«, die aus nachwachsenden Rohstoffen gewonnen werden. Und sie greift dabei auch auf genau die Lebewesen zurück, denen wir das Erdöl zu verdanken haben.

*Botryococcus braunii* ist eine überall auf der Welt zu findende Süßwasseralge. Das einzellige Lebewesen ist winzig, bildet aber zusammen mit anderen Algen größere Kolonien. Sie nutzen die Energie des Sonnenlichts und speichern sie in Zucker- und Fettmolekülen in ihrem Inneren. Genau dieses Algenfett interessiert die Forschung. Es besteht aus Kohlenwasserstoff, genauer gesagt: aus sogenannten Triterpenen. Die kann man mit einem ähnlichen Prozess wie der Erdölraffinerie zu Kraftstoffen umwandeln, die wie Benzin oder Diesel funktionieren.

Dazu muss man aber erst einmal genug von dem Zeug aus den Algen rausbekommen. *Botryococcus braunii* hat zwar im Vergleich zu anderen Algen eine recht dicke Zellwand; das meiste der Kohlenwasserstoffe befindet sich aber außerhalb davon (unter anderem, um die Algenkolonien zusammenzuhalten). Trotzdem muss man es auf eine vernünftige Art und Weise ernten, idealerweise ohne die Algen dabei umzubringen. Man hat zum Beispiel untersucht, ob man die Algen durch extrem kurze Elektroschocks dazu bringen kann, ihre Fette an das Wasser der Umgebung abzugeben. Was auch zu funktionieren scheint – das Problem der erneuerbaren Energie ist damit aber noch lange nicht gelöst.

Man kann natürlich nicht einfach Kabel in Teiche und Seen legen, ein paar Stromstöße abgeben und dann das fertige Benzin abschöpfen. Die Algen müssen unter optimalen Bedingungen kultiviert werden, und man muss die richtige Algenart finden, bei der am meisten Ertrag zu erwarten ist. Bei *Botryococcus braunii* kann das Fett bis zu 86 Prozent der Trockenmasse betragen, was viel ist im Vergleich zu anderen Fett produzierenden Algen. Aber es gibt unterschiedliche Stämme mit unterschiedlichem Ertrag, und wir haben längst noch nicht alle Möglichkeiten ausgeschöpft (oder auch nur entdeckt). Außerdem wachsen Algen nicht von selbst: Die Anlagen, in denen sie gezüchtet werden, müssen betrieben, ihr Fett muss geerntet und weiterverarbeitet werden. All das benötigt Energie, und all das setzt Kohlendioxid frei. Um Algen zu kultivieren, ist zwar Kohlendioxid nötig – es wird beim Wachstum in den Algen gebunden –, und das könnte man aus den Abgasen von konventionellen Kraftwerken entnehmen. Die Auswirkungen auf das Klima sind dadurch aber nur verschoben, denn sobald der Algenkraftstoff verbrannt wird, wird das gespeicherte Kohlendioxid wieder freigesetzt.

Treibstoff aus lebenden Algen ist definitiv besser als Treibstoff aus den fossilen Algen der Vergangenheit (sofern wir irgendwann in der Lage sein sollten, ihn auch ökologisch sinnvoll zu produzieren). Aber die Klimakrise wird sich allein dadurch nicht lösen lassen. Wir brauchen nicht nur andere Stoffe, die wir in die Tanks unserer Autos füllen können. Sondern vor allem sehr viel weniger Autos, als heute durch die Gegend fahren. Und Energiequellen, durch die keine Treibhausgase freigesetzt werden. Eigentlich müssten wir es den Algen ja einfach nur nachmachen und direkt die Sonnenenergie nutzen. Davon gibt es mehr als genug.

73

## Humanes Respiratorisches Synzytial-Virus

*Ein Bier gegen Schnupfen*

Das Humane Respiratorische Synzytial-Virus verursacht Schnupfen, Husten, Bronchitis und andere Unannehmlichkeiten, die gemeinhin als »Erkältung« bezeichnet werden. Das ist eine fiese Krankheit, die aber meistens nach einiger Zeit von selbst wieder verschwindet. Trotzdem existiert eine Unzahl an Hausmitteln zur Erleichterung der Beschwerden, die mal schlechter und mal besser wirken. Im Jahr 2012 kam eine weitere Erkältungskur hinzu, diesmal hochwissenschaftlich von einer japanischen Forschungsgruppe untersucht. »Bier hilft gegen Erkältung«, lauteten damals viele Schlagzeilen, vor allem im Internet. Verständlicherweise, denn wenn ein derart populäres Getränk gleichzeitig auch noch eine weitverbreitete Krankheit heilen könnte, wäre die Aufregung durchaus berechtigt.

Tatsächlich ging es in der Forschungsarbeit aber nicht um das Bier an sich, sondern um die im Getränk enthaltenen Hopfenbitterstoffe, insbesondere das »Humulon«. Es stammt aus dem Harz der Hopfenpflanze, und wenn es beim Brauen erhitzt wird, entstehen daraus die Stoffe, die dem Bier seinen typischen bitteren Geschmack verleihen. Dass der Hopfen darüber hinaus durchaus auch reale medizinische Wirkungen hat, war schon länger bekannt. Die Hopfenbitterstoffe wirken leicht beruhigend, entzündungshemmend und können das Wachstum bestimmter Bakterien hemmen.

Die japanische Studie aus dem Jahr 2012 wollte untersuchen,

ob der Hopfen eventuell auch gegen Viren wirken kann. Denn selbst wenn das Humane Respiratorische Synzytial-Virus in den meisten Fällen wirklich nur eine Erkältung verursacht, kann es bei Säuglingen und Kindern schwerere Symptome hervorrufen, die im Krankenhaus behandelt werden müssen. Und tatsächlich zeigten die Experimente, dass Humulon das Virus an der Reproduktion hindern kann.

Ist Bier also wirklich eine gute Kur gegen eine Erkältung? Eher nicht: Denn erstens wurden die Experimente nur mit Zellen in einer Petrischale durchgeführt und nicht an echten Menschen. Zweitens ist Humulon zwar in Bier enthalten; um eine entsprechende Wirkung zu erzielen, müsste man aber knapp zehn Liter davon trinken und hätte dann wohl andere Probleme. Und drittens kamen drei Wissenschaftler des Teams aus der Forschungsabteilung einer großen japanischen Brauerei – was natürlich nicht bedeuten muss, dass an der Forschungsarbeit etwas auszusetzen wäre. Sie hat, wie jede andere normale wissenschaftliche Arbeit, einen Begutachtungsprozess durchlaufen und wurde in einer Fachzeitschrift publiziert. Aber wenn eine Firma zu einem Forschungsergebnis kommt, das ihr eigenes Produkt besonders gut aussehen lässt, sollte man immer ein wenig vorsichtig sein …

Es ist absolut sinnvoll, in der mikrobiologischen Ausstattung von Pflanzen, Tieren und anderen Lebewesen nach medizinisch wirksamen Substanzen zu suchen. Immerhin hatte das Leben ja im Laufe der Jahrmilliarden jede Menge Zeit, Strategien gegen alle möglichen Arten von Krankheitserregern zu entwickeln. Aber in der Realität ist es dann leider nicht so einfach, wie wir es uns wünschen würden. Ein »Wundermittel«, das auch noch gut schmeckt, werden wir so schnell nicht finden.

Gerade wenn es um medizinische Erkenntnisse geht, die mit unseren Lebensmitteln zu tun haben, ist ein wenig Skepsis durchaus angebracht. Gesundheit und Essen sind Themen, die uns alle interessieren, und entsprechend umfangreich ist die mediale Berichterstattung. In der dann auch der Aufmerksamkeit wegen gerne Dinge behauptet werden, die die reale Forschung eigentlich nicht hergibt. Wenn etwa ein chemischer Stoff, der zum Beispiel auch in Rotwein enthalten ist, im Laborversuch vorsichtige Anzeichen einer medizinischen Wirkung zeigt, dauert es nicht lange, bis man entsprechende »Rotwein wirkt gegen …«-Schlagzeilen lesen kann. Gleiches gilt für Lebensmittel, die uns angeblich beim Abnehmen helfen: Eine Suche im Internet liefert für so gut wie jede vorstellbare Substanz entsprechende »Belege«. Von Kaffee über Milch, Olivenöl und Cola bis hin zum Tequila ist alles dabei. Und natürlich wird auch von Bier behauptet, dass es uns beim Gewichtsverlust hilft. Na dann, prost.

74

## Dysaphis plantaginea densovirus

*… verleiht Flügel*

Glaubt man der Werbung, dann muss man nur ein stark koffein- und zuckerhaltiges Getränk aus einer Aluminiumdose konsumieren, um Flügel verliehen zu bekommen. Das Versprechen des österreichischen Limonadenherstellers ist aber nur metaphorisch zu verstehen. Außer man ist eine Blattlaus, dann gibt es tatsächlich Mittel und Wege, sich echte Flügel zu verschaffen. Dazu braucht es allerdings keinen Energydrink, sondern ein Virus.

Wer Apfelbäume besitzt, wird sicherlich auch schon mal Probleme mit *Dysaphis plantaginea* gehabt haben, landläufig unter dem Namen »mehlige Apfelblattlaus« bekannt. Die kleinen Tiere leben in großen Kolonien auf der Unterseite der Blätter, legen dort auch ihre Eier und lassen ihr stark zuckerhaltiges Ausscheidungsprodukt zurück, den Honigtau. Ihre Anwesenheit verursacht verkrümmte Blätter und deformierte Früchte, und der Honigtau ist eine ideale Lebensgrundlage für Pilzbefall. Aus Sicht der Blattläuse ist das so weit alles völlig in Ordnung; das einzige Problem, das sie damit haben, besteht in der Bevölkerungskontrolle.

Normalerweise sind Blattläuse hellbraun, haben keine Flügel, tun das, was Lebewesen eben so tun, und pflanzen sich mit großer Begeisterung fort. Die Kolonie wächst immer weiter, aber ohne Flügel ist es für die Tiere schwer, andere Pflanzen zu besiedeln. Ab und zu werden aber Blattläuse geboren, die ein wenig dunkler sind als die anderen und im Gegensatz zu ihren Artgenossen Flügel besitzen. Die können nun die überfüllte Kolonie verlassen, sich auf einer anderen Pflanzen niederlassen und eine neue Gemeinschaft gründen.

Die geflügelten Insekten tauchen allerdings nicht zufällig auf. Vielmehr sind sie das Resultat einer viralen Infektion. Die *Densovirinae* sind eine Virenfamilie, die besonders gerne Insekten (und Krustentiere) befällt. Ein Vertreter, Dysaphis plantaginea densovirus, hat sich auf die mehlige Apfelblattlaus spezialisiert. Die DNA des Virus kann in einem befallenen Tier eine Mutation verursachen, die dessen Farbe ändert und das Wachstum von Flügeln anregt. Die fliegende Blattlaus kann nun eine neue

Kolonie gründen. Wenn sie dann dort den Pflanzensaft des Apfelbaums aus den Blättern saugt, werden die Viren dort abgelagert. Dysaphis plantaginea densovirus nutzt die Insekten also als Transportmittel, um für seine eigene Verbreitung zu sorgen. Der Blattlaus ist das aber nicht unrecht. Die infizierten Tiere geben das Virus nicht an ihre Nachkommen weiter; es bildet sich eine Kolonie aus ganz normalen, flügellosen Insekten. Erst wenn die Bevölkerungsdichte groß genug wird, steigt die Chance, dass sich wieder einige von ihnen mit den Viren aus dem Pflanzensaft infizieren – und der Kreislauf beginnt von vorne.

Das Virus hat zwar Auswirkungen auf die Fortpflanzungsfähigkeiten der Blattläuse; die nicht infizierten Insekten haben mehr Nachkommen als die befallenen. Aber im Großen und Ganzen sind beide Seiten mit dem Arrangement zufrieden. Das Virus braucht neue Wirte und bekommt sie, indem es von Kolonie zu Kolonie weitergetragen wird. Den Blattläusen ermöglicht es dadurch, sich auf anderen Pflanzen zu verbreiten, wenn die Kolonien zu dicht besiedelt sind. Es hat eben manchmal durchaus auch positive Seiten, sich ein Virus einzufangen. Zumindest für Blattläuse.

75

## Yersinia pseudotuberculosis

*Der Ursprung des größten Feindes der Menschheit*

Vor mehr als 6000 Jahren tauchte ein Lebewesen auf der Erde auf, das es vorher nicht gegeben hat. Seit damals hat es nicht aufgehört, uns Menschen anzugreifen und zu töten. Allein im 14. Jahrhundert fielen ihm bis zu 50 Millionen Menschen in Europa zum Opfer. Auch danach und davor entvölkerte es ganze Städte und Regionen. Wie viele Menschen es in der vorhistorischen Zeit, aus der wir keine Aufzeichnungen haben, umgebracht hat, wissen wir nicht. Das »Monster«, um das es geht, heißt *Yersinia pestis* und ist ein nur knapp zwei millionstel Meter großes Bakterium. Es ist der Verursacher der Pest und verantwortlich für einige der schlimmsten Pandemien, die uns im Laufe der Geschichte heimgesucht haben.

Die erste große durch das Bakterium ausgelöste Todeswelle, von der wir mit Sicherheit wissen, breitete sich ab dem Jahr 541 über den ganzen Mittelmeerraum aus und verschwand erst mehr als 200 Jahre später. Im 14. Jahrhundert folgte die zweite Welle, und zwischen 1346 und 1353 starb bis zu einem Drittel der damaligen Bevölkerung Europas an der Seuche. Von da an blieb der »Schwarze Tod« nie lange verschwunden. Immer wieder flammten lokale Epidemien auf, suchte die Krankheit scheinbar wahllos Städte und Regionen heim. Die dritte große Pest-Pandemie begann gegen 1894 in China und breitete sich von dort in den Rest der Welt aus. Circa 15 Millionen Menschen starben. Aber im Gegensatz zu den vergangenen Seuchen stand man der Katastrophe nun nicht mehr völlig hilflos gegenüber. Dem Arzt Alexandre Émil Jean Yersin gelang es kurz nach Ausbruch der Pandemie, den damals immer noch unbekannten Erreger der Pest zu isolieren. Der »Bacille de la peste«, wie Yersin das Bakterium bezeichnete, bekam später den Namen seines Entdeckers: *Yersinia pestis*.

Yersin konnte damals nachweisen, dass das Bakterium auch für ein zeitgleich zur Pest auftretendes Massensterben bei Ratten verantwortlich war. Und wenig später fand man heraus, dass der Mikroorganismus durch den Biss eines Rattenflohs vom Tier auf den Menschen überspringen konnte. Damit war der Verlauf der Ansteckung weitestgehend geklärt: Ein Floh saugt das Blut einer infizierten Ratte auf, beißt danach einen Menschen, überträgt so das Blut samt Bakterien und löst auch dort die Pest aus. Das ist eine effektive Taktik, denn nun kann es von Menschenflöhen weitergegeben oder durch Tröpfcheninfektion direkt von Mensch zu Mensch übertragen werden. Ratten sind aber nicht die einzigen Tiere, die von der Pest befallen werden können. Mehr als 200 Säugetierarten können daran erkranken und Ausgangspunkt einer Epidemie werden. Hinzu kommt, dass *Yersinia pestis* ein zäher Artgenosse ist, der sich auch nach Wochen noch in Lebensmitteln, Kleidern oder auch in Kadavern wohlfühlt und auf das nächste Opfer wartet.

Die Pest ist nicht verschwunden; es sterben immer noch Menschen an dieser uralten Seuche. Wenn die Erkrankung aber früh genug erkannt wird, sind wir heute in der Lage, sie mit Antibiotika zu behandeln. Die generell verbesserten Hygienebedingungen haben ebenfalls dafür gesorgt, dass die Pest ihren alten Schrecken verloren hat.

Und mittlerweile wissen wir auch, wo diese Seuche ihren Ursprung genommen hat. 2015 untersuchte ein internationales

Team aus Forscherinnen und Forschern die DNA aus menschlichen Knochen, die in bis zu 5000 Jahre alten Gräbern im Südosten von Russland gefunden wurden. Darin ließen sich Spuren von *Yersinia pestis* nachweisen. Sie unterschieden sich zwar leicht von der modernen Variante, aber es handelte sich unverkennbar um das gleiche Bakterium. Die Unterschiede zwischen dem alten und dem neuen Stamm der Pest und Vergleiche mit anderen DNA-Proben von *Yersinia pestis* und ähnlichen Bakterien erlaubten es, einen »Stammbaum« des Krankheitserregers zu rekonstruieren. Demnach stammen alle Pest-Bakterien von einem gemeinsamen Vorfahren ab, der vor fast 6000 Jahren existiert hat. Seinen Ursprung hat *Yersinia pestis* in einem anderen Bakterium mit der Bezeichnung *Yersinia pseudotuberculosis.* Entdeckt wurde es schon 1889, und es befällt vor allem Nagetiere, Wildvögel und andere Wildtiere. Von dort kann es auch auf den Menschen übergehen und Darmerkrankungen auslösen – ist aber weit davon entfernt, Pandemien vom Ausmaß der Pest zu verursachen.

Irgendwann vor langer Zeit muss eine zufällige Mutation aus dem vergleichsweise harmlosen *Yersinia pseudotuberculosis* das tödliche *Yersinia pestis* Bakterium gemacht haben. Denn dass es auch schon in der Bronzezeit tödlich war, zeigen die mikrobiologischen und archäologischen Befunde, auch wenn seine Opfer damals »nur« an der Lungenpest und nicht auch an der Beulenpest erkrankten, wie sie von seinen Nachkommen ausgelöst wurde. Vor circa 3000 Jahren führte eine weitere Mutation dann dazu, dass *Yersinia pestis* auch durch Flöhe übertragen werden konnte. Damit war der Weg frei für das Bakterium, das die Geschichte der Menschheit so sehr beeinflusste, wie es vermutlich kein anderes Lebewesen bis dahin getan hatte.

(76)

## Curvularia protuberata

*Heiße Freundschaft*

Manche Viren machen nicht krank, sondern gesünder. Das gilt auf jeden Fall für *Dichanthelium lanuginosum*, eine Art von Gras, das in Nordamerika wächst und dort weniger wissenschaftlich »Hot Spring Panic Grass« genannt wird. Mit »Panik« hat das Gewächs aber nichts zu tun, der Name leitet sich vom lateinischen Wort *panicum* für »Hirse« ab. Allerdings könnte das Gras angesichts seiner Umgebung durchaus ein wenig panisch werden. Es wächst nämlich in unmittelbarer Umgebung von Geysiren und heißen Quellen im Yellowstone-Nationalpark. Die Temperatur des Bodens kann dort 50 Grad Celsius übersteigen, was normalerweise viel zu viel für ein simples Gras ist. Im Gegensatz zu Pflanzen, die etwa in der Wüste tagsüber hohen Temperaturen ausgesetzt sind, dafür aber in der Nacht wieder abkühlen können, muss das Panic Grass die Hitze ständig ertragen.

Das schafft es nicht ohne Hilfe, und die bekommt es von *Curvularia protuberata*. Das ist ein mikroskopisch kleiner Pilz, der in den Wurzeln des Grases lebt. Solche Wohngemeinschaften sind bei Pflanzen nicht selten; sie leben oft mit Mikroorganismen zusammen und profitieren davon (zum Beispiel von Bakterien, die in der Lage sind, Stickstoff aus der Luft aufzunehmen und den Pflanzen zur Verfügung zu stellen). In diesem Fall schützen Pilz und Gras sich gegenseitig vor der Hitze. Alleine könnten beide nur Temperaturen von höchstens 38 Grad Celsius ertragen. Zusammen schaffen sie mehr, aber wie sie das hinbekommen, war lange unklar. Im Jahr 2006 fanden Forscherinnen und Forscher dann das fehlende Puzzleteil.

Eine gentechnische Analyse des Pilzes zeigte eine Erbinformation, die in Pilzen normalerweise so nicht vorkommt. Dafür aber sehr wohl in Viren. Die Vermutung lag nahe: *Curvularia protuberata* wurde von einem Virus infiziert, der irgendwie mit der Sache zu tun haben muss. Man entfernte die Pilze aus dem Gras, züchtete im Labor eine Version von *Curvularia protuberata* ohne Viren und stattete die Pflanzen damit aus. Dann erhöhte man die Temperatur und stellte fest: Das Gras starb nach kurzer Zeit. Aber wenn man die Pilze wieder mit dem Virus infizierte, lief alles wunderbar.

Um die Pflanze hitzefest zu machen, braucht es Pilz und Virus (das den Namen Curvularia Thermal Tolerance Virus bekommen hat). Die Details sind immer noch unklar. Möglicherweise sorgt der Pilz dafür, dass das Gras nicht die üblichen Reaktionen auf stressige Situationen an den Tag legt. Man konnte bisher zeigen, dass der Vorgang auch bei anderen Pflanzen funktioniert. Eine mit von Viren infizierten Pilzen bestückte Tomatenstaude hielt Hitze danach ebenfalls besser aus.

Diese dreifache Zusammenarbeit demonstriert deutlich, dass ein biologisches System aus mehr als nur einem Organismus bestehen kann. Das ist vermutlich auch viel häufiger der Fall, als wir derzeit wissen. Die amerikanische Biologin Lynn Margulis hat dafür das Wort »Holobiont« eingeführt. Auch wir Menschen brauchen diverse Mikroorganismen in unserem Körper, um zu überleben, auch bei uns handelt es sich also um Holobionten. Wir sind nicht nur ein großes Säugetier, sondern gewissermaßen auch all die Bakterien und anderen Mikroorganismen, die in uns leben und uns dadurch in jeder Hinsicht beeinflussen. Wenn wir verstehen wollen, wie das Leben funktioniert, dann müssen wir auch sämtliche Wechselwirkungen zwischen den verschiedenen Arten verstehen. Niemand kann für sich allein existieren, egal ob Mensch, Gras oder Bakterium.

77

## Bacillus subtilis

*Mikrobiologische Kunstliebhaber*

Betrachtet man mikroskopische Aufnahmen von Bakterien, Viren und anderen Mikroorganismen, dann können sie durchaus wie Kunstwerke erscheinen. In der klassischen Kunst findet man sie aber eher selten: Menschen, Landschaften, Pflanzen und Tiere tauchen in allen möglichen Variationen auf Gemälden auf, die in Museen zu besichtigen sind. Nach Bakterien aber muss man lange suchen. Und man findet sie nur, wenn man weiß, wo man suchen muss. So wie Elisabetta Caselli von der Universität Ferrara in Italien. Mit ihren Kolleginnen und Kollegen nahm sie sich im Jahr 2016 das Bild *Incoronazione della Vergine* von Carlo Bononi vor. Der Künstler aus dem Frühbarock hat es zu Beginn des 17. Jahrhunderts gemalt, und seitdem hing es an der Decke der Kirche Santa Maria in Vado in Ferrara. Nach einem Erdbeben im Jahr 2012 musste es abgenommen werden und wurde an die Wand einer Nische in der Kirche gelehnt. Was so einem Bild nicht unbedingt guttut – und genau das war auch die Frage, die sich Caselli stellte: Wie groß ist die Gefahr für das Gemälde durch biologische Abbaureaktionen – und was kann man dagegen tun?

Dazu wurde das Bild zuerst einmal einer gründlichen mikrobiologischen Untersuchung unterzogen. Man fand verschiedene Bakterien der Gattungen *Staphylococcus* und *Bacillus*; außerdem auch noch vier verschiedene Pilz-Gattungen. Das Interessante daran: Die Mikroben waren nicht einfach wahllos oder gleichmäßig über das Gemälde verteilt, sondern schienen sich ganz spezielle Lebensräume ausgesucht zu haben. Und tatsächlich ist so ein Bild ja nicht einfach nur ein buntes Stück Leinwand oder Holz. An der Oberfläche des Gemäldes ist es hell, in den unteren Farbschichten eher dunkel; Temperatur und Luftfeuchtigkeit unterscheiden sich ebenso. Manche der verwendeten Farbpigmente bestehen aus organischen Stoffen, manche sind anorganisch und können unterschiedlichen Mikroorganismen als Nahrungsgrundlage dienen. Aus Sicht einer winzigen Mikrobe ist so ein Bild eine Ansammlung völlig verschiedener Biotope.

Die Schimmelpilze *Aspergillus* und *Penicillium* schienen sich zum Beispiel in den dunklen Regionen am wohlsten zu fühlen, und man fand sie in den Brauntönen der Kleidung der abgebildeten Engel oder im roten Umhang Gottes. *Cladosporium*-Schimmel dagegen bevorzugte den gelben Himmel und die rosa Bereiche der nackten Haut. Auch die im Gemälde gefundenen Bakterien suchten sich ihre ganz eigenen Lebensräume aus. Carlo Bononi hat aus Leinwand und Farbe nicht nur ein ästhetisches Kunstwerk zusammengesetzt, sondern auch eine komplette Welt, die von Mikroorganismen besiedelt werden kann.

Aus biologischer Sicht mag es ein schöner Gedanke sein, dass Bakterien, Pilze & Co. die Kunst auf ihre ganz eigene Weise ebenso schätzen wie wir Menschen. Aber wo für uns ästhetischer Genuss im Vordergrund steht, sehen die Mikroben den Wert der Kunst vor allem als Nahrungsgrundlage. Was im Laufe der Zeit durchaus zu Problemen führen kann, wenn der biologische Abbau ein Kunstwerk massiv schädigt.

Caselli hat deswegen auch untersucht, ob sich die Angelegenheit durch den Einsatz von PCHS in den Griff bekommen lässt. Das steht für »Probiotic Cleaning Hygiene System« und ist eine Methode, bei der man Mikroben zur Reinigung einsetzt, also mit Mikroorganismen andere Mikroorganismen bekämpft. Man verwendet dabei unter anderem Sporen bestimmter Bakterienarten. Sporen sind »Überdauerungsformen«, die sehr viel weniger anfällig für schädliche Umwelteinflüsse sind.

Caselli verwendete nun Sporen des Bakteriums *Bacillus subtilis* und zweier weiterer *Bacillus*-Arten und konnte nachweisen, dass sie die Ausbreitung der im Gemälde gefundenen Pilze und Bakterien stoppten. Offensichtlich sind die aus den Sporen gekeimten Bakterien von *Bacillus subtilis* und seiner Kollegen sehr viel effektiver bei der Ausnutzung der Ressourcen, sodass für die anderen Mikroorganismen nichts mehr übrig bleibt.

Natürlich muss noch sehr sorgfältig geprüft werden, ob diese antimikrobiell wirkenden Bakterien das Gemälde langfristig nicht auch schädigen. Aber falls sich *Bacillus subtilis* als Kunstfreund erweist, hätte man damit einen neuen Weg gefunden, Gemälde vor dem Verfall zu schützen.

78

## Methanosarcina barkeri

*Die Weltuntergangsmikrobe*

Eines der gewaltigsten vulkanischen Ereignisse der Erdgeschichte und ein Mikroorganismus mit einer tödlichen neuen Eigenschaft tun sich zusammen, um mehr als drei Viertel aller Lebewesen auf der Erde auszurotten. Was nach einem überzogenen Hollywood-Katastrophenfilm klingt, ist tatsächlich eine wissenschaftliche Hypothese, um eines der dramatischsten Massensterben in der Geschichte unseres Planeten zu erklären. Das sogenannte »Perm-Trias-Ereignis« (benannt nach den geologischen Schichten gleichen Namens) fand vor 252 Millionen Jahren statt und ist von allen noch nachweisbaren Ereignissen dieser Art das folgenreichste gewesen.

Seit man in den geologischen Schichten der Erde die ersten Hinweise auf das gewaltige Aussterben gefunden hat, hat man selbstverständlich auch über die Ursache gerätselt. Ein offensichtlicher Kandidat wäre der Einschlag eines großen Asteroiden auf der Erde. Das war die Ursache eines anderen Massensterbens vor 65 Millionen Jahren, das das Ende der Dinosaurier eingeläutet hat. Für die Zeit vor 252 Millionen Jahren ist allerdings kein passender Krater bekannt. Was wir stattdessen kennen, ist der »Sibirische Trapp«, eine geologische Formation, die als »Vulkan« zu bezeichnen definitiv untertrieben wäre. Es handelt sich um eine sogenannte »magmatische Großprovinz«, eine zwei Millionen Quadratkilometer große Region in Sibirien, die von Gestein bedeckt ist, das aus erstarrter Lava entstanden ist. Diese enorme Menge an geschmolzenem Gestein aus dem Inneren der Erde ist nicht auf einmal an die Oberfläche gekommen, sondern im Verlauf von einigen Hunderttausend Jahren. Aus geologischer Sicht ist das aber ein relativ kurzer Zeitraum, und der Staub, der während dieser Phase extrem erhöhter vulkanischer Aktivität in die Atmosphäre gelangte, hätte durchaus ausgereicht, um das Sonnenlicht deutlich zu blockieren. Pflanzen auf dem Land und Mikroorganismen in den Ozeanen hätten keine Photosynthese mehr durchführen können, was zum Zusammenbruch der gesamten Nahrungskette geführt hätte. Und wenn sich der Staub gesetzt hat, würde das bei diesen Ausbrüchen in die Atmosphäre entlassene Kohlendioxid zu einer globalen Erwärmung führen, die weiteres Massensterben verursacht.

Wir wissen, dass die zur Entstehung des Sibirischen Trapps führenden vulkanischen Eruptionen vor 252 Millionen Jahren stattgefunden haben. Und es war eindeutig ein ausreichend dramatisches Ereignis, um das Perm-Trias-Massensterben zu erklären. Im Jahr 2014 behaupteten der amerikanische Geophysiker Daniel Rothman und sein interdisziplinäres Forschungsteam aber, dass die Vulkanausbrüche nur ein Nebenschauplatz des Weltuntergangs waren. Seine wahren Verursacher seien die Vorfahren von Archaeen wie *Methanosarcina barkeri*.

Dieser Mikroorganismus wurde 1966 in einem Behälter voll Klärschlamm entdeckt. Er gehört zur Gruppe der Organismen, die Methan auf biologischem Weg erzeugen können; etwas, wozu nur Archaeen in der Lage sind. Sie brauchen für ihren Stoffwechsel keinen Sauerstoff, und man findet sie nicht nur im Schlamm unserer Abwässer, sondern auch am Grund von Seen und Teichen und auch in den Därmen von Tieren, inklusive uns Menschen. *Methanosarcina barkeri* ist die sogenannte Typusart aller Arten von *Methanosarcina;* es steht also mit seinen Eigenschaften exemplarisch für eine ganze Gattung an Mikroorganismen, die Methan produzieren können.

Genau das mussten diese aber erst einmal lernen, und laut Rothman ist das vor circa 252 Millionen Jahren geschehen. Die Vorfahren von *Methanosarcina barkeri* existierten damals schon, waren aber noch nicht in der Lage, ihre Energie durch die Bildung von Methan aus Kohlendioxid und Wasserstoff zu gewinnen, so wie sie es heute tun. Diese Eigenschaften haben sie erst durch einen »horizontalen Gentransfer« erlangt. Normalerweise werden Gene »vertikal« weitergegeben, also von einer Generation auf die andere vererbt. Manchmal kann es aber auch vorkommen, dass Gene direkt von einem schon existierenden Organismus in einen anderen gelangen (siehe Kapitel 51). Solche Gene können unter anderem von Viren zwischen Individuen übertragen und dann in die DNA eingebaut werden. Vermutlich war es ein damals existierendes Bakterium, das *Methanosarcina* einen Teil seiner Gene aufgedrängt hat. Und zufälligerweise passten die ganz genau, um dem Archaeon die Bildung von Methan zu ermöglichen.

Mit diesem völlig neuen Energiestoffwechsel konnte es sich schnell vermehren und ausbreiten. Das Resultat: jede Menge Methan, das sich in der Atmosphäre der Erde anreicherte. Bei ihrem schnellen Wachstum müssen die Archaeen große Mengen an organischen Sedimenten am Meeresboden aufgefressen haben, um an den nötigen Kohlenstoff für ihre Methanbildung zu kommen – was neben der Freisetzung von Methan auch zur Freisetzung von Kohlendioxid geführt hat. Insgesamt lieferten sie also die besten Bedingungen für eine enorme globale Erwärmung und ein Massensterben.

Die geologischen Untersuchungen im Gestein des Ozeanbodens stützen diese Hypothese, ebenso wie genetische Analysen, mit denen sich abschätzen lässt, seit wann *Methanosarcina* in der Lage ist, Methan zu bilden. Und der Vulkanismus hat den Archaeen dabei sogar noch geholfen: Mit dem geschmolzenen Gestein gelangte auch Nickel aus dem Erdinneren an die Oberfläche; ein Metall, das für die Methanbildung der Mikroorganismen benötigt wird.

Ob die Hypothese der ein Massensterben verursachenden Mikroben korrekt ist, bleibt dennoch fraglich. Sie ist – wie alle alternativen Erklärungsversuche – umstritten. Möglich aber wäre es. Der Weltuntergang muss nicht immer mit einem Feuerball am Himmel beginnen. Manchmal reicht auch ein Mikroorganismus, der einen neuen Trick gelernt hat.

79

## HTVC010P

*Auf die Menge kommt es an*

Wir Menschen sind ziemlich viele – mehr als sieben Milliarden, und in den nächsten Jahrzehnten wird diese Zahl noch weiter anwachsen. Zwar langsamer als bisher, aber den Höhepunkt werden wir erst gegen 2100 mit circa 11 Milliarden Menschen erreicht haben. Dennoch stellen wir definitiv nicht die Mehrheit auf diesem Planeten. Wenn es rein nach den Zahlen geht, dann sind uns die Mikroorganismen weit überlegen. Lange Zeit hielt man *Pelagibacter ubique* für den häufigsten Organismus auf der Erde. Das Bakterium wurde 1990 in Wasserproben aus dem Atlantik gefunden und später überall sonst. Schätzungen legen nahe, dass dieses Bakterium ein Viertel aller lebenden Mikrobenzellen in den Ozeanen stellt, in manchen Regionen sogar die Hälfte. Das ist viel – aber man hat schon bald vermutet, dass es da noch mehr geben muss.

Denn Bakterien sind zwar winzig und zahlreich, aber deswegen nicht unbedingt schon das letzte Glied der Nahrungskette. Auch sie werden von noch kleineren Mikroorganismen geplagt. Es gibt jede Menge Viren, die sich darauf spezialisiert haben, Bakterien zu befallen. Und – so die Idee – wenn *Pelagibacter ubique* die häufigste Bakterienart ist, dann wäre es doch seltsam, wenn nicht irgendwo ein Virus zu finden wäre, das dieses große Angebot als Lebensgrundlage nutzt. Und von dem es dann vermutlich noch mehr Exemplare geben würde als vom Bakterium.

Der Mikrobiologe Stephen Giovanni von der Oregon State University und sein Team machten sich daher auf die Suche und waren im Jahr 2013 erfolgreich. In Wasserproben, die an der Küste von Oregon und einer Messstation vor den Bermuda-Inseln genommen wurden, konnten gleich vier Viren identifiziert werden, die *Pelagibacter ubique* befallen. Eines davon war zahlreicher als alle anderen und trägt die etwas sperrige Bezeichnung HTVC010P. Das Virus dringt in das Bakterium ein und vervielfältigt sich dort; wenn circa 40 Kopien entstanden sind, ist die Bakterienzelle voll und platzt auf. Anstatt eines Bakteriums gibt es nun also ein paar Dutzend Viren.

Wenn jeder Organismus auf diesem Planeten eine Stimme hätte, die bei einer Wahl über die zukünftige Gestaltung der Erde abgegeben werden könnte, dann müssten wir uns alle dem Willen von HTVC010P beugen. Sofern man die Viren nicht vom Wahlrecht ausschließt, weil sie nicht im klassischen Sinn lebendig sind. So oder so sind die Meere voll mit Viren. In einem Milliliter Meerwasser kann man bis zu zehn Millionen Viren finden. In den Sedimenten der Ozeanböden findet man sogar noch mehr. Insgesamt gibt es geschätzte $10^{31}$ Viren auf der Erde. Das ist eine Zahl, unter der man sich kaum etwas vorstellen kann. Auch nicht unter 10 Quintillionen Viren, falls man die Zahl mit ihrem offiziellen und selten gehörten Namen ausdrücken will. Zum Vergleich: In der Milchstraße, also der Galaxie, zu der unser Sonnensystem gehört, gibt es circa 100 Milliarden Sterne. Die Anzahl der Viren auf der Erde ist 100 Milliarden Milliarden Mal größer. Selbst wenn wir davon ausgehen, dass es im gesamten beobachtbaren Universum eine Billiarde Galaxien wie die Milchstraße mit jeweils um die 100 Milliarden Sterne gibt, dann sind das zusammengenommen immer noch weniger Sterne als Viren.

Würde man alle Viren in einer langen Reihe hintereinanderlegen, dann würde sie 100 Milliarden Lichtjahre ins All hinaus reichen. Weit über den Durchmesser der Milchstraße (circa 100 000 Lichtjahre) hinaus und auch noch bis hinter die uns nächstgelegene Andromedagalaxie in 2,5 Millionen Lichtjahren.

Angesichts dieser unvorstellbaren Zahlen ist es kein Wunder, dass Viren einen enormen Einfluss auf das gesamte Ökosystem haben. Ein relevanter Anteil der Bakterien, die sich jeden Tag in den Meeren neu bilden – manche Schätzungen geben Werte von bis zu 50 Prozent an –, wird von Viren getötet. Was aus Sicht der Bakterien vielleicht kein ganz optimaler Zustand ist. Aber er ist definitiv relevant für unseren Planeten. Bakterien, Algen und all die anderen Mikroorganismen in den Meeren bestehen unter anderem aus Kohlenstoff. Wenn sie sterben, sinkt der Kohlenstoff mit ihnen auf den Meeresboden und bleibt dort für

Jahrtausende. Er kann vor allem nicht als Teil von Kohlendioxid in die Atmosphäre gelangen. Wenn die Mikroorganismen aber von Viren angegriffen und schon in den oberen Wasserschichten zersetzt werden, dann bleibt auch der Kohlenstoff dort und kann leichter in die Atmosphäre abgegeben werden. Die Viren nehmen also eine wichtige Rolle beim Kohlenstoffkreislauf unseres Planeten ein und beeinflussen indirekt den Zustand unserer Atmosphäre. Das bedeutet natürlich nicht, dass wir ihnen die Schuld am Klimawandel in die (vermutlich winzigen) Schuhe schieben können. Die Viren machen das, was sie schon immer gemacht haben. Wir Menschen sind es, die mit unseren Aktivitäten die natürlichen Kreisläufe durcheinandergebracht haben. So wichtig wir uns selbst auch nehmen: Am Ende sind wir doch nur Gäste auf dem Planeten der Mikroorganismen.

## 80

## Pichia pastoris

*Superhefe als Klimaretter*

Pflanzen sind super! Sie nutzen Licht als Energiequelle und Kohlendioxid als Nahrung. Die meisten anderen Lebewesen können das nicht. Bei ihnen ist es genau umgekehrt, und Kohlendioxid ist das, was als Abfallprodukt des Stoffwechsels entsteht. Was manchmal durchaus praktisch sein kann, zum Beispiel wenn wir Hefe benutzen, um Brot zu backen oder Bier zu brauen (siehe Kapitel 22). Im ersten Fall lässt das von der Hefe ausgeschiedene Kohlendioxid den Teig aufgehen, im zweiten Fall macht es das Bier schön sprudelig. In der Biologie werden diese beiden fundamental unterschiedlichen Lebensweisen »Heterotrophie« und »Autotrophie« genannt. Wir Menschen sind, wie alle anderen Tiere, alle Pilze – inklusive der Hefe – und die meisten Bakterien, heterotrophe Organismen. Wir bauen unsere Körper aus organischen Verbindungen auf, die es schon gibt, oder anders gesagt: Wir essen Pflanzen oder Tiere, um an die Stoffe zu kommen, die wir brauchen; vor allem Kohlenstoff. Pflanzen (und einige Bakterien und Archaeen) sind autotroph und holen sich ihren Kohlenstoff aus anorganischen Quellen, zum Beispiel aus dem Kohlendioxid in der Luft.

Davon gibt es leider mittlerweile viel zu viel. Wir Menschen haben uns nicht darauf beschränkt, das Kohlendioxid einfach nur auszuatmen. Durch unsere Industrie haben wir es in gewaltigen Mengen aus der Erde gegraben und in die Atmosphäre geschickt, wo es nun für eine globale Erwärmung und Klimakrise sorgt. Um dieses enorme Problem in den Griff zu bekommen, müssen wir nicht nur weniger Kohlendioxid freisetzen, sondern idealerweise auch noch neue Wege finden, das schon vorhandene wieder aus der Atmosphäre zu entfernen.

Genau hier könnte die Arbeit österreichischer Forscherinnen und Forscher helfen. Sie haben im Jahr 2019 den Hefepilz *Pichia pastoris* untersucht. Der kann Methanol als Kohlenstoffquelle für seinen Stoffwechsel benutzen. Dabei scheidet er aber eben immer noch Kohlendioxid aus, anstatt es, wie die Pflanzen, aus der Luft zu holen. Also bastelte man ein wenig an der Hefe herum. Man zerstörte drei ihrer eigenen Gene und setzte acht fremde Gene aus Bakterien und Spinat in die Hefezellen ein. Dadurch veränderte man *Pichia pastoris* so, dass er seinen Kohlenstoff aus dem Kohlendioxid der Luft beziehen kann. Aus einem heterotrophen Pilz wurde so ein autotropher Organismus. Die neue Hefe kann nun also das, was auch Pflanzen können, nutzt dafür aber weiterhin chemische Energie aus Methanol und kein Licht.

Das ist ausgesprochen praktisch, denn so kann man große Mengen dieser Hefepilze in Bioreaktoren züchten. Methanol ist eine regenerative Energiequelle und kann in großem Maßstab eingesetzt werden. Alles, was die Hefe sonst noch braucht, ist ausreichend Kohlendioxid. In der Industrie werden solche Bioreaktoren – die eigentlich nichts anderes sind als Behälter, in denen die Umweltbedingungen wie Temperatur, Sauerstoffgehalt usw. gesteuert werden können – für viele Zwecke eingesetzt; man muss sie also nicht mehr extra erfinden. Ein einziger handelsüblicher 500 Kubikmeter großer Behälter kann mindestens 2000 Tonnen Kohlendioxid pro Jahr aus der Luft filtern – was immerhin so viel ist, wie 1000 durchschnittliche Autos in diesem Zeitraum ausstoßen. Und während die Bakterien das Kohlendioxid entfernen, können sie auch noch zusätzliche Arbeit verrichten. Man kann sie zum Beispiel Bioplastik produzieren lassen und spart sich dabei nicht nur die Verwendung von Erdöl und schont die fossilen Rohstoffvorkommen, sondern man sorgt auch gleichzeitig dafür, dass am Ende der Plastik-Produktionskette weniger Kohlendioxid in der Luft ist als vorher.

Die Hefe wird die Klimakrise natürlich nicht alleine lösen können. Noch wird *Pichia pastoris* nicht im großen Maßstab zur Kohlendioxidreduktion eingesetzt. Und selbst wenn es einmal so weit ist, müssen wir schon auch mithelfen. Immerhin waren es ja auch wir, die den Klimawandel verursacht haben, und nicht die Hefe.

81

## Haloarcula marismortui

*Eisbären, Ribosomen*
*und ein Nobelpreis*

Ada Yonath wurde am 22. Juni 1939 im Jerusalemer Stadtviertel Geula geboren. Bis zum Toten Meer sind es nur knapp 30 Kilometer, und genau dort war zu dieser Zeit der israelische Mikrobiologe Benjamin Elazari Volcani auf der Suche nach Lebewesen. Viele hielten das für ein aussichtsloses Unterfangen, denn es heißt ja nicht umsonst das »Tote« Meer. Sein Wasser ist so salzig, dass dort kein Leben existieren dürfte. Dennoch war Elazari Volcani erfolgreich und entdeckte einige Mikroorganismen, die mit den dortigen Bedingungen wunderbar klarkamen. Einer davon trägt heute den Namen *Haloarcula marismortui,* und auch wenn Ada Yonath es damals noch nicht wissen konnte, sollte sie mit seiner Hilfe 70 Jahre später den Nobelpreis für Chemie erhalten.

Yonath studierte Biochemie und begann sich während ihrer Dissertation mit der Röntgenkristallografie zu beschäftigen. Dabei wird ein Kristall mit Röntgenlicht beleuchtet, und man misst, wie die Strahlung von den Atomen des Kristalls abgelenkt wird. Je nach Struktur und chemischer Zusammensetzung des Kristalls passiert das auf unterschiedliche Weise, und im Prinzip kann man aus der Ablenkung die Position und Natur all dieser Atome genau rekonstruieren. In der Praxis ist es aber deutlich schwerer, vor allem dann, wenn man nicht an simplen Kristallen interessiert ist, sondern die Struktur enorm komplexer biologischer Moleküle verstehen will. Genau das war Ada Yonaths Ziel: Sie wollte wissen, wie Ribosomen funktionieren.

Ribosomen sind ein nicht verhandelbarer Bestandteil aller Lebewesen, denn sie sind verantwortlich für den Zusammenbau von Proteinen. Die Information für deren Konstruktion ist in der DNA gespeichert. Damit sie aber tatsächlich produziert werden können, muss dieser Code dort zuerst abgeschrieben und dann zu den Ribosomen transportiert werden. Das passiert durch die mRNA, wobei das »m« für *messenger* steht, also für »Bote«. Und dieser Bote macht sich nun auf den Weg zu den Ribosomen, wo der Zusammenbau der Proteine beginnt. Ohne Ribosomen gäbe es somit keine Antikörper des Immunsystems, kein Hämoglobin, das den Sauerstoff durch das Blut transportiert, keine Kollagene, die Haut und Knochen die Struktur geben. Denn all das sind Proteine, und gemeinsam mit vielen Tausend anderen erledigen sie unzählige Jobs, die in einem Lebewesen so anfallen.

Will man all das verstehen, muss man zunächst genau wissen, wie so ein Ribosom grundlegend aufgebaut ist. Ein Weg dorthin führt über die Röntgenkristallografie. Damit das funktioniert, muss das Ribosom allerdings zuerst dazu gebracht werden, einen Kristall zu formen. Das ist prinzipiell möglich; man kann viele Moleküle dazu bringen, sich in »ordentlichen« Einheiten anzuordnen. Sie tun das aber nur unter den richtigen Bedingungen, und es wird umso schwerer, je größer das Molekül ist. Ein Ribosom aber besteht aus Hunderttausenden Atomen, und man hielt eine Kristallisation lange für unmöglich.

Yonath aber hatte eine Idee. Nach einem Fahrradunfall lag sie längere Zeit im Bett und las einen Artikel über Eisbären, die während ihrer Winterruhe ihre Ribosomen dicht an dicht packen und sie so bis zum Erwachen unter den für den Körper stressigen Bedingungen der wochenlangen Ruhe aktiv halten können. Das inspirierte Yonath, nach Organismen zu suchen, die ebensolche extremen Zustände ertragen können, in der Hoffnung, dass deren Ribosomen ähnlich robust wären, um eine Kristallisation zu überleben. Dabei konzentrierte sie sich zuerst auf Bakterien und Archaeen, die in heißen Quellen gefunden wurden. Erste Erfolge erzielte sie mit *Bacillus stearothermophilus,* aber die Ergebnisse waren noch nicht so genau, wie sie sein sollten. Yonath entwickelte also neue Techniken, fror die Kristalle bei –196 Grad Celsius mit flüssigem Stickstoff ein und führte die Röntgenkristallografie bei ähnlich tiefen Temperaturen durch. Schließlich wandte sie sich auch Mikroorganismen aus dem Toten Meer zu und erreichte mit *Haloarcula marismortui* die für ihr Vorhaben nötige Genauigkeit der Messungen. Mittlerweile arbeiteten auch der amerikanische Biochemiker Thomas Steitz und der indische Biologie Venkatraman Ramakrishnan an der Röntgenkristallografie der Ribosomen – und im Jahr 2000 kamen die drei fast zeitgleich ans Ziel: Die Struktur des Ribosoms war endlich entschlüsselt; man wusste nun genau, auf welche Weise es aus welchen Atomen zusammengesetzt war.

Yonath bekam zusammen mit Steitz und Ramakrishnan im Jahr 2009 den Nobelpreis für Chemie. Sie war damals erst die vierte Frau, deren Arbeit ausgezeichnet wurde, und die erste seit Dorothy Hodgkin, die 45 Jahre zuvor den Preis bekommen hatte. Yonath beließ es nicht einfach beim abstrakten Wissen über die Ribosomen, sondern nutzte es, um zu verstehen, wie Antibiotika funktionieren, die sich an Ribosomen von Bakterien binden und sie dadurch zerstören können. Dank der Arbeit von Ada Yonath verstand man nun nicht nur genau, wie dieser Vorgang ablief, sondern auch, wieso manche Bakterien eine Resistenz gegen Antibiotika bilden – und wie man neue Medikamente entwickeln kann. Gefragt nach Ratschlägen, die sie jungen Forscherinnen und Forschern mit auf den Weg geben möchte, antwortete sie mit vier Hinweisen: »1. Folge deiner Neugier. 2. Mehr Neugier. 3. Noch mehr Neugier. 4. Leidenschaft, denn Neugier ist nicht genug – man muss auch lieben, was man tut.«

## 82

## Metallosphaera sedula

*Der Meteoritenfresser*

Wenn ein amerikanischer Präsident eine Pressekonferenz einberuft, um über ein wissenschaftliches Thema zu sprechen, dann muss etwas Außergewöhnliches passiert sein. Und tatsächlich verkündete Bill Clinton am 7. August 1996 eine Entdeckung, die »einige unserer ältesten Fragen« beantworten könne, wie er versprach. Die Entdeckung war ein Meteorit vom Mars, und die älteste Frage: Gibt es Leben jenseits der Erde? Es schien, als wäre gelungen, was seit Jahrtausenden nicht nur die Wissenschaft, sondern auch die Öffentlichkeit beschäftigt – man hatte einen Beweis für die Existenz außerirdischen Lebens gefunden.

Natürlich war kein UFO gelandet; es gab keine intelligenten Aliens, die uns baten, der galaktischen Föderation beizutreten. Es ging um mikroskopische Spuren, die in einem Stein mit der Bezeichnung »ALH 84 001« entdeckt worden waren. Der Stein war im Dezember 1984 in der Antarktis gefunden und knapp zehn Jahre später als Meteorit vom Mars identifiziert worden. Eine genaue Analyse des Gesteins zeigte, dass vor ungefähr 15 Millionen Jahren ein großer Asteroid auf unserem Nachbarplaneten eingeschlagen sein musste, der dabei ein Stück der Marsoberfläche hinaus ins All schleuderte. Dort zog es seine Runde um die Sonne, bis es vor ungefähr 13 000 Jahren den Weg der Erde kreuzte und im Eis der Antarktis landete. Ein Stück Gestein von unserem Nachbarplaneten untersuchen zu können ist an sich schon außergewöhnlich genug. Aber wirklich sensationell waren die erst unter einem Elektronenmikroskop sichtbaren Strukturen im außerirdischen Gestein: Der Astrobiologe David McKay, der diese Untersuchung mit seinen Kolleginnen und Kollegen durchgeführt hat, war der Meinung, es handle sich um Spuren versteinerter Bakterien.

Diese Entdeckung wäre eine Sensation gewesen. Das erste Mal hätten wir einen konkreten Beweis dafür gehabt, dass sich Leben auch auf einem anderen Himmelskörper entwickelt hat. Aber weiterführende Untersuchungen konnten den ersten Befund nicht bestätigen. Das, was McKay beobachtet hatte, war viel kleiner, als es entsprechende Spuren irdischer Bakterien gewesen wären. Und wenn es rein theoretisch auch winzige »Nanobakterien« geben könnte, ist die Mehrheit der Wissenschaft davon überzeugt, dass sich die Spuren auch ohne die Anwesenheit von Mikroorganismen erklären lassen. Ob wir auf ALH 84 001 also wirklich Mikroben vom Mars sehen oder doch nur die Überreste lebloser geochemischer Prozesse, wird bis auf Weiteres ungeklärt bleiben.

Wir wissen aber, dass es durchaus Mikroorganismen gibt, deren Spuren wir im Gestein von Meteoriten sehen könnten. 2019 hat die Biochemikerin Tetyana Milojevic von der Universität Wien mit ihren Kolleginnen und Kollegen eine Arbeit über das Archaeon *Metallosphaera sedula* veröffentlicht. Entdeckt hat man es in einem Vulkankrater in der Nähe von Neapel; es hat eine hohe Toleranz für saure Umgebung und Schwermetalle und kann seine Energie aus der Umwandlung von Eisen in Rost beziehen. Ziel der Forschungsarbeit war, zu untersuchen, wie gut *Metallosphaera sedula* mit einer außerirdischen Umgebung zurechtkäme. Eigentlich müsste es dem Archaeon auf einem Meteoriten ja recht gut gefallen. Im Vergleich zum Gestein der Erdkruste enthalten die Objekte aus dem All sehr viel mehr Metall. Und tatsächlich zeigten die Experimente, dass der Mikroorganismus auf einem Meteoriten schneller wuchs als auf dem zum Vergleich verwendeten irdischen Gestein.

Das muss natürlich nicht auf eine außerirdische Herkunft von *Metallosphaera sedula* hindeuten. Archaeen sind sehr alte Lebensformen; sie gehören zu den ersten Lebewesen, die vor mehr als 3,5 Milliarden Jahren auf der jungen Erde entstanden sind. Und da in der Frühzeit unseres Planeten deutlich mehr Asteroiden aus dem All eingeschlagen sind als heute, könnte es eine gute Strategie gewesen sein, sich auf diese Nahrungsquelle zu spezialisieren. Sollte es aber irgendwo da draußen tatsächlich ähnlich zähe Mikroorganismen geben wie die Archaeen, dann ist es nicht unmöglich, ihre Spuren in einem Meteoriten nachzuweisen. So wie diese Mikroorganismen auf der Erde die extremsten Lebensräume besiedeln, könnten sie vielleicht auch mit den harschen Bedingungen klarkommen, die in einem durch den Weltraum fliegenden Asteroiden herrschen. Und, wie in der Arbeit von Milojevic & Co. gezeigt wurde, ihr besonderer Stoffwechsel hinterlässt Spuren in der chemischen Zusammensetzung des Meteoriten. Vielleicht finden wir ja doch noch einmal einen Stein aus dem All, der tatsächlich echte Spuren außerirdischen Lebens trägt. Und die Verkündung dieses Fundes überlassen wir dann lieber der Wissenschaft und nicht der Politik.

83

## Hatena arenicola

*Livebericht von der Entstehung eines neuen Lebewesens*

*Hatena arenicola* ist ein »geheimnisvoller Sandbewohner«. Zumindest könnte man so seinen japanisch-lateinischen Namen übersetzen. Tatsächlich hat man diesen Einzeller bis jetzt nur an einem Strand in Japan entdeckt, und »geheimnisvoll« ist der Mikroorganismus auf jeden Fall. Es handelt sich um einen Flagellaten, also ein »Geißeltierchen«, benannt nach den vielen kleinen fadenförmigen Gebilden, mit denen es sich fortbewegen bzw. Nahrung einfangen kann. Viel interessanter ist in diesem Fall aber das, was sich im Inneren von *Hatena arenicola* verbirgt: ein Exemplar aus der Grünalgen-Gattung *Nephroselmis*. Die Alge beherrscht Photosynthese und kann die aus dem Sonnenlicht gewonnene Energie dem Geißeltierchen zur Verfügung stellen.

An sich ist das noch nicht extrem außergewöhnlich; Symbiosen zwischen verschiedenen Lebewesen findet man zahlreich in der Natur, zum Beispiel zwischen Pilzen und Algen oder Bakterien, die zusammen »Flechten« bilden (siehe Kapitel 54). Oder auch in uns Menschen, die wir in unseren Därmen jede Menge Bakterien und andere Mikroorganismen beherbergen (siehe Kapitel 90). In allen Fällen haben wir es mit einer Zusammenarbeit zwischen klar unterschiedlichen Lebensformen zu tun. Das ist auch bei *Hatena arenicola* der Fall. Zumindest jetzt noch: Denn die Wissenschaft vermutet, dass man hier »live« bei einem Prozess zusehen kann, der vor langer Zeit zur Entstehung komplexer Lebewesen geführt hat.

Zusätzlich zu den beiden großen Gruppen der Bakterien und der Archaeen existiert bei der Einteilung der Lebewesen als dritte Gruppe noch die der »Eukaryoten«. Dazu gehören alle Pflanzen, alle Pilze und die Tiere, inklusive uns Menschen. Wir haben einen »richtigen Kern« – genau das bedeutet »Eukaryot« – in den Zellen unseres Körpers. Neben dem Zellkern, in dem die genetische Information der Zelle aufbewahrt und somit auch geschützt wird, ist eine eukaryotische Zelle auch deutlich komplexer organisiert. In ihr existieren verschiedene Zellbereiche, sogenannte Organellen, zu denen zum Beispiel die Mitochondrien gehören, in denen chemische Reaktionen ablaufen, mit deren Energie die Prozesse in der Zelle angetrieben werden. Oder Plastiden, mit denen Pflanzen und Algen Photosynthese betreiben können.

Dieser hohe Grad der Arbeitsteilung und Organisation in einer eukaryotischen Zelle hat die Entwicklung komplexer Lebewesen erst möglich gemacht. Der Schritt von den simplen Zellen der Bakterien und Archaeen zu der ersten eukaryotischen Zelle war ein fundamental wichtiges Ereignis in der Evolution. Und dass wir heute wissen, was dabei passiert ist, verdanken wir vor allem der Arbeit der amerikanischen Mikrobiologin Lynn Margulis. Im Jahr 1966, ein Jahr nachdem sie mit 27 Jahren ihren Doktortitel von der Universität Berkeley erhalten hatte, veröffentlichte sie eine Arbeit mit dem Titel »On the Origin of Mitosing Cells«. Oder besser gesagt: Sie versuchte, ihn zu veröffentlichen. Mehr als ein Dutzend Fachzeitschriften lehnten die Arbeit ab, bis sie dann schließlich doch noch im *Journal of Theoretical Biology* publiziert werden konnte. Das, was Margulis da behauptete, war zu unglaublich für die meisten ihrer Kolleginnen und Kollegen: Irgendwann in der fernen Vergangenheit hat sich ein Einzeller ohne Zellkern und andere Organellen einen anderen Einzeller einverleibt. Und anstatt ihn einfach aufzufressen, verschmolzen die beiden zu einem neuen Organismus: der ersten eukaryotischen Zelle.

Die Idee dazu kam nicht von Margulis selbst. Schon im späten 19. Jahrhundert hatte der deutsche Botaniker Andreas Schimper versucht, die Entstehung der Plastiden mit diesem Vorgang zu erklären. 1905 stellte der russische Biologe Konstantin Mereschkowsky eine ähnliche Theorie für die Entstehung der Mitochondrien auf. Beide wurden aber nicht ernst genommen, wozu bei Mereschkowsky sicherlich auch dessen eher zweifelhaftes Leben abseits der Wissenschaft beigetragen hat. Er neigte zu esoterischen Theorien über das Universum, unterstützte die antisemitische Politik des russischen Zaren und wurde der Vergewaltigung von Schülerinnen beschuldigt. In den 1960er-Jahren waren seine biologischen Thesen ebenso vergessen wie die von Schimper. Ausgegraben wurden sie erst wieder von Hans Ris, einem Biologen, bei dem Margulis an der Universität Wisconsin studierte. Bei ihrer Arbeit mit dem Mikroskop konnte sie sich dann auch selbst davon überzeugen, dass etwa die Mitochondrien tatsächlich den Bakterien sehr ähnlich sehen. Margulis fasste die vergessenen Forschungsergebnisse zusammen, ergänzte sie um die modernen Erkenntnisse und setzte sich von da an mit der für sie charakteristischen Sturheit für ihre Verbreitung ein.

Margulis hat die Forschung von Schimper, Mereschkowsky und Ris in ihren eigenen Arbeiten explizit erwähnt. Man kann zwar darüber streiten, ob sie das mit ausreichender Deutlichkeit getan hat – unbestritten aber war es ihre Arbeit, die in den kommenden Jahrzehnten den Blick der Biologie auf die Entstehung des Lebens revolutioniert hat. Dank ihrer Beharrlichkeit und moderner genetischer Methoden wissen wir, dass sie recht hatte: Mitochondrien, Plastiden und andere Organellen sind tatsächlich die Überbleibsel der Verschmelzung unabhängiger Organismen. Urtümliche Bakterien oder Archaeen haben andere Mikroorganismen quasi domestiziert und dauerhaft in sich selbst leben lassen.

Wie das abgelaufen sein könnte, zeigt das Leben von *Hatena arenicola*, in dessen Innern genau so eine »Symbiogenese« gerade stattfinden könnte. Wenn sich das Geißeltierchen zur Fortpflanzung teilt, bekommt nur eine der neuen Zellen die *Nephroselmis*-Alge. Die andere bildet einen »Fressapparat«, beginnt ihr Leben als »Raubtier« und schwimmt durchs Wasser, auf der Suche nach einer neuen Alge. Sobald sie sich eine geschnappt hat, verschwindet der Fressapparat, die Alge wächst, und *Hatena arenicola* wird zu einem friedlichen Wesen, das sich dank der Alge von Sonnenlicht ernähren kann. Das Geißeltierchen wechselt zwischen einem Leben als Räuber, der sich von anderen Lebewesen ernährt, und einem Leben als Pflanze.

Noch ist der Prozess der »Endosymbiose« nicht abgeschlossen. Aber wenn Geißeltierchen und Alge weiterhin zusammenleben, sich aneinander anpassen und Gene miteinander tauschen, könnte sich irgendwann ein völlig neuer Organismus entwickeln. Dann wird auch *Hatena* den Weg zurückgelegt haben, den die Einzeller, von denen wir Menschen abstammen, schon vor Milliarden Jahren gegangen sind.

84

## Marburg-Virus

*Das dreckige Dutzend*

Viren sind faszinierende Organismen. Egal, ob man sie als lebendig betrachtet oder nicht: In ihrer gnadenlosen Effizienz haben sie die gesamte Erde erobert. Es gibt kein Lebewesen, das sie nicht für ihre Zwecke benutzen können. Manchmal können Lebewesen davon profitieren (siehe etwa Kapitel 06 oder 74). Manchmal kann das Immunsystem den Kampf gegen das Virus gewinnen. Aber manchmal geht der Kontakt zwischen Virus und Wirt auch katastrophal aus. Dann bricht eine Epidemie aus; dann zieht eine Pandemie über die Welt. Das ist schon schrecklich genug, wenn es zufällig passiert. Wenn Viren aber absichtlich eingesetzt werden, um Krankheiten auszulösen, gewinnt die Sache eine neue Qualität der Grausamkeit, zu der nur wir Menschen in der Lage sind.

Biologische Waffen im weitesten Sinne werden schon seit Jahrtausenden eingesetzt. In der Antike verseuchten Kriegsgegner einander die Brunnen mit den Leichen von Menschen, die an infektiösen Krankheiten gestorben waren. Man trieb kranke Viehherden in das Land der Gegner, um deren Nahrungsgrundlage zu ruinieren. Und als man im 19. Jahrhundert in der Lage war, Bakterien gezielt zu erforschen und vor allem auch zu züchten, hat es nicht lange gedauert, bis man darüber nachdachte, Krankheitserreger auch als Waffe einzusetzen.

Die Forschung zu »Biowaffen« nahm nach dem Ersten Weltkrieg Fahrt auf und wurde während des Zweiten Weltkriegs intensiviert. Die etwas zynisch benannte »Operation Vegetarier«

des britischen Militärs sah etwa vor, Millionen von Kuchen aus Leinsamen, die mit Sporen des Milzbranderregers verseucht waren, über Deutschland abzuwerfen. Sie sollten von Kühen, Rindern, Schafen und anderen Nutztieren gefressen werden, damit die dann erkrankten Tiere auch die Menschen in Massen anstecken können. Das Prinzip wurde 1942 auf Gruinard Island vor der schottischen Küste getestet: Auf der unbewohnten Insel ausgesetzte Schafe starben wie vorgesehen. Im Krieg wurde diese Biowaffe zum Glück nie eingesetzt; die schottische Insel blieb wegen der Verseuchung durch Milzbranderreger aber bis 1990 Sperrgebiet.

Biologische Waffen haben sich bis jetzt glücklicherweise als zu unzuverlässig erwiesen, um gezielt eingesetzt werden zu können. Die Krankheitserreger kennen keine Freunde oder Feinde, sie erkennen keine Uniformen und halten sich nicht an Ländergrenzen. Die Angst vor Biowaffen aber bleibt, und die amerikanischen Centers for Disease Control and Prevention (CDC) haben eine Liste mit den zwölf schlimmsten Erregern zusammengestellt, die wegen ihrer schnellen und einfachen Verbreitung und ihrer hohen Sterblichkeitsrate am »besten« für Kriegszwecke geeignet wären. Sie sind als »Das dreckige Dutzend« bekannt, und zu ihnen zählen Krankheiten wie Pest oder Pocken, die uns Menschen schon seit Jahrtausenden begleiten, ebenso aber auch erst viel später entdeckte Erreger. Zum Beispiel die Gruppe jener Viren, die ein »hämorrhagisches Fieber« auslösen, bei dem massive innere Blutungen auftreten können.

Eines dieser Viren haben wir erst 1967 entdeckt, und zwar mitten in Deutschland. In der Stadt Marburg traten unter der Belegschaft der Behringwerke plötzlich mehrere seltsame Krankheitsfälle auf. In den Werken wurden Medikamente und Impfstoffe hergestellt, und als die ersten Menschen sich unwohl fühlten und über Kopfschmerzen klagten, dachte man noch nichts Schlimmes. Als dann aber auch extrem hohes Fieber und Blutungen aus allen Körperöffnungen hinzukamen, änderte sich die Sachlage drastisch. Die unerwartet auftretende Krankheit ließ sich allerdings nicht so leicht identifizieren, ebenso wenig wie ihre Ursache. Nach Marburg traten nun auch Fälle in Frankfurt am Main auf, die ersten Kranken starben, und Spezialistinnen und Spezialisten der Weltgesundheitsorganisation reisten nach Deutschland, um sich des Problems anzunehmen.

Als Ursache identifizierte man die Äthiopische Grünmeerkatze. Diese Affenart wurde aus Uganda importiert und in den Labors benutzt, um aus Chemikalien in ihren Nieren einen Impfstoff gegen Masern und Kinderlähmung zu gewinnen. Das bis dahin unbekannte Virus muss die Affen befallen haben und mit ihnen nach Deutschland gereist sein. Dort hat es sich in der Belegschaft der Behringwerke ausgebreitet, ebenso in einem Frankfurter Labor, in dem der Impfstoff geprüft wurde. Der Transport der Tiere lief über Belgrad, und auch dort erkrankte und starb ein Tierarzt, der die Affen untersucht hatte. Als die Krankheit endlich eingedämmt wurde, waren insgesamt sieben Menschen tot. Das klingt nach wenig, bedeutete angesichts der insgesamt 31 Erkrankten aber eine Sterberate von 23 Prozent. Als der nun »Marburg-Virus« genannte Erreger zwischen 1998 und 2000 in der Demokratischen Republik Kongo erneut eine Krankheitswelle verursachte, starben 128 von 154 infizierten Menschen: eine Rate von 83 Prozent. Zwischen 2004 und 2005 erlagen in Angola 90 Prozent der 252 erkrankten Menschen dem Marburg-Fieber.

Wo der eigentliche Ursprung des Marburg-Virus liegt, ist immer noch unbekannt. Er könnte von einem afrikanischen

Flughund auf die Affen übergesprungen sein. Seit 1967 tritt das Marburg-Fieber immer wieder auf. Zum Glück ist es bis jetzt noch nicht zu großen Epidemien oder Pandemien gekommen. Weniger beruhigend ist die Tatsache, dass die Sowjetunion den Einsatz des Virus als Waffe erforscht hat. Wenn es darum geht, einander Schaden zuzufügen, dann sind wir Menschen leider noch effizienter, als es die Viren sind.

85

## Methanoperedens nitroreducens

*Zu Besuch im Mikrobenzoo*

Eine Gruppe niederländischer Forscherinnen und Forscher hat 2016 einen bis dahin unbekannten Mikroorganismus im Schlamm des Twentekanals entdeckt. In dieser künstlich angelegten Wasserstraße lebt ein Archaeon mit erstaunlichen Eigenschaften. Sein Name ist *Methanoperedens nitroreducens*, was so viel wie »Nitratreduzierender Methanfresser« bedeutet. Die Archaeen sind unter anderem bekannt dafür, die einzigen Lebewesen zu sein, die Methan produzieren können (siehe Kapitel 63). Aber es gibt auch solche, die Methan konsumieren, was besonders praktisch für uns Menschen ist. Denn Methan ist ein starkes Treibhausgas, von dem wir nicht zu viel in der Atmosphäre haben wollen. Der Stoffwechsel des Kanal-Archaeons kann aber noch mehr: Es gewinnt Energie durch die chemische Umwandlung von Nitrat. Das ist zwar ein wichtiges Düngemittel, aber auch davon wollen wir nicht zu viel im Boden und im Wasser haben. Mikroorganismen wie *Methanoperedens nitro-*

*reducens* sind daher zum Beispiel zur Wasseraufbereitung in Kläranlagen gut geeignet.

Den meisten Menschen ist nicht wirklich bewusst, wie stark Archaeen, Bakterien und andere Mikroorganismen die Welt beeinflussen, in der wir leben. Sie sind nicht nur an wichtigen Kreisläufen wie eben der Erzeugung und dem Abbau von Methan oder Nitrat beteiligt. Auch überall sonst haben sie ihre (vermutlich winzigen) Finger im Spiel. Jedes Kapitel in diesem Buch zeigt, wie sehr die kleinen Lebewesen die Welt im Griff haben. Die Öffentlichkeit kennt Bakterien oder Viren eher als Krankheitserreger und weiß wenig über ihre anderen Eigenschaften. Das ist auch nachvollziehbar, denn wenn wir uns mit der Welt der Lebewesen beschäftigen, beschränken wir uns normalerweise auf die, die wir ohne große Probleme sehen können. Oder die, die augenscheinlich beeindruckend oder zumindest niedlich sind. Die allermeisten Kinderbücher zum Thema behandeln Tiere und Pflanzen; die Welt der Einzeller wird selten erwähnt. Mikroorganismen haben schlicht ein Image-Problem.

Warum gibt es keinen Mikrobenzoo, in dem Viren und Bakterien so prominent präsentiert werden wie anderswo Löwen und Elefanten? Das dachte sich wohl auch Haig Balian, als er Direktor des Amsterdamer Tiergartens »Artis« wurde und dort 2014 einfach den weltweit ersten Zoo für Mikroorganismen ins Leben rief. In »Micropia« kann man seitdem all das sehen, was ansonsten unsichtbar ist. Wände voller bunter Petrischalen zeigen die Vielfalt der Bakterien und Pilze, Mikroskope projizieren Bilder der schillernden Lebewesen auf große Schirme. Man kann dabei zusehen, wie Mikroorganismen einen Tierkadaver zersetzen, und Wissenschaftlerinnen und Wissenschaftler erklären dem Publikum ihre Arbeit. Es gibt interaktive 3-D-Panoramen, die die Zuschauer hautnah miterleben lassen, was die Archaeen in ihren extremen Umgebungen treiben. Man findet Computerinstallationen, Experimente und jede Menge Informationen. Kurz: Es gibt all das, was es auch in normalen Zoos gibt, allerdings mit Lebewesen in der Hauptrolle, die nur ganz wenige Menschen überhaupt je zu Gesicht bekommen haben.

Angesichts der kaum zu überschätzenden Rolle, die Mikroorganismen in unserem Leben spielen, ist es eigentlich kaum verständlich, dass es nicht viel mehr Mikrobenzoos in unseren Städten gibt. In Österreich soll mit »MikrobAlpina« die erste Einrichtung nach niederländischem Vorbild entstehen. Der Zoo sollte zuerst in Innsbruck aufgebaut werden, eigentlich schon 2019 zum 350-jährigen Jubiläum der dortigen Universität. Probleme in der Finanzierung und Verzögerungen im Zeitplan haben MikrobAlpina in die westlich von Innsbruck gelegene kleine Gemeinde Zirl übersiedeln lassen, wo 2022 die Eröffnung gefeiert werden soll. Aber auch das ist noch längst nicht genug. Jeder Zoo sollte eine eigene Abteilung für Mikroben haben; die Welt der unsichtbaren Lebewesen ist mindestens so spannend wie die der großen Tiere. Wichtiger für unsere Leben sind sie allemal.

86

## Usnea filipendula

*Vielfalt durch Weltuntergang*

Vor 65 Millionen Jahren ist ein circa zehn Kilometer großer Asteroid mit der Erde zusammengestoßen. Er schlug einen 300 Kilometer großen Krater in den Golf von Mexiko. Über hundert Meter hohe Tsunamiwellen rasten über die Meere und trafen auf die Küsten der Kontinente, gewaltige Erdbeben erschütterten den Boden, Gestein wurde bis in die Stratosphäre geschleudert und stürzte rund um den Globus auf die Erde. Es gab globale Waldbrände, und der in die Luft geschleuderte Staub verteilte sich um den ganzen Planeten und verdunkelte über Monate und Jahre die Sonne. Dieses Ereignis blieb natürlich nicht ohne Folgen. Die prominentesten Opfer der kosmischen Kollision sind die Dinosaurier, die damals ausstarben. Aber sie waren nicht die Einzigen; mehr als drei Viertel aller Arten verschwanden durch die Auswirkungen des Asteroideneinschlags von der Erde.

Aber selbst eine gewaltige Katastrophe wie dieser Zusammenstoß hat nicht nur negative Auswirkungen auf das Ökosystem. Nicht alle Lebewesen starben, und die, die überlebt hatten, konnten die frei gewordenen ökologischen Nischen füllen und sich stärker über die Erde ausbreiten, als es zuvor möglich gewesen war. Die Säugetiere, und damit auch wir Menschen, gehörten zu den Profiteuren des Einschlags. Dank ihm war der Weg frei, sich zu der Artenvielfalt zu entwickeln, die wir heute beobachten können. Auch die Pilze hatten kaum Probleme mit der Kollision. Das verrottende Material der verendeten Tiere und Pflanzen bot ihnen einen idealen Lebensraum.

Zu den Überlebenden des Asteroideneinschlags gehörten auch die Flechten. Das ist nicht selbstverständlich: Diese Organismen bestehen aus Pilzen, die in einer Symbiose mit Algen oder Cyanobakterien leben (siehe Kapitel 54). Die betreiben Photosynthese, sodass das fehlende Sonnenlicht sie eigentlich genauso hätte treffen müssen wie die meisten Pflanzen. Aber die von ihren Pilzpartnern bereitgestellten Nährstoffe halfen ihnen und sicherten den Flechten so das Überleben. Und nicht nur das: Wie eine amerikanische Forschungsgruppe im Jahr 2019 herausfand, könnte der Einschlag des Asteroiden die Vielfalt der Flechten regelrecht zum Explodieren gebracht haben.

Im Gegensatz zur Erforschung der Dinosaurier stammen die Daten hier allerdings nicht aus fossilen Überresten. Die gibt es von Flechten kaum, und deswegen war es nötig, die Vergangenheit aus der Gegenwart zu rekonstruieren. Man analysierte die DNA Tausender Flechtenarten und suchte darin nach Ähnlichkeiten. Je mehr Übereinstimmung im genetischen Code, desto enger müssen zwei Arten miteinander verwandt sein, oder anders gesagt: desto weniger Zeit ist vergangen, seit sie sich im Laufe der Evolution auseinanderentwickelt haben. Durch diese Untersuchung war es möglich, einen umfassenden Stammbaum der Flechten zu erstellen und vor allem zu prüfen, welche Gruppe von Flechten im Laufe der Zeit die größte Vielfalt entwickelt hat.

Das Resultat: Weiterentwicklung gab es bei allen Gruppen. Aber vor allem die Vielfalt der sogenannten Makroflechten, die im Gegensatz zu den Mikroflechten keine dünnen Krusten auf Oberflächen bilden, sondern eher strauchartig wachsen, schien nach dem Einschlag anzusteigen. Sie haben offensichtlich ganz besonders stark von den frei werdenden ökologischen Nischen profitiert. Insbesondere die Klasse der *Lecanoromycetidae*, zu denen auch die eindrucksvolle Flechte *Usnea filipendula* gehört: Sie wird auch als »Baumbart« bezeichnet, und genau so sieht sie auch aus. Sie wächst auf Nadelbäumen und Birken und bildet dort bis zu 30 Zentimeter lange Fäden, die wie ein Bart an der Rinde der Bäume herabhängen.

Im österreichischen Bundesland Tirol hat der Baumbart eine ganz spezielle Rolle. Beim alle fünf Jahre stattfindenden Fastnachtsumzug der Stadt Telfs (der seit 2010 sogar zum von der UNESCO anerkannten immateriellen Kulturerbe Österreichs gehört) ziehen unter anderem die »Wilden Männer« durch die Straßen. Diese Figuren tragen geschnitzte Holzmasken und einen Ganzkörperanzug, der komplett aus Bartflechten besteht. Fünf große Säcke davon muss jeder »Wilde Mann« im Bergwald sammeln, um sein Outfit herstellen zu können. Den Weltuntergang überleben, nur um dann als Faschingskostüm zu enden. Was für ein Schicksal …

87

## Methanothermococcus okinawensis

*Hartes Leben auf einem eisigen Mond*

Fragt man Wissenschaftlerinnen und Wissenschaftler, wo in unserem Sonnensystem sie am ehesten mit der Existenz außerirdischen Lebens rechnen, dann wird die Antwort vermutlich »Enceladus!« lauten. (Man sollte natürlich Leute fragen, die ein wenig Ahnung von Astronomie und Biologie haben, ansonsten wird man als Antwort viel eher »Keine Ahnung!« hören.) Das mag überraschend klingen, denn klassischerweise sind es ja die »Marsmenschen«, die lange Zeit unsere Science-Fiction dominiert haben. Aber Enceladus ist kein Himmelskörper, den man als Durchschnittsmensch parat hat. Der 500 Kilometer große Brocken ist kleiner als manch ein Asteroid und kein eigener Planet, sondern nur einer von mehr als 80 Monden, die den Saturn umkreisen. Entdeckt wurde er zwar schon 1789 vom britischen Astronomen Wilhelm Herschel; wirklich aus der Nähe gesehen haben wir ihn aber erst, seit die Raumsonde Cassini bei ihrer Erforschung des Saturns ab dem Jahr 2005 immer wieder mal dicht an diesem Mond vorbeigeflogen ist.

Mit dem, was man dabei sah, hat so niemand gerechnet. Enceladus ist von einer dicken Schicht aus Eis bedeckt. Das ist so weit noch nicht außergewöhnlich, sondern sogar recht typisch für einen derart kleinen Körper so fern der Sonne. Aber als Cassini über die Südpolregion des Mondes flog, fand sie dort einen Bereich, der ein wenig wärmer war als die umgebenden Gebiete. Eine genaue Analyse zeigte Risse im Eis, Hunderte Kilometer lang und bis zu 300 Meter tief. In diesen Rissen war es deutlich wärmer als in der Umgebung – nicht so warm natürlich, dass das Eis dort komplett geschmolzen wäre, aber die Temperaturdifferenz lieferte einen klaren Hinweis darauf, dass Enceladus nicht überall so hart gefroren war, wie es auf den ersten Blick aussah.

Was Cassini entdeckt hatte, war sogenannter Kryovulkanismus. Der funktioniert genauso wie der Vulkanismus auf der Erde, nur dass das Wasser hier die Rolle des Gesteins spielt. Unter dem dicken Eis des Saturnmondes liegt ein felsiger Kern, der warm ist. Dort ist das Eis tatsächlich flüssig, und so wie geschmolzenes Gestein aus dem Inneren der Erde an die Oberfläche steigen und dort ausbrechen kann, kann auch das Wasser durch Risse im Eis aufsteigen und als eine Art »Schneematsch«

an die Oberfläche gelangen. Aus den Rissen werden ab und zu regelrechte Geysire aus Wasserdampf und Eisteilchen ins All hinausgeschleudert (die übrigens eine der Quellen sind, aus denen der Saturn das Material für seine Ringe bezieht). Cassini flog sogar – zufällig – durch eine solche Fontäne hindurch und konnte deren Zusammensetzung messen. Neben Wasser fanden sich auch andere Moleküle, zum Beispiel Methan.

Und hier kommt nun *Methanothermococcus okinawensis* ins Spiel. Dieser Vertreter der Archaeen wurde im Jahr 2000 im Meer vor der japanischen Insel Okinawa in 972 Meter Tiefe entdeckt. Er lebt dort bei einer hydrothermalen Quelle, also einem Spalt im Meeresboden, aus dem mehrere Hundert Grad heißes Wasser aufsteigt. Wie der Name des Mikroorganismus andeutet, ist er in der Lage, Methan zu produzieren. Sein Stoffwechsel wird von Kohlendioxid angetrieben, das er mit Wasserstoff in Methan umwandelt. All diese Moleküle hat Cassini in den Geysiren von Enceladus entdeckt, und das brachte die österreichische Astrobiologin Ruth-Sophie Taubner von der Universität Linz auf die Idee, das Archaeon auf seine Tauglichkeit als Saturnmondbewohner hin zu testen. Denn – und auch das wissen wir dank Cassini – unter der Eisdecke von Enceladus verbirgt sich ein bis zu zehn Kilometer tiefer Ozean aus flüssigem Wasser. Die verschiedenen chemischen Moleküle, die in den Fontänen nachgewiesen wurden, müssen von dort stammen – und das legt nahe, dass auch dort hydrothermale Quellen existieren, bei denen die entsprechenden chemischen Prozesse zur Produktion dieser Moleküle ablaufen können. Und vielleicht leben dort auch Mikroorganismen, die den Archaeen der Erde ähnlich sind.

Im Labor stellte Taubner die Bedingungen nach, die dort herrschen müssen. Und sie konnte zeigen, dass *Methanothermo-*

*coccus okinawensis* durchaus in der Lage ist, damit klarzukommen. Das heißt nicht, dass es auf Enceladus Leben geben muss. Aber es zeigt, dass es zumindest Lebewesen gäbe, die dort existieren könnten. Lebewesen wie die Archaeen, die als einzige irdische Organismen in der Lage sind, Methan zu produzieren. Es wäre nicht unmöglich, dass vergleichbare »Alien-Archaeen« auch auf dem Enceladus existieren und dass ein Teil des Methans, das Cassini registriert hat, von ihnen stammt. Es könnte aber auch bei rein geochemischen Prozessen ohne Anwesenheit von Leben produziert worden sein. Um das zu klären, wird uns nichts anderes übrig bleiben, als den Mond genauer zu erforschen. Entsprechende Satellitenmissionen mit klingenden Namen wie »Enceladus Explorer« oder »Enceladus Life Finder« werden von der deutschen und der amerikanischen Weltraumorganisation zwar durchaus geplant. Aber ob eine davon irgendwann wirklich ins All fliegen und vor allem wann das passieren wird, ist völlig unklar. Was immer sich unter dem Eis von Enceladus versteckt, wird noch einige Zeit vor uns verborgen bleiben.

## 88

## Streptococcus thermophilus

*Kriminelle Küsse*

Ein menschlicher Körper besteht aus schätzungsweise 50 bis 100 Billionen Zellen. Dazu kommt noch einmal ungefähr die gleiche Anzahl an Zellen, die den Lebewesen gehören, die uns als Mitbewohner besiedeln, wobei es sich vor allem um Bakterien, aber auch um andere Mikroorganismen handelt. Sie wohnen auf unserer Haut oder unseren Haaren; leben unter unseren Fingernägeln, in den Ohren oder im Bauchnabel. Kurz gesagt: Für die Mikroben sind wir wandelnde Welten.

Tatsächlich sind wir permanent von einer Wolke unserer ganz eigenen Mikroorganismen umgeben. Setzen wir uns irgendwohin, hinterlassen wir dort Bakterien und Pilze – und ein paar von denen, die von anderen Menschen zuvor dort abgesetzt wurden, ziehen bei uns ein. Greifen wir eine Türklinke an, ein Telefon oder eine Computertastatur, kommt es zum Austausch von Mikroorganismen. Erst recht, wenn wir einem anderen Menschen die Hand geben oder ihn gar küssen, wie eine Studie untersucht hat. Eine der Personen bekam dabei vor dem Kuss ein probiotisches Joghurtgetränk zu trinken, dessen bakterielle Zusammensetzung den Wissenschaftlerinnen und Wissenschaftlern bekannt war, darunter auch *Streptococcus thermophilus*. Dieser Bakterienstamm, der zur Herstellung von Käse, Joghurt und anderen Milchprodukten verwendet wird, diente als Markierung, um zu überprüfen, wie leicht sich die Mikroben von einem Mund zum anderen übertragen lassen. Das Resultat: Bei einer zehnsekündigen Schmuserei mit Zungenkontakt tauschen wir ungefähr 80 Millionen Bakterien aus. Nachhaltige Folgen hat das aber erst, wenn zwei Menschen einander regelmäßig und oft küssen. Ansonsten stellt sich bei jedem recht bald wieder die körpereigene Zusammensetzung der Mikroorganismen ein.

Die Tatsache, dass wir unsere Mikroben zum einen überall verteilen – ungefähr zehn Millionen pro Stunde – und dass zum anderen jeder Mensch einen ganz eigenen mikrobiellen Fingerabdruck besitzt, hat dem Forschungsfeld der »mikrobiellen Forensik« Vorschub geleistet. Das Ziel dieser Disziplin ist die Aufklärung von Verbrechen durch die Untersuchung der am Tatort auffindbaren Mikroben. Anhand von Proben, die man von Schuhsohlen nimmt, lässt sich beispielsweise feststellen, über welchen Untergrund eine Probandin oder ein Proband zuvor gelaufen ist. Abgleiche von Bakterien, Pilzen und anderen Mikroorganismen lassen hier eindeutige Schlüsse zu. Und die Forensik geht noch weiter. In einem umfangreichen Experiment wurde etwa getestet, inwiefern Mikroben bei der Identifizierung von Dieben helfen könnten: Man ließ verschiedene Versuchspersonen in ein Wohnhaus einbrechen und versuchte dann, die dort gefundenen Mikroorganismen den einzelnen Probandinnen und Probanden zuzuordnen. Tatsächlich war es möglich, Verbindungen zu ziehen; die mikrobiellen Hinweise erwiesen sich aber als nicht eindeutig genug, als dass man den »Einbrecher« zweifelsfrei hätte identifizieren können.

Es wird noch einiges an Forschung nötig sein, bevor ein »Bakterienbeweis« vor Gericht Bestand hat. Aber es wäre nicht überraschend, wenn die Untersuchung der bei Verbrechen gefundenen Mikroorganismen ebenso zur kriminalistischen Routine würde wie die Suche nach Fingerabdrücken. Und wer in Zukunft ein Verbrechen begehen will, wird dafür nicht nur Handschuhe brauchen, sondern sich auch einer Antibiotika-Kur unterziehen müssen …

89

## Chlamydomonas nivalis

*Klimaschädlicher Blutschnee*

Es waren seltsame Bilder, die im Frühjahr 2020 durch die Medien gingen: Blutroter Schnee in der Antarktis. Die Umgebung der ukrainischen Wernadski-Forschungsstation sah aus, als hätte dort ein Massaker stattgefunden. Im Februar 2021 wurde »Blutschnee« in den Osttiroler Alpen gemeldet. Das Phänomen ist nicht neu; schon Aristoteles hat davon berichtet, und seitdem ist der rote Schnee immer wieder aufgetaucht. Auch der englische Polarforscher John Ross sah ihn an der grönländischen Küste, als er 1818 auf der Suche nach einem Seeweg durch das Nordpolarmeer fuhr. Er sammelte Proben, und vorerst hielt man die Farbe für ein Resultat von Verunreinigungen durch Erde oder Meteoriten, die im Eis eingeschlagen waren.

Der schottische Botaniker Robert Brown, der die Proben aus Grönland untersuchte, war dagegen der Meinung, dass eine Alge für die rötliche Färbung verantwortlich war. Dieser Befund konnte erst im 20. Jahrhundert bestätigt werden. Es handelt sich um *Chlamydomonas nivalis,* einen mikroskopisch kleinen Einzeller, der zur Gattung der Grünalgen gehört. Und tatsächlich beginnt die Alge ihr Leben auch mit dieser Farbe. Sie stammt vom grünen Farbstoff, mit dem die Alge das Licht der Sonne über Photosynthese in Energie umwandeln kann. Sie kann sich durch den Schnee bewegen, bis sie die optimalen Bedingungen findet. Nicht zu hell, nicht zu dunkel, keine zu intensive Sonneneinstrahlung und ausreichend Nährstoffe. Wenn die Nahrung irgendwann zur Neige geht und die Sonne zu stark strahlt, wird es für die Alge gefährlich. Vor allem das ultraviolette Licht der Sonne kann sie schädigen, und deswegen geht sie in ein Überdauerungsstadium, eine sogenannte Spore, über. Ihre äußere Schicht wird dicker, und sie erzeugt den roten Farbstoff Astaxanthin, der ultraviolette und die restliche starke Sonneneinstrahlung abschirmt.

Die Grünalge ist nun also rot geworden und wartet auf bessere Zeiten. Sobald der Schnee schmilzt, wird sie mit dem abfließenden Wasser mitgetragen und kann sich anderswo verbreiten. Daran ist die Alge nicht ganz unbeteiligt. Weißer Schnee kann das Sonnenlicht gut reflektieren und bleibt deswegen auch kalt. Es braucht viel Sonne und längere Phasen höherer Temperaturen, um große Mengen an Schnee abzuschmelzen. Wenn aber *Chlamydomonas nivalis* den weißen Schnee rot färbt, kann die Wärme der Sonne deutlich besser aufgenommen werden, und der Schmelzvorgang beschleunigt sich.

Die Geologin Liane Benning vom Deutschen GeoForschungs-Zentrum hat 2016 eine Studie geleitet, die die Rolle von roten Schneealgen beim Abschmelzen der Gletscher untersucht hat. Das Ergebnis: Die Mikroorganismen verringern die Reflexionsfähigkeit von Schnee und Eis um durchschnittlich 13 Prozent. Damit unterstützen sie den Prozess, den wir Menschen durch unsere Aktivitäten in den letzten 150 Jahren in Gang gesetzt haben. Die von uns in die Atmosphäre entlassenen Treibhausgase erhitzen den Planeten und lassen das Eis der Polarregionen schmelzen. Die Algen beschleunigen diesen Vorgang nicht nur, sie freuen sich auch über die wärmeren Temperaturen, die ihr Nahrungsangebot in den ansonsten eher kargen Regionen vergrößern.

Die Erforschung von *Chlamydomonas nivalis* ist wichtig, aber auch mehr als 200 Jahre nach der Expedition von John Ross immer noch schwierig. Da die Alge Kälte liebt und ihr Stoffwechsel bei wärmeren Temperaturen nicht mehr ordentlich funktioniert, ist es bis jetzt noch nicht gelungen, die Alge im Labor zu züchten. Wir haben ihren komplexen Lebenszyklus im Schnee noch nicht ausreichend genau verstanden. Sicher ist nur, dass das Eis an den Polen und von den hohen Bergen langsam verschwindet. Wenn wir verstehen wollen, was die Algen damit zu tun haben, sollten wir uns nicht zu lange Zeit dafür lassen.

90

## Humanes Papillomavirus 6

*Eine virale Wohngemeinschaft*

Dass wir Menschen mit uns selbst nicht so allein sind, wie wir lange Zeit dachten, hat sich mittlerweile herumgesprochen. Die Wissenschaft hat intensiv mit der Erforschung des »Mikrobioms« begonnen, also all jener Bakterien, die in und auf uns wohnen. Die Gesamtzahl der Bakterien in einem durchschnittlichen Körper beträgt ein paar Dutzend Billionen und entspricht ungefähr der Anzahl unserer eigenen Zellen. Was nicht heißt, dass wir halb Mensch und halb Bakterium sind: Im Vergleich zu Muskel- oder Fettzellen sind Bakterien deutlich kleiner und leichter. Alle Bakterien, die in einem 70 Kilogramm schweren Menschen leben, wiegen zusammen nur etwa 200 Gramm. Aber dennoch wäre es falsch, den Einfluss der Mikroorganismen zu unterschätzen. Wir wissen noch nicht in allen Fällen genau, wie das Zusammenspiel zwischen Bakterien und Mensch abläuft. Aber unsere kleinen Mitbewohner helfen uns bei der Verdauung, steuern wichtige Chemikalien für unseren Stoffwechsel bei und schützen uns vor Krankheitserregern.

Bakterien machen aber nur einen Teil der in uns lebenden Wohngemeinschaft aus. Neben dem Mikrobiom gibt es auch ein menschliches »Virom«, das aus sämtlichen Viren besteht, die unseren Körper besiedeln. Das klingt ein wenig bedenklich, denn wir kennen Viren vor allem als Ursache für Krankheiten.

Da sind zum Beispiel die Humanen Papillomaviren (HPV): Bei ihnen handelt es sich um die am häufigsten durch sexuelle Kontakte übertragenen Viren, und unter den mehr als 100 HPV-Typen gibt es gefährliche und weniger gefährliche Exemplare. Die erste Gruppe kann Körperzellen abnorm wachsen lassen und Tumore verursachen. Zur zweiten Gruppe zählt das Humane Papillomavirus 6, das Genitalwarzen verursacht, die eher ungefährlich, aber dennoch nicht sonderlich beliebt sind. Aber es gibt in unserem Virom auch Viren, vor denen wir uns nicht fürchten müssen. Wissenschaftlerinnen und Wissenschaftler konnten alleine im menschlichen Darm 140 000 Virenarten identifizieren, und über 300 Billionen Viren sollen auf und in unserem Körper existieren.

Die meisten Viren unseres Viroms haben es auch nicht auf uns abgesehen. Sie wollen Bakterien infizieren, und wir sind nur eines von vielen Habitaten, wo sie jene in einer ausreichenden Zahl finden können. Allerdings haben wir vom Virom noch viel weniger Ahnung als vom Mikrobiom. Viren sind schwerer nachzuweisen als Bakterien, und wir kennen längst noch nicht alle Arten, die sich in unserem Körper herumtreiben. Bei jeder Probe findet man neue Vertreter, und in vielen Fällen ist unklar, welchen Einfluss sie auf uns haben. Dass sie uns aber beeinflussen, daran besteht kein Zweifel. So wie jedes Ökosystem von den Raubtieren an der Spitze der Nahrungskette mitgeprägt wird, spielen auch Viren eine Rolle bei der Regulation der in uns lebenden Bakterienpopulationen. Wir wissen, dass wir Viren untereinander austauschen: Die Virome von Menschen, die im gleichen Haushalt leben, passen sich im Laufe der Zeit aneinander an. Was wir essen, beeinflusst die Bakterien in unserem Körper, und das wiederum hat Auswirkungen auf die Virenpopulationen.

Aus Sicht eines Mikroorganismus ist ein Mensch ein kompletter Planet. Wir sind voller unterschiedlichster Lebensräume; es gibt warme und dunkle Ecken ohne Sauerstoff; es gibt feuchte und kühle Regionen, Bereiche mit vielen Nährstoffen und solche mit wenig Nährstoffen. Nicht nur Viren und Bakterien finden in uns alles, was sie brauchen. Wir werden auch von Archaeen besiedelt, und sogar Pilze wohnen in uns, zum Beispiel verschiedene Arten von Hefe in unserem Darm oder auf unserer Haut. Die großen biologischen Entdeckungsreisen der Zukunft werden nicht nur in abenteuerliche Winkel der Erde führen, sondern immer öfter auch ins Innere unseres eigenen Körpers.

91

## Prometheoarchaeum syntrophicum

*Nur Geduld bei der Suche nach unserem Ursprung*

Wenn alle Lebewesen der Erde so groß wären wie wir Menschen, dann sähe die Welt völlig anders aus. Abgesehen davon, dass der Planet dann hoffnungslos überfüllt wäre, würde uns sehr deutlich vor Augen geführt, dass wir in der absoluten Minderheit sind. Die Menschen, die uns verwandten Säugetiere, die Vögel und die Fische, selbst die Pflanzen würden in den Schatten gestellt durch die zahlenmäßige Übermacht der Mikroorganismen. Wir neigen dazu, die Bakterien zu vernachlässigen, weil sie so klein sind. Aber aus Sicht einer Mikrobe besteht kein großer Unterschied zwischen einem Menschen und einer einzelligen Amöbe. Zeichnet man einen Stammbaum des Lebens, dann sitzen wir Menschen mit den Tieren, Pilzen, Pflanzen und vielen Einzellern allesamt auf dem Ast der Eukaryoten, also der Lebewesen, deren Zellen einen komplexen Aufbau haben. Sie besitzen einen Zellkern und jede Menge andere spezialisierte Abteilungen, die unterschiedliche Aufgaben erledigen.

Dem gegenüber steht der Ast der Bakterien, und wir wissen immer noch nicht genau, wie, wann und warum sich diese beiden Linien voneinander getrennt haben. Vermutlich hat die dritte Domäne des Lebens etwas damit zu tun: die Archaeen. Sie sind keine Eukaryoten, unterscheiden sich von den Bakterien aber ebenso deutlich wie wir. Tatsächlich sind wir mit den Archaeen sogar enger verwandt als mit den Bakterien. Es spricht also einiges dafür, dass die Entwicklung der ersten eukaryotischen Zelle einem Archaeon gelungen ist.

Das Rätsel der »Eukaryogenese« zu lösen ist nicht leicht – vor allem deswegen, weil sich die Archaeen notorisch schlecht in die Karten schauen lassen. Sie leben vor allem an extremen Orten der Erde, und will man sie im Labor kultivieren, muss man diese Bedingungen dort nachstellen. Genau das haben japanische Wissenschaftlerinnen und Wissenschaftler im Jahr 2006 versucht. Sie arbeiteten mit Proben, die sie 2,5 Kilometer unter der Wasseroberfläche aus dem Meeresboden gegraben hatten, und bemühten sich, die dort herrschenden Bedingungen im Labor zu reproduzieren. Dann warteten sie ab. Fünf Jahre lang – und in dieser Zeit kam es tatsächlich zu einer Vermehrung von Mikroorganismen.

Dabei hätte es sich grundsätzlich um so ziemlich jedes Lebewesen handeln können, aber neben Geduld hatten die Forscherinnen und Forscher auch enormes Glück. 2010, vier Jahre nach Beginn ihres Experiments, wurde – ebenfalls in der Tiefsee – eine neue Art von Archaeen entdeckt. Ihre Gene wiesen erstaunliche Ähnlichkeit mit denen der Eukaryoten auf, und man spekulierte, ob man hier eine Art *missing link* gefunden hatte (siehe Kapitel 20). Das Problem: Mehr als die Gene kannte man bislang nicht, und man hatte keine Archaeen zur Verfügung, die man etwa unter einem Mikroskop hätte untersuchen können. Also untersuchte man – vereinfacht gesagt – die komplette Probe vom Meeresboden auf darin vorhandene DNA und glich alles, was sich finden ließ, mit Datenbanken bekannter Mikroorganismen ab. Einige DNA-Abschnitte, die man gefunden hatte, passten aber nirgendwo dazu – und mussten daher von einem noch unbekannten Organismus stammen. Man gab dieser neuen Gruppe der Archaeen den Namen *Lokiarchaeota*.

All das wusste man in Japan natürlich noch nicht, als man dort 2006 mit dem langen Experiment begann. Aber nach der fünfjährigen Wartezeit zeigten erste Analysen, dass definitiv auch Verwandte der in der Zwischenzeit entdeckten Lokiarchaeen unter den wachsenden Mikroorganismen sein mussten. In den folgenden Jahren arbeiteten die japanischen Forscherinnen und Forscher daran, die unterschiedlichen Arten voneinander zu trennen und in sogenannten »Reinkulturen« wachsen zu lassen. Wieder war Geduld gefragt: Normale Bakterien brauchen nur ein paar Stunden, um sich zu reproduzieren. Die Archaeen aus der Tiefsee benötigten dagegen 20 Tage. Und wieder dauerte die Forschung Jahre – bis im Januar 2020 endlich offiziell ein Erfolg vermeldet werden konnte.

Zum ersten Mal war es gelungen, eine Reinkultur eines Archaeons aus der Familie der Lokiarchaeen im Labor zu züchten. Die bisher unbekannte Art bekam den Namen *Prometheoarchaeum syntrophicum* und konnte nun in allen Details nach Lust und Laune studiert werden. Die erste Überraschung: Die Neuentdeckung war deutlich weniger komplex aufgebaut als die Zelle eines Eukaryoten. Im Rahmen der »Endosymbiontentheorie« (siehe Kapitel 83) geht man davon aus, dass die eukaryotischen Zellen aus der Fusion von Archaeen und Bakterien entstanden sind. Wenn ein Archaeon sich ein Bakterium einverleibt, ohne es zu fressen, kann es sich dessen Stoffwechsel für seine eigenen Zwecke zunutze machen. Im Laufe der Zeit wird diese Symbiose so intensiv, dass das Bakterium quasi aufhört, ein eigenes Lebewesen zu sein. Übrig bleibt ein spezieller Mechanismus im Inneren einer Zelle, der zum Beispiel Energie erzeugen kann oder Photosynthese betreibt.

Die Zellen von *Prometheoarchaeum syntrophicum* sind aber zu klein, um sich auf diese Weise zu eukaryotischen Zellen entwickelt zu haben. Sie hatten jedoch jede Menge ungewöhnliche, tentakelartige Auswüchse. Außerdem stellte man fest, dass die Archaeen nur in Gemeinschaft mit bestimmten Bakterien leben können. Das Archaeon erzeugt bei seinem Stoffwechsel Wasserstoff, den es irgendwie loswerden muss. Es gibt ihn daher an die Bakterien weiter, die ihn für ihren eigenen Stoffwechsel brauchen. Die bei diesen chemischen Vorgängen entstehenden »Abfallstoffe« kann wiederum das Archaeon nutzen. Wenn sich nun aber die Bedingungen ändern, also plötzlich sehr viel mehr

Sauerstoff in der Umwelt vorhanden ist, muss *Prometheoarchaeum syntrophicum* die Strategie ändern. Es muss sich ein anderes Bakterium suchen, um seinen Stoffwechsel an die geänderten Bedingungen anzupassen.

Hier kommen nun die »Tentakel« ins Spiel: Mit ihrer Hilfe kann es das Bakterium fest in seiner Nähe halten. Das Bakterium wird regelrecht umschlungen; je mehr Kontakt zwischen den beiden Lebewesen besteht, desto reibungsloser läuft die Zusammenarbeit ab. Und irgendwann, so die Hypothese, entwickelt sich aus dieser Gemeinschaft eine Zelle, in der das Bakterium nur mehr eine Komponente ist. Der erste Schritt hin zu den Eukaryoten wäre damit getan. Ob diese Hypothese die Eukaryogenese allerdings korrekt beschreibt, bleibt vorerst noch zu klären.

Zumindest aber haben wir inzwischen die Möglichkeit, unsere Archaeenvorfahren auch weiterhin im Detail zu untersuchen. Vielleicht gelingt es uns auch, in Zukunft noch andere Arten der Lokiarchaeen im Labor zu kultivieren. Wir müssen nur wieder einmal Geduld haben.

## 92

## Myxococcus xanthus

*Mikromikrobenmotor*

Warum haben Tiere keine Räder? Rollen ist doch viel einfacher als Laufen – seit wir Menschen das Rad erfunden haben, nutzen wir es ausgiebig zur Fortbewegung. Aber die Natur hat es in den Jahrmilliarden der Evolution nicht geschafft, auch nur ein Lebewesen hervorzubringen, das Räder anstelle von Beinen (oder anderer Fortbewegungsmittel) entwickelt hat. Der Grund dafür ist natürlich leicht zu verstehen: Um flüssig rollen zu können, braucht man auch einen passenden Untergrund. Auf einer glatten Straße sind Räder äußerst praktisch. Im unebenen Wald, im Gebirge, auf Wiesen oder sonst irgendwo in der Natur dagegen eher hinderlich. Und selbst wenn sich doch irgendwo eine ökologische Nische finden ließe, in der sich ohne menschlichen Eingriff ein flacher Untergrund gebildet hat: Ein Rad, so wie wir es uns vorstellen, kann die Evolution nicht hervorgebracht haben. Denn es muss einerseits ein Körperteil sein, also wachsen können, über Blutgefäße und Nervenbahnen verfügen. Es muss sich andererseits aber auch frei drehen können. Wir könnten uns heute vielleicht ein biologisches System ausdenken, bei dem alle entsprechenden Gefäße irgendwie durch die Mitte der Radachse geführt werden, sodass sie sich nicht verheddern, wenn sich das Rad dreht. Aber die Evolution geht nicht mit Plan vor; sie kann nicht auf ein Ziel hinarbeiten. Jeder Zwischenschritt auf dem Weg zum biologischen Rad hätte einen evolutionären Vorteil bieten müssen.

Wir sollten uns also nicht wundern, dass nirgendwo Tiere durch die Gegend rollen. Umso überraschender aber war die Entdeckung, dass im lange Zeit für uns unsichtbaren Reich der Mikroorganismen sehr wohl Räder existieren – die auch tatsächlich zur Fortbewegung verwendet werden, wenn auch auf eine sehr ungewöhnliche Art und Weise. Sehr viele Bakterien (und viele andere Mikroorganismen) besitzen sogenannte Flagellen. Das sind fadenförmige Strukturen an der Außenseite der Lebewesen, und sie sind tatsächlich so weitverbreitet, dass es schon fast einfacher ist, diejenigen aufzulisten, die sie nicht besitzen. So wie das diesem Kapitel den Titel gebende Bakterium *Myxo-*

*coccus xanthus*, das sich auf einer Art selbst erzeugten Schleimspur rutschend durch die Welt bewegt.

Die mit Flagellen ausgestatteten Bakterien reisen deutlich eleganter und setzen ihre fadenartigen Auswüchse wie einen Propeller oder eine Schiffsschraube ein. Manche Bakterien benötigen ihre Flagellen, um ihrer Nahrungsquelle entgegenzuschwimmen, andere aber auch, um uns besser infizieren zu können. Ein Flagellum kann sich mehr als 100-mal pro Sekunde um seine Achse drehen, und es handelt sich hier tatsächlich um eine echte Rotation. Die Flagellen bestehen aus einem Filament, einem Haken und einem Motor. Das Filament endet im Haken, der von Ringen umgeben ist. Dieser »Rotor« ist mit dem Bakterium über einen »Stator« verbunden, also von einem Komplex aus speziellen Proteinen umgeben. Durch sie hindurch fließen elektrisch positiv geladene Wasserstoffatome, die mit den ebenfalls elektrisch geladenen Atomen am unteren Ende des Rotors wechselwirken können. Sie üben eine elektrostatische Kraft aus, die den Rotor samt Flagellum in Drehung versetzt, und das umso schneller, je mehr Wasserstoffatome durch die Proteine fließen.

Wie das Ganze im Detail funktioniert, ist noch unklar. Aber es funktioniert: Die Flagellen der Bakterien werden durch einen winzigen molekularen Motor angetrieben und in eine konstante Drehung versetzt. Der Motor kann sogar seine Drehrichtung ändern, je nachdem, ob das Bakterium vorwärts oder rückwärts schwimmen möchte.

Das winzige Bakterienrad funktioniert, gerade weil es so klein ist. Es besteht aus ein paar Proteinen, es braucht nur Atome in Bewegung, um in Drehung versetzt zu werden. Und im Gegensatz zu den rollenden Tieren gibt es auch keine evolutionären Gründe, die seiner Entstehung im Wege gestanden hätten. Viele Mikroorganismen haben sogenannte Sekretionssysteme, um bestimmte Chemikalien in andere Zellen übertragen zu können. Dazu müssen sie kreisförmige Löcher in die Zellwände bohren, und man konnte zeigen, dass diese Fähigkeit genetisch eng mit dem Flagellenmotor verwandt ist. Es ist nicht unwahrscheinlich, dass sich das biochemische Rad aus genau solchen Sekretionssystemen entwickelt hat. Die Evolution hat nicht »geplant«, die Bakterien mit praktischen Propellern auszustatten. Aber wenn es sich zufällig aus einem schon vorhandenen System so ergibt, dann nimmt man eine derart nützliche Fähigkeit natürlich gerne mit.

## 93

## Influenza-A-Virus

*Der Tod kommt aus dem All*

Kometen bringen Unglück und Seuchen über die Welt. Schon in der Antike hatten die Menschen Angst vor diesen plötzlich am Himmel auftauchenden Erscheinungen, die völlig anders aussahen als die üblichen Lichtpunkte der Sterne und Planeten. Man sah in ihnen die Vorboten von Krieg, Katastrophen und Tod. Diese Kometenfurcht zog sich durch das ganze Mittelalter und noch weit bis in die Neuzeit hinein. Da verkündete zum Beispiel ein Flugblatt aus dem Jahr 1681, dass nach dem Auftauchen eines Kometen neben jeder Menge anderer katastrophaler Ereignisse mit »viel Fieber, Krankheit, Pestilentz und Tod« zu rechnen sei. Und das völlig zu Recht, wie einer der bedeutendsten Astronomen des 20. Jahrhunderts meinte.

Fred Hoyle war ein außerordentlicher Wissenschaftler. Der Brite löste mit Margaret Burbidge, Geoffrey Burbidge und William A. Fowler eines der großen Rätsel der Astronomie. In einer revolutionären Arbeit legten sie Ende der 1950er-Jahre dar, wo und wie im Universum die Vielfalt der chemischen Elemente entsteht. Sie erklärten, wie die Kernfusion im Inneren der Sterne ablaufen muss, um Kohlenstoff, Sauerstoff oder Eisen zu produzieren. Und sie zeigten, wie explodierende Sterne Elemente wie Gold und Silber erzeugen. Diese Arbeit war eine der wichtigsten Grundlagen der modernen Astronomie, und Hoyle zählte zu den einflussreichsten Forscherinnen und Forschern des Jahrhunderts. Aber nicht alle seiner Ideen stießen auf ungeteilte Zustimmung. Er lehnte die damals noch junge Theorie zur Entstehung des Universums ab und hielt sie für so lächerlich, dass er dafür den Begriff »Big Bang« verwendete. Als Beleidigung gedacht, setzte er sich – so wie die Theorie selbst – aber schnell durch; Hoyle aber akzeptierte den Urknall bis zu seinem Tod nicht.

Noch ein kleines bisschen seltsamer waren seine Hypothesen zur Entstehung von Krankheiten. Es mag seltsam erscheinen, dass ein Astronom sich mit einem Thema beschäftigt, das eigentlich in die Zuständigkeit der Medizin fällt. Aber Hoyle war davon überzeugt, dass viele Viren und Bakterien in Wahrheit aus dem Weltall stammten und dass die großen Wolken zwischen den Sternen, die man im Teleskop sehen konnte, aus Unmengen dieser Mikroorganismen bestünden. In der Kälte des Alls seien sie inaktiv, aber mit Kometen und Asteroiden könnten sie auf die Erde gelangen und dort Krankheiten und Pandemien auslösen. Er beschäftigte sich insbesondere mit den großen Grippe-Ausbrüchen. Die Spanische Grippe von 1918, die weltweit

Millionen Todesopfer forderte, die Grippe-Epidemie in Großbritannien von 1951, die »Russische Grippe« von 1977: Sie alle wurden vom Influenza-A-Virus ausgelöst. Seine verschiedenen Untertypen haben in den vergangenen Jahrzehnten überall auf der Welt für Epidemien und Pandemien gesorgt. Heute wissen wir, dass dieses Virus seinen Ursprung in Wasservögeln hat, von dort auf Schweine übertragen wurde und schließlich auch uns Menschen infizieren konnte. Hoyle allerdings war überzeugt, dass der Krankheitserreger aus dem Weltall stammte.

Mit seinem Kollegen Chandra Wickramasinghe sammelte er akribisch Daten über Krankheitsfälle in Großbritannien und dem Rest der Welt und versuchte zu beweisen, dass die Infektionsketten nur erklärt werden können, wenn man davon ausgeht, dass die Viren von oben auf die Erde fallen. Er bemühte sich, eine Verbindung zwischen Asteroideneinschlägen und dem Auftauchen von Rinderwahnsinn oder AIDS zu konstruieren, und war zudem fest davon überzeugt, dass neben Viren auch Bakterien beständig aus dem All auf die Erde rieselten – und dass wir deswegen im Laufe der Evolution Nasen mit Löchern an der Unterseite entwickelt hätten: So könne kein Mikroorganismus von oben hineinfallen.

So genial Hoyle auch bei seiner restlichen Arbeit war – was die Viren aus dem All anging, war er gewaltig auf dem Holzweg. Wir wissen heute ohne Zweifel, dass die Wolken zwischen den Sternen aus Gas und Staub bestehen. Wir haben Asteroiden besucht und dort zwar jede Menge komplexe organische Moleküle gefunden, aber keine Anzeichen irgendwelcher Lebewesen oder Krankheitserreger. Und Kometen sind zwar beeindruckende Himmelserscheinungen – aber weder Vorzeichen von Katastrophen noch die Ursache von Seuchen auf der Erde.

Das Weltall ist ein unfreundlicher Ort. Asteroiden können auf der Erde einschlagen. Die Unregelmäßigkeiten der Planetenbewegung können Eiszeiten verursachen. Sonnenstürme können unsere Satelliten zerstören. Dort draußen gibt es viel, was uns gefährlich werden kann. Ein kosmischer Regen aus Viren und Bakterien gehört allerdings nicht dazu. Man kann den Himmel also auch weiterhin gefahrlos beobachten, ohne zu befürchten, dass einem außerirdische Mikroben in die Nase regnen.

94

## Chlamydomonas reinhardtii

*Algenimpfung*

Der unspektakuläre Name wird *Chlamydomonas reinhardtii* nicht gerecht: Die winzige Alge wurde nicht nur 2014 von der Deutschen Botanischen Gesellschaft zur Alge des Jahres gekürt, sondern hat sich in den letzten Jahrzehnten als wahre wissenschaftliche Schatzkiste erwiesen. Das fängt schon bei ihren grundlegenden Eigenschaften an. Es handelt sich um eine Alge, die, wie eine Pflanze, in der Lage ist, Sonnenlicht durch Photosynthese in für sie nutzbare Energie umzuwandeln. Ganz anders als eine Pflanze kann sich der nur ein paar Mikrometer große Einzeller aber aktiv fortbewegen. Die Alge besitzt zwei Geißeln, die sie ähnlich einsetzen kann wie wir Menschen unsere Arme beim Brustschwimmen. Pro Sekunde kann sie so 120 Mikrometer zurücklegen – umgerechnet auf ihre Größe ist das mehr als zehnmal schneller, als der schnellste Mensch schwimmen kann.

*Chlamydomonas reinhardtii* besitzt einen ganz speziellen Augenfleck, der aus sechs Lichtrezeptoren und einer Menge von Proteinen besteht. Die Alge kann nicht nur erkennen, woher das Licht kommt, sondern auch seine Stärke bestimmen und sogar zwischen unterschiedlichen Farben des Lichts unterscheiden. Damit ist sie in der Lage, sich gezielt dorthin zu bewegen, wo die optimalsten Bedingungen für die Photosynthese herrschen. Und wenn diese Bedingungen einmal nicht optimal sind, kann sie auf ein Notfallprogramm umschalten. Normalerweise nutzt *Chlamydomonas reinhardtii* das Licht der Sonne, um Elektronen zu produzieren und damit chemische Reaktionen anzustoßen, die den Zucker bilden, aus dem sie die Energie für ihren Stoffwechsel bezieht. Fehlen der Alge aber die Nährstoffe, um diesen Zucker aufzubauen, muss sie die Elektronen irgendwie anders loswerden und benutzt sie, um Wasserstoff herzustellen.

Diese Eigenschaften hat man schon 1940 entdeckt, und seitdem versucht man, die Alge dazu zu bringen, ihr Notprogramm dauerhaft ablaufen zu lassen. Dann hätte man eine biologische Quelle, mit der sich Wasserstoff herstellen ließe, der zum Beispiel als klimafreundlicher Treibstoff in Autos eingesetzt werden kann. Noch ist das nicht gelungen; *Chlamydomonas reinhardtii* hat der Forschung aber noch einiges mehr zu bieten. 2003 wurde ihr gesamtes Genom entschlüsselt, und sie wurde zu einem wichtigen Modellorganismus der Mikrobiologie. Die Erbinformation der Alge lässt sich besonders leicht verändern, sie lässt sich gut im Labor züchten, und dank ihrer schnellen Fortpflanzungsrate kann man viele verschiedene Versionen produzieren. Man kann Stämme von *Chlamydomonas reinhardtii* erzeugen, die keinen Augenfleck haben; man kann sie mit unterschiedlichen Arten von Geißeln ausstatten und so im Detail erforschen, wie all diese Komponenten funktionieren. Was nicht nur für die Algenforschung interessant ist: Die Geißeln der Alge ähneln in Funktion und Struktur den Schwänzen menschlicher Spermien. Verstehen wir, wie sich der Einzeller fortbewegt, dann verstehen wir auch, wie Spermien funktionieren.

*Chlamydomonas reinhardtii* könnte aber auch die medizinische Forschung revolutionieren. In der Zukunft lassen sich mit ihr vielleicht Impfstoffe herstellen, die auf anderem Wege nur aufwendig und teuer zu produzieren sind. Zudem müssten sie nicht mehr mit einer Spritze verabreicht werden, sondern könnten einfach geschluckt werden. Eine Impfung funktioniert ja, weil sie es dem Immunsystem ermöglicht, gefahrlos zu trainieren. Trifft das Immunsystem erst bei einer echten Infektion zum ersten Mal auf einen Krankheitserreger, dann ist es vielleicht schon zu spät. Dann vermehrt er sich schneller, als das Immunsystem reagieren kann und bevor es weiß, dass hier ein Eindringling abgewehrt werden muss. Deswegen enthält ein Impfstoff Informationen über den Erreger in einer für den Körper ungefährlichen Form: Ein Weg, das zu erreichen, besteht darin, nicht den kompletten Keim zu verwenden, sondern nur einen charakteristischen Teil davon. Der kann alleine keinen Schaden anrichten, reicht aber aus, um das Immunsystem zu trainieren und für die echte Gefahr zu wappnen.

Eine bisher in der Praxis noch nicht eingesetzte Methode nutzt gentechnisch veränderte Pflanzen, die genau solche »Antigene« produzieren können. Verzehrt man die Pflanze, gelangen auch die Antigene in den Körper, und das Immunsystem kann mit dem Training beginnen. Das klingt allerdings leichter, als es in der Realität ist. Der Magen-Darm-Trakt ist nicht unbedingt der beste Ort, um einen Impfstoff in den Körper zu bringen – aber dennoch wird intensiv an »essbaren Impfungen« geforscht.

Im Gegensatz zur oft sehr teuren und komplexen industriellen Produktion herkömmlicher Impfstoffe lassen sich Pflanzen vergleichsweise einfach anbauen. Verwendet man die richtigen Sorten, dann sind sie lange haltbar und können leicht transportiert und gelagert werden. Und vor allem haben wir mittlerweile viel Erfahrung darin, Pflanzen entsprechend zu modifizieren. Noch einfacher als Pflanzen lassen sich aber die einzelligen Algen gentechnisch verändern. Darüber hinaus sind sie noch leichter zu kultivieren, und die Produktion ist billiger.

Mit *Chlamydomonas reinhardtii* – die essbar ist – wurden schon diverse Impfstoffkandidaten produziert, mit vielversprechenden Resultaten. Ob die essbare Algenimpfung irgendwann einmal tatsächlich eingesetzt wird, um Krankheiten vorzubeugen, muss sich noch zeigen. Aber wenn man statt einer Spritze vielleicht Sushi mit Impfstoffalgen bekäme, könnte man manchen Zeitgenossen die Impfskepsis vielleicht doch noch austreiben.

95

## GFAJ-1

*Falsche Aliens im giftigen See*

»Die Definition des Lebens wurde gerade erweitert«, verkündete die NASA im Dezember 2010 bei einer Pressekonferenz. Angekündigt wurde sie mit ähnlich spektakulären Worten. Man werde »eine astrobiologische Entdeckung diskutieren, die Auswirkungen auf die Suche nach außerirdischen Leben« haben werde. Spekulationen blühten und die Aufregung war entsprechend groß. Was dann tatsächlich präsentiert wurde, waren keine Aliens, die fern im Weltall gefunden wurden. Sondern Mikroorganismen aus dem Mono Lake in Kalifornien.

Die amerikanische Geobiologin Felisa Wolfe-Simon war dort mit ihrem Team auf der Suche nach ganz besonderen Bakterien. Die Gegend um den Mono Lake dient seit langer Zeit als Trinkwasserquelle für Los Angeles, und im Laufe der Zeit sank dort der Wasserspiegel ab. Da der See zudem keinen natürlichen Abfluss hat, stiegen der Salzgehalt und auch die Konzentration anderer im Wasser gelösten Stoffe an – insbesondere das chemische Element Arsen, das dort in vergleichsweise hoher Menge vorhanden ist.

Was unter so extremen Bedingungen lebt, muss ganz besondere Strategien entwickelt haben. Mikroorganismen aus dem Mono Lake könnten also Eigenschaften haben, die anderen Lebewesen auf der Erde fehlen, und genau das herauszufinden war das Ziel der Forschungsarbeit. Die Bakterien, die von Wolfe-Simon und ihrem Team dann schließlich entdeckt wurden, waren aber mehr als nur ein bisschen außergewöhnlich. Sie waren eine »spektakuläre Lebensform«, wie das Magazin *Spiegel* meldete; etwas, das die »Vorstellung vom irdischen und außerirdischen Leben« verändere.

Zuvor war man davon ausgegangen, dass Leben auf jeden Fall aus den sechs chemischen Elementen Kohlenstoff, Wasserstoff, Sauerstoff, Stickstoff, Phosphor und Schwefel aufgebaut sein muss – in unterschiedlich großen Mengen zwar, aber keines dieser Elemente schien fehlen zu dürfen. Phosphor zum Beispiel verbindet in der DNA die chemischen Bausteine miteinander, die die Erbinformationen tragen. Wolfe-Simon zeigte nun aber in ihrer Studie, dass die im Mono Lake gefundenen Bakterien der Familie der *Halomonadaceae*, denen man die Bezeichnung »*GFAJ-1*« gab, Phosphor durch das eigentlich giftige Arsen ersetzt haben.

Diese Entdeckung war eine echte Sensation. Es gab auch vorher schon Vermutungen, dass man die essenziellen Grundbausteine des Lebens vielleicht auch durch andere chemische Stoffe ersetzen könnte. Aber erst *GFAJ-1* lieferte den Beweis. Seine besondere Eigenschaft hat – wie die NASA in ihrer Pressemitteilung verkündete – tatsächlich große Auswirkungen auf die Suche nach außerirdischem Leben. Wenn es auch aus anderen als den uns bisher bekannten chemischen Bausteinen aufgebaut sein kann, dann müssen wir in Zukunft mit anderen Augen und an anderen Orten danach suchen.

Die wissenschaftliche Sensation hielt jedoch nur für ein paar Tage. Schon kurze Zeit nach der spektakulären Präsentation der NASA meldeten einige Forscherinnen und Forscher Bedenken an. Die Indizien seien zu dünn, und es seien keine ausreichenden Kontrollexperimente durchgeführt worden. Ein Kritikpunkt war: Es gebe längst etablierte Methoden, um ganz einfach direkt nachzuweisen, dass die DNA der Bakterien Arsen statt Phosphor enthält – die entsprechenden Analysen seien aber in der Studie von Wolfe-Simon nicht durchgeführt worden. Stattdessen habe man indirekte Nachweismethoden verwendet, die – so die weitere Kritik – auch nicht sauber angewandt worden seien. Das gefundene Arsen sei daher viel leichter durch eine Verunreinigung bei den Experimenten zu erklären als durch eine komplett neue Art des Lebens.

Die Kritik riss nicht ab, und 2012 veröffentlichte eine andere Forschungsgruppe ihre eigene Analyse der Bakterien. Sie zeigten, dass *GFAJ-1* zwar geringe Mengen an Arsen aushalten kann, das Element aber nicht in seine DNA einbaut. Auch das »Alien« aus dem Mono Lake verwendet die gleichen Grundbausteine wie der Rest des irdischen Lebens.

Felisa Wolfe-Simon ist immer noch überzeugt, dass ihre Arbeit keine groben Fehler enthält, und verteidigt ihre Forschung an *GFAJ-1*. Überzeugt muss sie auch während der Forschung an *GFAJ-1* gewesen sein. Denn wie Paul Davies, der als Co-Autor an der Veröffentlichung beteiligt war, anmerkte, soll diese Abkürzung für »Give Felisa a Job« stehen. In diesem Fall hat es leider nicht geklappt mit der großen Entdeckung. Aber da wir immer noch nicht genau verstanden haben, wie das Leben auf der Erde eigentlich entstanden ist, können wir auch nicht sagen, ob es nicht doch auch »anderes« Leben gibt. Wenn nicht im Mono Lake, dann vielleicht an einem anderen Ort.

96

## Mixotricha paradoxa

*Die wandelnde Bakterienstadt*

*Mixotricha paradoxa* heißt so viel wie »unerwartet vermischte Haare«. Der Befund stammt von der australischen Biologin Jean Sutherland und hatte nichts mit einem missglückten Besuch beim Friseur zu tun, sondern sollte das beschreiben, was sie im Darm einer Termite gefunden hatte. Diese Insekten sind in der Lage, Holz zu fressen, brauchen dafür aber Hilfe. In ihrem Inneren leben daher diverse Mikroorganismen, die das Verdauen der zähen Zellulose übernehmen. Ein bisher unbekanntes Exemplar entdeckte Sutherland im Jahr 1933. Der Einzeller war vergleichsweise groß, bis zu einem halben Millimeter. An der Außenseite seines Körpers saßen jede Menge »Haare«. Einerseits sah Sutherland unzählige wimpernartige Auswüchse, die sie an »Zilien« erinnerten. Sie dienen der Fortbewegung oder dem Transport von Stoffen durch die Zellen hindurch, und man findet sie bei einer Menge Lebewesen. Dann waren da aber noch ein paar längere, dickere »Haare«, die aussahen wie »Flagellen«. Mit diesen peitschenartigen Gebilden können sich Bakterien und andere Mikroorganismen fortbewegen, und sie sind ebenfalls bei vielen Arten zu finden (siehe Kapitel 92). Bis zu diesem Zeitpunkt hatte man aber noch kein Lebewesen entdeckt, das sowohl über Zilien als auch Flagellen verfügt – was Sutherland zu ihrer Namensgebung inspirierte.

Die Seltsamkeiten fangen hier aber erst an. *Mixotricha paradoxa* soll für die Termiten zwar die Verdauung der Zellulose abwickeln, hat diesen Job aber selbst ausgelagert. Dem Einzeller fehlen die üblichen Mitochondrien, die in einer Zelle für die Energieproduktion zuständig sind. Sie lässt stattdessen Bakterien in ihrem Inneren leben, die das erledigen. *Mixotricha paradoxa* steht quasi im Zentrum einer dreifach symbiotischen Beziehung: Sie bietet Lebensraum und Nährstoffe für Bakterien, nutzt deren Eigenschaften, um sich selbst einen sicheren Aufenthalt im Termitendarm zu sichern, und belohnt diese dafür wiederum mit der Fähigkeit zur Holzverdauung.

Noch größer war die Überraschung, als man im Jahr 1950 die Zilien und Flagellen genauer untersuchte. Die vielen kleinen Wimpernhärchen stellten sich als Bakterien der Gattung *Treponema* heraus. Jede der circa 250 000 »Zilien«, die *Mixotricha paradoxa* bedecken, ist in Wirklichkeit ein einzelnes Bakterium. Anstatt frei durch die Gegend zu schwimmen, haben sie sich mit dem Einzeller verbunden. Dank ihnen kann sich der Einzeller in der zähen Flüssigkeit, die den Darm der Termiten ausfüllt, leichter bewegen. Er belohnt die Bakterien dafür mit einem verbesserten Zufluss an Nährstoffen. Auch bei den längeren Flagellen handelt es sich in Wahrheit um Bakterien der Art *Canaleparolina darwiniensis*, die sich auch für eine Zusammenarbeit mit dem Einzeller entschieden haben.

Die *Treponema*-Bakterien kleben übrigens nicht einfach so an *Mixotricha paradoxa*. Sie sitzen in kleinen klammerartigen Vorsprüngen, die der Einzeller extra für sie ausgebildet hat. Und am anderen Ende jeder Klammer befindet sich ein Exemplar einer weiteren Bakterienart. Welche Rolle sie in diesem Mega-Organismus spielen, ist noch unklar – aber auch sie werden vermutlich ihren Beitrag leisten und im Gegenzug von der Lebensgemeinschaft profitieren.

*Mixotricha paradoxa* ist nicht einfach nur irgendein Einzeller, sondern eine wandelnde Stadt, die von Hunderttausenden Bakterien bewohnt wird. Eine Stadt im Inneren des Darms einer Termite, die nur in einer speziellen Region des nördlichen Australiens vorkommt. Wer weiß, wie viele solcher außergewöhnlichen Lebensgemeinschaften noch existieren? *Mixotricha paradoxa* zeigt uns recht eindrücklich, dass kein Lebewesen isoliert betrachtet werden kann. Alles, was lebt, lebt in Abhängigkeit von anderen – mal mehr, mal weniger, und mal verschwimmt die Grenze zwischen den Individuen. Davon sind auch wir Menschen nicht ausgenommen. Auch wir sind Lebensraum von jeder Menge Bakterien. Bis zu 1000 unterschiedliche Arten leben in unseren Eingeweiden; die Zahl der individuellen Bakterien ist ungefähr so groß wie die der Zellen, aus denen unser Körper besteht. Wir finden die Mikroorganismen auf unserer Haut, in unserem Mund, in der Nase und sämtlichen Schleimhäuten. Sie helfen uns bei der Verdauung, erzeugen wichtige Stoffe (zum Beispiel einige Vitamine), halten Krankheitserreger fern und erledigen vermutlich noch sehr viel mehr wichtige Aufgaben, von denen wir bisher noch nichts wissen. Die Rolle dieses menschlichen »Mikrobioms« wird gerade erst erforscht. Aber eines steht fest: Auch wir Menschen sind keine Individuen. Wir sind eine Lebensgemeinschaft unzähliger unterschiedlicher Lebewesen, die alle aufeinander angewiesen sind.

97

## Scenedesmus obliquus

*Wohnen im Algenhaus*

In einem »Algenhaus« zu wohnen, klingt erst mal nicht sehr attraktiv. Irgendwie glitschig, feucht und ungemütlich. Das 2013 fertiggestellte Gebäude im Hamburger Stadtteil Wilhelmsburg ist jedoch alles andere als das, obwohl es tatsächlich den Spitznamen »Algenhaus« trägt. Offiziell heißt es BIQ (»Bio Intelligent Quotient«), und das, was es so besonders macht, ist *Scenedesmus obliquus*. Diese einzelligen Grünalgen leben normalerweise im Süßwasser von Seen und Teichen. In diesem Fall hat ein Architekturbüro aus Österreich dem Mikroorganismus aber ein Zuhause in der Fassade eines Gebäudes gegeben. 129 Glaselemente bilden auf der Sonnenseite des Hauses eine zusätzliche Außenhülle, und in ihnen werden Algen gezüchtet.

Für ihr Wachstum benötigen sie nur Licht, ein paar Nährstoffe und Kohlendioxid, das zum Teil direkt aus den Abgasen der

Gebäudeheizung stammt. Das Sonnenlicht, das die Algen nicht für ihre Photosynthese benötigen, wird über die Glaspaneele direkt in Wärme umgewandelt und im Haus für die Warmwasserbereitung genutzt. Natürlich kann man die Algen nicht beliebig wachsen lassen, denn irgendwann würden sie ihre Fassadenaquarien komplett ausfüllen. Sie werden regelmäßig geerntet und in eine Biogasanlage transportiert. Dort wird die Algenmasse vergoren, und es entsteht Gas, das zur Energieproduktion verwendet werden kann.

Die Algen des Hamburger Gebäudes reichen allerdings nicht aus, um das gesamte Haus mit Energie zu versorgen. Auch weil die Anlage sich nach dem Start als fehleranfälliger erwiesen hat als ursprünglich geplant. Es wurde im Rahmen der Internationalen Bauausstellung (IBA) Hamburg geplant, wo sogenannte »Smart Material Houses« zeigen sollten, wie man mit Baustoffen dynamisch auf die Umwelt reagieren und Energie optimal nutzen kann. Das fünfstöckige Haus war ein Pilotprojekt und die Probleme zahlreich. Die Rohrleitungen zur Versorgung der Algentanks waren teilweise zu klein, oft verstopft, und die Temperatur ließ sich nicht optimal regeln. Im Winter mussten die Algen in Gänze abgelassen werden, um Frostschäden zu verhindern. Nach einer kompletten Renovierung des Systems macht das Algenhaus nun aber genau das, was es soll.

Es demonstriert, dass man sogenannte Photobioreaktoren nicht nur in einem Labor oder im industriellen Umfeld nutzen kann. Diese Anlagen zur Produktion von Mikroorganismen lassen sich auch in »normale« Architektur integrieren, wo sie nicht nur Biomasse zur Gasherstellung produzieren, sondern die Gebäude auch mit Warmwasser versorgen können. Und darüber hinaus auch noch recht hübsch aussehen. Zugegeben, das ist natürlich Ansichtssache. Aber die grüne, lebendige Fassade des Hamburger Algenhauses ist auf jeden Fall einzigartig. Das Wasser, in dem die Mikroorganismen leben, muss ständig in Bewegung gehalten werden, um zu verhindern, dass sich Ablagerungen bilden. Deswegen werden große Gasblasen in die 129 Bioreaktoren eingeleitet. Die Fassade des Hauses blubbert also leise vor sich, die Algen tanzen durchs Wasser, und je nachdem, wie stark sie gerade wachsen, ändert sich auch der grüne Farbton, den sie dem Wasser verleihen.

Es war von Anfang an nicht geplant, dass das Algenhaus wirtschaftlich lohnend arbeitet. Dafür ist es zu klein. Es sollte zeigen, dass die Technik prinzipiell funktioniert. In Zukunft könnte sie in größeren Gebäuden zum Einsatz kommen; es stehen ja genug Lagerhallen, Bürogebäude und Fertigungsanlagen in den Industriegebieten herum, deren Fassade man mit ein wenig Algenpower aufmotzen könnte. Die Mikroorganismen lassen sich auch nicht einfach nur als Biomasse verheizen. Sie könnten als Rohstoff für andere Zwecke genutzt werden: Die Kosmetikindustrie etwa schätzt die Spurenelemente und Nährstoffe in den Algen. Und da die Algen auch essbar sind, spricht nichts dagegen, sie als Lebensmittel zu verwenden. Um Sushi darin einzuwickeln, sind sie natürlich zu klein. Aber man kann Nahrungsergänzungsmittel aus ihnen herstellen, Smoothies daraus machen oder sie zu Aufstrich verarbeiten. Es sind noch längst nicht alle Anwendungsmöglichkeiten ausgeschöpft. Warum also nicht in Zukunft unsere Häuser mit den Algen teilen?

## 98

## Porcine circovirus 1

*Kleiner geht es nicht*

Viren sind klein. Genau deswegen sind sie ja erst so spät entdeckt worden (siehe Kapitel 43). Sie sind deutlich kleiner als Bakterien und alle anderen Mikroorganismen. Das kleinste bekannte Virus ist das Porcine circovirus 1 (PCV-1). Es befällt Schweine, verursacht dort aber keine Krankheiten (im Gegensatz zu seinen nahen Verwandten PCV-2 und PCV-3). Das Virus ist nur 17 Nanometer groß und erreicht damit schon atomare Größenordnungen. Das kleinste Atom ist Helium; man müsste ungefähr 600 Stück davon aneinanderreihen, um die Länge von PCV-1 zu erreichen. Von den etwas größeren Kohlenstoff-Atomen würden 220 reichen, und nimmt man das radioaktive Element Francium, das größte bekannte Atom, dann sind es nur noch 48 Stück, die hintereinandergelegt die Länge des kleinsten Virus ergeben.

Das Porcine circovirus 1 ist nicht nur physisch klein, sondern auch, was die Größe seines Genoms angeht. Es trägt seine Erbinformation in Form eines Rings aus Nukleobasen, also den Bausteinen, die die »Buchstaben« des genetischen Codes ausmachen – und es hat nur circa 1700 davon. Zum Vergleich: Wir Menschen besitzen mehr als drei Milliarden Bausteine in unserer DNA, Bakterien haben typischerweise mehr als 100 000 Nukleobasen. Es gibt zwar auch Viren, die mehr als eine Million Nukleobasen besitzen; sie sind aber eine Ausnahme. Das Genom von Viren ist meistens kleiner als das von Bakterien und anderen Mikroorganismen. Viele von ihnen kommen, so wie PCV-1, mit nur ein paar Tausend Nukleobasen aus.

Das bedeutet, dass solche Viren einerseits sehr von ihrem Wirt abhängig sind. Da sie selbst auf ihrem kleinen Genom kaum Informationen speichern können, müssen sie die molekularen Werkzeuge der von ihnen befallenen Wirtszellen nutzen, um sich zu vervielfältigen. Andererseits haben Viren auch Wege gefunden, das Potenzial ihres Minimalgenoms maximal auszuschöpfen. Manche von ihnen können mit dem gleichen Satz an Nukleobasen unterschiedliche Gene codieren: Je nachdem, wie man die Abfolge der Bausteine abliest und wo man mit dem Ablesen beginnt, kann man unterschiedliche Informationen auslesen, und dank solcher »überlappender Gene« lassen sich in einem kleinen Genom mehr Daten unterbringen, als man denken würde.

Man kann, wie üblich bei den Viren, darüber streiten, ob es sich bei Porcine circovirus 1 tatsächlich um das kleinste bekannte Lebewesen der Welt handelt. Auf jeden Fall ist es der kleinste Organismus, der sich mithilfe einer Wirtszelle selbst vervielfältigen kann. Die eigentliche Überraschung wartet aber am anderen Ende der Größenskala. Denn auch das größte Lebewesen der Welt ist in gewisser Weise ein Mikroorganismus: *Armillaria ostoyae*, ein Pilz, der bei uns besser unter dem Namen »Dunkler Hallimasch« bekannt ist. Man kann ihn essen, sollte aber wissen, was man tut. Nicht alle Menschen vertragen ihn, und er muss auf jeden Fall ausreichend lange gekocht werden, da er sonst Brechreiz und Durchfall auslöst. Der Pilz wächst gerne in und auf Nadelbäumen, und wer schon einmal einen Hallimasch gesehen hat, wird sich über die Bezeichnung »Mikroorganismus« vielleicht wundern. Immerhin kann die Kappe des Dunklen Hallimaschs einen Durchmesser von bis zu 20 Zentimetern erreichen.

Aber das, was wir normalerweise als »Pilze« sammeln und kochen, sind nur deren Fruchtkörper. Mit ihrer Hilfe pflanzen sie sich fort, dort werden Sporen gebildet, die sich dann durch Wind, Wasser oder auf anderen Wegen ausbreiten. Diese Sporen sind winzig, beim Dunklen Hallimasch zum Beispiel nur ein paar Mikrometer groß. Aus den Sporen bilden sich »Hyphen«, lange, feine Fäden, aus denen die Hauptmasse des Pilzes aufgebaut ist. Die Hyphen können durch Querwände unterteilt sein, sie bestehen also aus aneinandergeketteten Zellen (die je nach Pilzart einen Zellkern haben können, aber nicht müssen). Wenn viele dieser mikroskopisch kleinen fadenförmigen Pilzzellen zusammenwachsen, können sie auch mit bloßem Auge sichtbar werden. Die Schimmelpilzschicht etwa, die einen guten Camembert bedeckt, ist nichts anderes als ein solches »Mycel«, also die Gesamtheit aller Pilzhyphen.

Ein Pilz ist also nicht nur das, was wir im Wald zwischen den Blättern wachsen sehen können. Sondern vor allem die Gesamtheit seines unterirdischen Netzwerks aus Hyphen. Und das kann durchaus groß werden. Im Jahr 1998 hat man in einem Wald in Oregon, USA, einen Dunklen Hallimasch entdeckt, dessen Mycel sich unter dem Boden über eine Fläche von fast zehn Quadratkilometern erstreckte. Und das dürfte nicht das Ende der Skala sein. Irgendwo unter dem Boden unserer Wälder verstecken sich vermutlich noch größere Winzlinge.

## 99

# Shigella sonnei

*100 million bacteria a day …*

»An apple a day keeps the doctor away«, rät uns das bekannte englische Sprichwort. Was der Apfel aber definitiv nicht fernhält, sind Bakterien. Ungefähr 100 Millionen davon findet man auf und in einem typischen Apfel. Das klingt vielleicht bedrohlich – ist aber ganz normal. Es ist durchaus sinnvoll für uns, Bakterien in unseren Körper zu lassen, zumindest dann, wenn es die richtigen sind – denn sie sorgen unter anderem dafür, dass unser Verdauungssystem vernünftig funktioniert. Was sich genau auf so einem Apfel tummelt, haben Forscherinnen und Forscher von der Technischen Universität Graz unter Leitung von Gabriele Berg im Jahr 2019 untersucht. Sie haben acht Äpfel der Sorte »Arlet« analysiert, vier davon aus zertifiziertem biologischen Anbau, vier aus konventioneller Landwirtschaft.

Die erste Erkenntnis: Wer von den Bakterien im Apfel profitieren möchte, sollte ihn auf jeden Fall komplett aufessen. Die meisten Mikroorganismen fand man im Gehäuse, in den Kernen und rund um den Stiel. Fruchtfleisch und Schale enthielten bei beiden Test-Gruppen deutlich weniger.

Auch die Anzahl der Bakterien unterschied sich zwischen den beiden Anbauarten nicht großartig. Es gab aber deutliche Unterschiede bei der Vielfalt der Mikroorganismen. Die war bei den Bio-Äpfeln generell größer. Der Hauptgrund dürfte in der Verarbeitung liegen: Während das Obst aus biologischer Landwirtschaft direkt vom Baum ins Labor gewandert ist, durchliefen die anderen Äpfel ihre üblichen Behandlungsschritte. Nach der Ernte wurden sie zuerst für kurze Zeit gekühlt, gewaschen und unter Plastikfolie gelagert. Die genaue Analyse der gefundenen Bakterien-DNA förderte viele Arten zutage, die sowohl bei den Bio- als auch den konventionellen Äpfeln zu finden waren.

Manche Bakterien gab es aber exklusiv nur bei der einen oder anderen Gruppe. Dazu gehörte zum Beispiel die Gattung *Shigella*. Ihre Vertreter können durchaus unangenehm werden: *Shigella dysenteriae*, in den Tropen zu finden, kann schwere Durchfallerkrankungen verursachen. In Mitteleuropa findet man dagegen vor allem Bakterien der Art *Shigella sonnei*, die uns zwar auch unruhige Nächte im Badezimmer bescheren kann, aber eher harmlos ist (genügend Toilettenpapier vorausgesetzt).

In den allermeisten Fällen sind es aber nicht Äpfel, die den Durchfall auslösen. Sehr viel häufiger ist durch Fäkalien verunreinigtes Trinkwasser die Ursache. Auch bei den Äpfeln an der Technischen Universität Graz war die Menge an *Shigella*-Bakterien sehr gering; sie ließen sich allerdings nur bei den Exemplaren aus konventionellem Anbau finden. Beim Bio-Obst konnten dagegen einige *Lactobacillus*-Arten nachgewiesen werden. Diese Milchsäurebakterien werden in der Lebensmittelindustrie zum Beispiel bei der Herstellung von Käse und anderen Milchprodukten eingesetzt (siehe Kapitel 28) und zählen auch zu jenen Mikroorganismen, deren Anwesenheit in unserem Verdauungstrakt als besonders gesundheitsförderlich angesehen wird (siehe Kapitel 12). Bei den Äpfeln aus konventioneller Landwirtschaft konnten diese Bakterien nicht nachgewiesen werden.

Das alles bedeutet natürlich nicht, dass nur Bio-Äpfel gesund sind und »normales« Obst keinesfalls verzehrt werden sollte. Aber es veranschaulicht, dass wir mit unserer Nahrung eben nicht nur das zu uns nehmen, was wir uns in den Mund zu schieben glauben. Genau darum ist es wichtig zu wissen, welche Bakterien auf unserem Essen leben und wie sich ihre Artenvielfalt durch unsere Produktionsmethoden verändert. Vielleicht finden wir ja in Zukunft auf den Etiketten unserer Lebensmittel nicht nur Angaben über Kalorien und Fettgehalt, sondern auch Informationen über die Zusammensetzung ihrer mikrobiologischen Mitbewohner.

100

## Thioalkalivibrio thiocyanoxidans

*Leben vom Anfang bis zum Ende der Zeit*

Das Leben auf der Erde entstand vor circa 3,5 Milliarden Jahren. In etwa einer Milliarde Jahren wird die Sonne sich so weit aufgeheizt haben, dass die Temperaturen auf der Erdoberfläche 100 Grad Celsius übersteigen. Und noch vier bis fünf Milliarden Jahre später wird sich unser Stern zu einem Roten Riesen aufgebläht und die Erde entweder zerstört oder vollends lebensfeindlich gemacht haben. Angesichts der Unendlichkeit des Universums ist dem Leben auf unserem Planeten nur eine kurze Zeitspanne gegönnt. Anderswo aber könnte das Leben vielleicht schon viel früher begonnen haben – und vielleicht auch viel länger existieren.

Bleiben wir vorerst aber noch auf der Erde und blicken auf den Grund des Ozeans vor der japanischen Küste, 1300 Meter tief unter dem Meeresspiegel. Im Jahr 2006 stieß ein internationales Forscherteam dort auf gleich zwei beeindruckende Phänomene. Das erste war ein See aus flüssigem Kohlendioxid unter dem Meeresboden. Das zweite waren Mikroorganismen, die sich diese extreme Umgebung als Lebensraum ausgesucht hatten.

Die Region dort ist tektonisch aktiv; zwei kontinentale Platten schieben sich übereinander, die Erdkruste schmilzt, und vulkanische Gase werden frei. Darunter ist auch Kohlendioxid, und da am Meeresboden ein hoher Druck und niedrige Temperaturen herrschen, bleibt es flüssig. Eigentlich würde es im Wasser nach oben steigen, in diesem Fall wird es zwischen zwei Sedimentschichten eingeschlossen und bleibt dort in kleinen Poren gefangen. Es ist also kein See, wie wir ihn normalerweise kennen, aber dennoch eine höchst interessante und ungewöhnliche Umgebung. Eine Analyse der dort vorhandenen Mikroorganismen zeigte diverse Arten von Bakterien und Archaeen. Man fand sie vor allem in den Sedimenten, die die Schicht aus flüssigem Kohlendioxid begrenzten, in geringerer Zahl aber auch dazwischen. Um welche Arten es sich genau handelt, ist unbekannt, da man die Lebewesen nicht direkt untersuchen konnte. Aus einer Analyse der in den Proben enthaltenen DNA konnte man aber zumindest feststellen, mit welchen bekannten Organismen sie am ehesten verwandt sein könnten. Einer davon ist *Thioalkalivibrio thiocyanoxidans*, ein Archaeon, das gerne in einer sehr sauren und salzigen Umgebung lebt. Man weiß nicht, was die Mikroorganismen im flüssigen Kohlendioxid treiben. Vielleicht sind sie einfach nur in der Lage, die Bedingungen dort für einige Zeit zu tolerieren; vielleicht nutzen sie es auch direkt als Grundlage, um Energie für ihren Stoffwechsel zu erhalten.

Es ist aber auf jeden Fall bemerkenswert, dass Leben auch in einer anderen Flüssigkeit als Wasser existieren könnte. Denn das ist zwar im Universum sehr häufig, kommt aber meistens nur gasförmig oder gefroren vor. Andere Stoffe, wie eben Kohlendioxid, können auch bei sehr viel niedrigeren Temperaturen flüssig sein. Das hat die beiden Astronomen Manasvi Lingam und Abraham Loeb von der Harvard University zu einer Arbeit inspiriert, die wie so oft fast mehr nach Science-Fiction klingt als nach Wissenschaft.

Wenn wir heute nach außerirdischem Leben suchen, dann tun wir das auf Planeten, die einen Stern umkreisen. Es braucht eine ausreichend starke Energiequelle, um dem Leben die nötigen Temperaturen zu bieten. Lingam und Loeb haben aber darauf hingewiesen, dass kurz nach der Entstehung des Universums der ganze Kosmos ausreichend warm gewesen sein muss: Beim Urknall vor 13,8 Milliarden Jahren war das Universum – vereinfacht gesagt – eine heiße, trübe Suppe aus Teilchen und Energie. Erst 400 000 Jahre später war es weit genug abgekühlt, dass sich die ersten echten Atome bilden konnten. Und erst dann konnte sich auch die Energie in Form von extrem heißer Strahlung durch den Raum ausbreiten. Das ist die sogenannte »kosmische Hintergrundstrahlung«, und sie erfüllt auch heute noch das gesamte Universum. Durch die Expansion des Weltalls ist sie jedoch abgekühlt und hat nur noch eine Temperatur von - 270 Grad Celsius.

Aber, so Lingam und Loeb, als das Universum zwischen zehn und 100 Millionen Jahre alt war, war die kosmische Hintergrundstrahlung gerade so warm, dass verschiedene Stoffe in flüssiger Form existiert haben könnten: Ammoniak, Methanol, Schwefelwasserstoff und andere Chemikalien, die wir auf der Erde unter normalen Bedingungen als Gase kennen, hätten damals flüssig sein können. Natürlich nur, wenn es so kurz nach der Entstehung des Universums schon Himmelskörper gegeben hat, auf denen solche Stoffe zu finden wären. Wir wissen nicht genau, wann die ersten Sterne entstanden sind und wann sich die ersten Planeten bilden konnten. Aber bei optimistischer Schätzung könnte die Zeit gerade so gereicht haben. Wenn es also damals schon Planeten, Monde oder auch nur Felsbrocken im jungen Universum gab, dann hat die kosmische Strahlung dafür gesorgt, dass überall dort Bedingungen herrschten, unter denen diverse chemische Stoffe in flüssiger Form existieren konnten.

Wir wissen natürlich nicht, ob damals auch schon Mikroorganismen entstanden sind. Wir kennen auch keine Lebewesen, die ausschließlich in flüssigem Schwefelwasserstoff oder ähnlich exotischen Chemikalien leben. Aber die Archaeen im Kohlendioxid-See zeigen, dass es zumindest nicht völlig unmöglich erscheint. Vielleicht ist das Leben also schon kurz nach dem Urknall entstanden. Und wenn es von Anbeginn der Zeit an da war, dann bleibt es auch vielleicht bis fast zum Ende erhalten. Die Mikrobiologie zeigt uns immer wieder, unter welch extremen Bedingungen Lebewesen hier auf der Erde überleben können. Kilometertief im Gestein des Planeten, ohne Licht und Sauerstoff, bei extremer Hitze oder Kälte und mit dem Potenzial, Jahrmillionen zu überdauern. Wir Menschen sind empfindliche Kreaturen, aber die Mikroorganismen könnten vermutlich auch den Tod eines Sterns überleben und auf Felsbrocken im All treibend auf bessere Zeiten warten.

Die Zeit des irdischen Lebens und vor allem die Zeit von uns Menschen ist begrenzt. Und vielleicht ist das Leben sowieso nur eine kosmische Kuriosität, verursacht durch einen extrem seltenen Zufall unwahrscheinlicher Umstände. Wenn das aber nicht der Fall ist, dann wird es sich irgendwo im Universum immer durchsetzen.

## Noch mehr Geschichten über Mikroorganismen

Selbst wenn wir in diesem Buch nichts anderes getan hätten, als die uns derzeit bekannten Mikroorganismen aufzulisten, hätte der Platz bei Weitem nicht gereicht, um alle zu erwähnen. Von den spannenden Geschichten, die man über all diese Viren, Bakterien, Archaeen, Pilze und Einzeller erzählen kann, ganz zu schweigen. Kurzum: Wir mussten zwangsläufig mehr auslassen, als wir aufschreiben konnten. Deswegen empfehlen wir zum Abschluss gerne ein paar andere Bücher über Mikroorganismen, die wir selbst als Inspiration und zur Recherche verwendet haben.

Wer wirklich umfassend über alle wissenschaftlichen Details der Mikroorganismen informiert werden will, kann zum Standardwerk *Brock Mikrobiologie* greifen. Man sollte dazu aber am besten beide Hände verwenden, denn in seiner 15. Auflage hat dieses Buch 1390 Seiten und wiegt fast drei Kilogramm. Es handelt sich um ein universitäres Lehrbuch, das dementsprechend viel Informationen enthält, eher trocken zu lesen ist und auch einiges an Vorbildung erfordert. Aber dafür hat man nach der Lektüre schon fast ein halbes Studium der Mikrobiologie absolviert.

Etwas lockerer liest sich *Meilensteine der Bakteriologie* von Hanspeter Mochmann und Werner Köhler. Das hat zwar schon ein paar Jahre auf dem Buckel, was aber nicht so tragisch ist, da es sich mit der Geschichte der bakteriologischen Forschung beschäftigt. Auf universitärem Niveau kann man sich in *Welt der Bakterien, Archaeen und Viren* von Gerhard Gottschalk über ebendiese informieren. Wer die faszinierende Geschichte über die Entdeckung und Erforschung der Archaeen ohne wissenschaftliche Vorbildung kennenlernen will, dem empfehlen wir *The Third Domain. The untold story of Archae and the future of biotechnology* von Tim Friend.

Die wunderbare Welt der Pilze kann man im ebenso wunderbaren Buch *Verwobenes Leben: Wie Pilze unsere Welt formen und unsere Zukunft beeinflussen* von Merlin Sheldrake erforschen. Was die Mikroorganismen in unseren Körpern und unserem Zuhause treiben, hat Dirk Bockmühl in *Keim Daheim* beschrieben. Ausführlicher kann man sich über dieses Thema in den Büchern *Nie allein zu Haus: Von Mikroben über Tausendfüßer und Höhlenschrecken bis zu Honigbienen – die Naturgeschichte unserer Häuser* und *The Wild Life of Our Bodies* von Rob Dunn informieren. Wie wichtig die Mikroorganismen für unseren Planeten sind, hat Bernhard Kegel in dem treffend betitelten Werk *Die Herrscher der Welt: Wie Mikroben unser Leben bestimmen* aufgeschrieben.

Ebenso spannend wie die Mikroorganismen selbst sind die Geschichten der Menschen, die sie erforscht haben. Das kann man zum Beispiel in dem hervorragenden Werk *Robert Koch und Louis Pasteur: Duell zweier Giganten* von Annick Perrot und Maxime Schwartz nachlesen. Auch der Klassiker *Microbe Hunters* von Paul de Kruif ist fast 100 Jahre nach seinem Erscheinen immer noch lesenswert (die deutsche Übersetzung mit dem etwas pathetischen Titel *Männer, die den Tod besiegen* ist allerdings vergriffen). Über die vielen Frauen in der Mikrobiologie (deren Biografien leider immer noch oft vernachlässigt werden) kann man sich im von Rachel Whitaker und Hazel Barton herausgegebenen Sammelband *Women in Microbiology* informieren.

Jessica Snyder Sachs hat in *Good Germs, Bad Germs: Health and Survival in a Bacterial World* eine schöne Geschichte des ewigen Kampfes zwischen Menschen und Bakterien geschrieben; genauso wie Dorothy Crawford in *The Invisible Enemy: A Natural History of Viruses* extrem lesenswert die Geschichte unserer Beziehung zu Viren erzählt.

Mit *Winzig, zäh und zahlreich* hat Ludger Weß einen knappen, aber dennoch sehr empfehlenswerten Atlas mit spannenden Geschichten über Bakterien veröffentlicht. Marylin Roosinck hat in *Viren! Helfer, Feinde, Lebenskünstler – in 101 Porträts* einen schön bebilderten Band über Viren zusammengestellt, dessen Text allerdings ein klein wenig technisch geraten ist.

Die große Geschichte des Lebens selbst kann man sowohl im hervorragenden Klassiker *Geschichten vom Ursprung des Lebens: Eine Zeitreise auf Darwins Spuren* von Richard Dawkins lesen als auch in *The Tangled Tree. A Radical New History of Life* von David Quammen, das sich besonders mit der Entdeckung der Archaeen beschäftigt.

Wer Kinder hat, kann gemeinsam mit ihnen das wunderbare Buch *Monster Mikroben: Alles über nützliche Bakterien und fiese Viren* von Marc Van Ranst, Geert Bouckart und Sebastiaan Van Doninck lesen. Geht aber auch ohne Kinder, genauso wie bei *Die spannende Welt der Viren und Bakterien* von Karsten Brensing und Katrin Linke oder *Winziges Leben: Alles über Corona, Viren und Bakterien und wie wir uns schützen können* von Susan Schädlich und Katharina Haines.

Die Bücher über Mikroorganismen sind so vielfältig wie das Thema, von dem sie handeln. Und da unser Wissen dazu beständig wächst, wird es auch immer neue Bücher über die unsichtbare Welt der winzigen Wesen geben. Zum Glück!

# Dank

Wir danken unserer Lektorin Annika Domainko, die wie immer dafür gesorgt hat, dass dieses Buch besser geworden ist, als wir es alleine hinbekommen hätten. Wir bedanken uns außerdem bei Christine Moissl-Eichinger, Martin Grube und Marcus Anhäuser, die uns mit ihrer Expertise bei der Klärung fachlicher Fragen geholfen haben (etwaige Fehler im Buch würden wir natürlich gerne ihnen in die Schuhe schieben, müssen aber leider einräumen, dass wir im Fall des Falles selbst dafür verantwortlich sind).

Dagmar Fuchs, Matthias Kittel und Hildrun Walter haben das Buch während seiner Entstehung gelesen und kommentiert, was seine Verständlichkeit deutlich verbessert hat.

Der Astronom bedankt sich außerdem ganz besonders bei Evi Pech, die seine monatelange Obsession mit den Mikroorganismen ertragen musste und netterweise auch klaglos ertragen hat.

Der Biologe bedankt sich ganz besonders bei seiner Frau Kerstin, seinem Sohn Jakob und seinem Hund Woody dafür, dass die Arbeit mit dem Astronomen einige Familienausflüge gekostet hat und netterweise auch klaglos ertragen wurde.

## Register

**FLORIAN FREISTETTER**, geboren 1977, hat an der Universität Wien Astronomie studiert.
2008 rief er das Astronomie-Blog *Astrodicticum simplex* ins Leben, das zu den meistgelesenen deutschen Wissenschaftsblogs gehört. Sein Podcast *Sternengeschichten* zählt zu den erfolgreichsten Wissenschaftspodcasts in deutscher Sprache. Bei Hanser erschienen u. a. *Der Komet im Cocktailglas. Wie Astronomie unseren Alltag bestimmt* (2013), ausgezeichnet mit Wissenschaftsbuch des Jahres 2014, sowie zuletzt *Eine Geschichte des Universums in 100 Sternen* (2019). 2015 wurde er festes Mitglied der Wissenschaftskabarettgruppe Science Busters.
Bei Twitter und auf Instagram: @astrodicticum

**HELMUT JUNGWIRTH**, geboren 1969, studierte Mikrobiologie an der Universität Graz. Er forschte in Tübingen und Wien, ist Mitbegründer der »Mitmachlabore Graz«, wissenschaftlicher Leiter des »Geschmackslabors« und Geschäftsführender Leiter des Zentrums für Gesellschaft, Wissen und Kommunikation (»die siebente Fakultät«). Im Oktober 2016 wurde er zum österreichweit ersten Universitätsprofessor für Wissenschaftskommunikation berufen. Seit 2015 ist er Mitglied der Science Busters.
Auf Instagram, Facebook und YouTube: @letsdogabout.science

Erscheint als Hörbuch bei audible.